日本音響学会 編
音響テクノロジーシリーズ **21**

熱音響デバイス

博士（工学） 琵琶 哲志 著

コロナ社

音響テクノロジーシリーズ編集委員会

編集委員長

千葉工業大学
博士(工学)　飯田　一博

編 集 委 員

東北学院大学
博士(情報科学)　岩谷　幸雄

千葉工業大学
博士(工学)　大川　茂樹

甲南大学
博士(情報科学)　北村　達也

東京大学
博士(工学)　坂本　慎一

滋賀県立大学
博士(工学)　坂本　眞一

神戸大学
博士(工学)　佐藤　逸人

八戸工業大学
博士(工学)　三浦　雅展

(五十音順)

(2017 年 11 月現在)

発刊にあたって

　音響テクノロジーシリーズは1996年に発刊され，以来20年余りの期間に19巻が上梓された。このような長期にわたる刊行実績は，本シリーズが音響学の普及に一定の貢献をし，また読者から評価されてきたことを物語っているといえよう。

　この度，第5期の編集委員会が立ち上がった。7名の委員とともに，読者に有益な書籍を刊行し続けていく所存である。ここで，本シリーズの特徴，果たすべき役割，そして将来像について改めて考えてみたい。

　音響テクノロジーシリーズの特徴は，なんといってもテーマ設定が問題解決型であることであろう。東倉洋一初代編集委員長は本シリーズを「複数の分野に横断的に関わるメソッド的なシリーズ」と位置付けた。従来の書籍は学問分野や領域そのものをテーマとすることが多かったが，本シリーズでは問題を解決するために必要な知見が音響学の分野，領域をまたいで記述され，さらに多面的な考察が加えられている。これはほかの書籍とは一線を画するところであり，歴代の著者，編集委員長および編集委員の慧眼の賜物である。

　本シリーズで取り上げられてきたテーマは時代の最先端技術が多いが，第4巻「音の評価のための心理学的測定法」のように汎用性の広い基盤技術に焦点を当てたものもある。本シリーズの役割を鑑みると，最先端技術の体系的な知見が得られるテーマとともに，音の研究や技術開発の基盤となる実験手法，測定手法，シミュレーション手法，評価手法などに関する実践的な技術が修得できるテーマも重要である。

　加えて，古典的技術の伝承やアーカイブ化も本シリーズの役割の一つとなろう。例えば，アナログ信号を取り扱う技術は，技術者の高齢化により途絶の危

機にある。ディジタル信号処理技術がいかに進んでも，ヒトが知覚したり発したりする音波はアナログ信号であり，アナログ技術なくして音響システムは成り立たない。原理はもちろんのこと，ノウハウも含めて，広い意味での技術を体系的にまとめて次代へ継承する必要があるだろう。

コンピュータやネットワークの急速な発展により，研究開発のスピードが上がり，最新技術情報のサーキュレーションも格段に速くなった。このような状況において，スピードに劣る書籍に求められる役割はなんだろうか。それは上質な体系化だと考える。論文などで発表された知見を時間と分野を超えて体系化し，問題解決に繋がる「メソッド」として読者に届けることが本シリーズの存在意義であるということを再認識して編集に取り組みたい。

最後に本シリーズの将来像について少し触れたい。そもそも目に見えない音について書籍で伝えることには多大な困難が伴う。歴代の著者と編集委員会の苦労は計り知れない。昨今，書籍の電子化についての話題は尽きないが，本文の電子化はさておき，サンプル音，説明用動画，プログラム，あるいはデータベースなどに書籍の購入者がネット経由でアクセスできるような仕組みがあれば，読者の理解は飛躍的に向上するのではないだろうか。今後，検討すべき課題の一つである。

本シリーズが，音響学を志す学生，音響の実務についている技術者，研究者，さらには音響の教育に携わっている教員など，関連の方々にとって有益なものとなれば幸いである。本シリーズの発刊にあたり，企画と執筆に多大なご努力をいただいた編集委員，著者の方々，ならびに出版に際して種々のご尽力をいただいたコロナ社の諸氏に厚く感謝する。

2018 年 1 月

音響テクノロジーシリーズ編集委員会

編集委員長　飯田　一博

まえがき

　熱音響現象を体感するのはそれほど難しくはない。例えば長さが 1 m 程度（内径 40 mm 程度）のガラス管の中に金網を入れ，市販のガスバーナーで金網が真っ赤になるまで加熱してガラス管を垂直に立てる。すると，驚くほどの大音響が室内に響き渡る。熱音響現象について説明をするとき，このレイケ（Rijke）管をデモンストレーションとして用いることが多い。レイケ管で熱的に励起される気柱振動は熱音響自励振動の典型例である。富永昭は，彼のテキスト「熱音響工学の基礎」のなかで，「この現象を理解したいと思わない人はいないだろう」と述べている。確かに熱音響自励振動は研究者のみならず，体験した者の感性を刺激することは間違いない。1877 年に出版されたレイリー（J. W. S. Rayleigh）の著書 "The Theory of Sound" にはレイケ管とともにソンドハウス（Sondhauss）管も紹介されている。ソンドハウス管は，先端にフラスコ状の球体を持つガラス管であり，球体部分を赤熱すると管内気柱が振動を開始し，管端から音が聞こえてくる。多くのガラス吹き工が経験しているこの現象もよく知られた熱音響自励振動の例である。

　自由空間を伝搬する断熱音波とは異なり，管内を伝搬する音波では振動流体と管壁の間で熱交換が可能になる。熱交換の結果として，レイケ管やソンドハウス管に代表される熱音響自励振動を含め，音波による冷却作用，そして高温から低温への熱輸送の促進作用など，断熱音波には見られない熱音響現象が発現する。これらの現象を積極的に応用することにより，最近では「音波エンジン」，「音波クーラー」，「ドリームパイプ」と呼ばれる多様な熱音響デバイスが試作されている。このように熱音響現象は背景に魅力的な応用分野（熱音響工学）を持つ古くて新しい現象である。

まえがき

　世界的な関心事であるエネルギー資源の問題，環境問題に関連して，各種熱源が利用可能な外燃機関であること，可動部品を本質的に利用しないことや，またフロンを使用しないで冷却が実現できるという熱音響デバイスの持つ数多くの利点に注目が集まっている。蒸気機関の発明以来，熱機関は工学の最重要課題であった。その結果として現代の熱機関は高い性能を実現するようになった一方で，複雑で精緻な機構を持つに至った。可動部品を持たないにも関わらず高い性能を発揮する熱音響デバイスは，従来型の熱機関の開発に従事する技術者，研究者にも新鮮な驚きをもたらした。21世紀に入ってからの論文数の急増は，音波を用いた新しい熱機関に対する期待感の現れでもある。

　熱と音というよくわかっているはずの古典的現象でありながら，熱音響デバイスは比較的新しい学術的トピックスであり，新しい技術シーズでもある。本書は熱音響デバイスに興味を持つ学生や，研究開発に取り組む技術者・研究者のための実用書を期待して執筆した。本文中の数式に関する記述はできるだけ平易に努め，物理的イメージを把握することを優先するように努めた。

　1章では，代表的な熱音響デバイスの具体例を紹介し，両端のある共鳴管もしくはループ管という配管構成を有するという共通点を示す。また，スタックや蓄熱器という比較的細い流路を持つ多孔質体が重要な部品であることを解説する。言い換えれば，これらの必須部品のおのおのが果たす役割を理解することが熱音響デバイスの基礎である。そこで，2章以降の内容を以下のように配慮した。

　2章では，剛体壁で構成された管内における音波伝搬の問題を紹介し，流体と管壁の間で熱交換の尺度を表す無次元量を導入する。管内音波と自由空間中の音波の違いは振動流体と管壁の熱交換にある。管内音波の問題は熱音響デバイスを理解するための出発点である。

　3章では，熱音響デバイスの音場を決定する重要な部品である気柱共鳴管のQ値を議論する。温度勾配のある気柱共鳴管で生じる気柱自励振動の問題をエネルギー変換の観点から考えるとき，気柱共鳴管のQ値が重要な役割を果たすからである。熱音響自励振動の音源を考えることで音響学から熱音響学へと

視点を移す。

　4章では，熱音響デバイスの中心的物理概念である熱流と仕事流を議論する。熱流と仕事流は熱力学で行われる熱機関の議論と流体力学で行われる振動流の議論を橋渡しする役割を果たす。熱流と仕事流を用いることではじめて熱音響自励振動をある種の熱機関としてみることができるようになる。また，熱流と仕事流により従来型の熱機関の概念図がリニューアルされること，そして新たなデバイスの概念設計が可能になることを示す。

　5章では，4章で示した熱流と仕事流に対して流体力学的な議論を行う。そのために流体力学の基礎方程式に基づいて流体要素のエントロピー変動を議論する。これにより，熱音響デバイスの細管流路で無数の流体要素がそれぞれ熱機関として機能することを明らかにする。また，2章で議論する温度が一様な管内音波の伝搬定数も導出されることを示す。

　6章では，流体要素の圧力変動と変位変動の位相差に基づいて，振動流によるエネルギー変換とエネルギー輸送の物理的機構を議論する。非粘性流体の場合の議論は物理的直感を得るのに役立つだろう。この6章が熱音響理論の中心的な成果となる。

　7章と8章では，6章までの熱音響理論が代表的な熱音響デバイスにどのように適用されているかを学ぶ。また，関連するデバイスに対しても熱音響理論が適用できることを示す。

　9章では，今後に期待される将来展望を述べている。

　次ページの図に各章の関連性をまとめて示している。

　執筆にあたっては国内外の文献を参考にしたが，中でも富永昭と矢崎太一の文献や講演の影響は強い。また，井上龍夫の論文も大いに参考にさせていただいた。本書を読まれたあとには，彼らの原著論文を読んでパイオニアの気概や覚悟を感じ取ってほしい。熱流と仕事流をキーワードに，本書が熱音響現象の理解や熱音響デバイスのさらなる発展に少しでも役立てばたいへんうれしく思う。

　本書を完成するにあたっては多くのご助言や励ましの言葉をいただいた。富

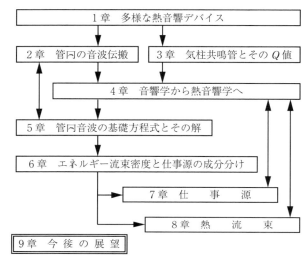

各章の関連性

永昭，矢崎太一からは，原稿に対して貴重なコメントをいただいた。また，上田祐樹をはじめとする応用熱音響研究会のメンバーの皆さんとの意見交換や議論は本書の下敷きとなった。兵頭弘晃には編集作業においてお世話になった。また，小林貴之，高山祇介，村岡敬太，田村駿，佐藤萌子，金子駿斗には全体を丁寧に通読したうえで多くの誤りについてご指摘いただいた。もちろん全体を通じて本書の記述に誤りがあれば全面的に著者の責任である。なお，編集委員会の皆様とコロナ社には辛抱強く原稿の完成をお待ちいただいた。末筆ながら皆様に感謝の意を表するしだいである。

2018 年 5 月

琵琶　哲志

目次

1. 多様な熱音響デバイス

1.1 熱音響デバイスに関わる研究の歴史 ·············· 1
   1.1.1 熱音響研究の黎明期　　*1*
   1.1.2 Rott の理論的研究　　*3*
   1.1.3 ロスアラモス国立研究所と筑波大学の研究　　*3*
   1.1.4 現在の研究動向　　*5*
1.2 熱音響デバイスの分類 ·············· 6
1.3 音波エンジン ·············· 7
   1.3.1 熱音響自励振動　　*7*
   1.3.2 共鳴管型音波エンジン　　*9*
   1.3.3 ループ管型音波エンジン　　*11*
1.4 音波クーラー ·············· *13*
   1.4.1 共鳴管型音波クーラー　　*14*
   1.4.2 ループ管型音波クーラー　　*15*
   1.4.3 GM 冷凍機とパルス管冷凍機　　*16*
   1.4.4 熱駆動型音波クーラー　　*18*
1.5 ドリームパイプ ·············· 19
1.6 熱音響デバイスの利点 ·············· 20
1.7 熱音響デバイスの実用化への試み ·············· 21
引用・参考文献 ·············· 22

2. 管内の音波伝搬

2.1 波動方程式とその解 ·· 26
2.2 音速と比音響インピーダンス ·· 29
2.3 管内音波の伝搬定数 ·· 33
2.4 補　　　足 ·· 39
　2.4.1 管内音波の伝搬定数に関する実験　39
　2.4.2 次元解析：$\omega\tau_\nu$ とレイノルズ数（Re）　41
引用・参考文献 ·· 43

3. 気柱共鳴管とその Q 値

3.1 振動の Q 値 ·· 44
　3.1.1 Q 値 の 役 割　44
　3.1.2 減衰振動と Q 値　45
　3.1.3 減衰振動する振動系の Q 値　46
3.2 振動量の複素表示 ·· 49
　3.2.1 複素表示の方法　49
　3.2.2 機械振動系の共鳴曲線と Q 値　53
3.3 音響エネルギーと音響強度 ··· 57
　3.3.1 流体要素のエネルギーと仕事　57
　3.3.2 断熱音波における E と I の関係　59
3.4 散逸のない気柱共鳴管 ·· 60
　3.4.1 音 場 の 導 出　60
　3.4.2 気柱共鳴管の Q 値　63
3.5 気柱共鳴管における粘性散逸 ······································ 65
　3.5.1 粘性流体の運動方程式と境界条件　65
　3.5.2 運動方程式の解　66
　3.5.3 流速変動の図示　67

3.5.4　粘性散逸が起きる場所　　*68*
　　3.5.5　断面平均流速　　*70*
3.6　散逸を伴う気柱共鳴管 ……………………………………………… 71
　　3.6.1　音　場　の　導　出　　*71*
　　3.6.2　散逸のある気柱共鳴管の Q 値　　*73*
　　3.6.3　気柱共鳴管に対する実験例　　*77*
3.7　温度勾配のある気柱共鳴管 ………………………………………… 80
　　3.7.1　タコニス振動　　*80*
　　3.7.2　温度勾配のある気柱共鳴管の Q 値　　*82*
3.8　補　　　　　　　　足 ……………………………………………… 84
　　3.8.1　管路と電気回路のアナロジー　　*84*
　　3.8.2　境界条件が与えられたときの音場　　*86*
　　3.8.3　無限平板上の流速変動　　*90*

引用・参考文献 ……………………………………………………………… 91

4. 音響学から熱音響学へ

4.1　Ceperley の提案 ……………………………………………………… 92
4.2　熱機関の伝統的描像 …………………………………………………… 94
　　4.2.1　熱力学の第一法則と第二法則　　*94*
　　4.2.2　熱力学的サイクル　　*97*
4.3　熱機関を理解するための新しい概念 ………………………………… 98
4.4　定常的振動流場のエネルギー流束密度 …………………………… 101
　　4.4.1　エンタルピー流束密度，仕事流束密度と熱流束密度　　*101*
　　4.4.2　熱　流　と　仕　事　流　　*103*
　　4.4.3　熱流と仕事流を使った熱機関の概念図　　*105*
4.5　エネルギー流線図 …………………………………………………… 106
　　4.5.1　エネルギー流線図の描き方　　*106*
　　4.5.2　エネルギー流線図による熱機関の図示　　*107*
　　4.5.3　理想的蓄熱器のエネルギー流線図　　*110*

4.6 エネルギー流の具体例 …………………………………………………… 112
- 4.6.1 単純熱伝導 112
- 4.6.2 断熱音波 113
- 4.6.3 温度勾配のある共鳴管 113
- 4.6.4 共鳴管型音波エンジンとループ管型音波エンジン 116
- 4.6.5 スターリングエンジン 117

4.7 熱音響デバイスの概念設計 …………………………………………… 121
- 4.7.1 パルス管冷凍機と音波クーラー 121
- 4.7.2 熱駆動型音波クーラー 124
- 4.7.3 直列配列蓄熱器を持つ熱音響エンジン 126

4.8 補　　　足 ……………………………………………………………… 128

引用・参考文献 ………………………………………………………………… 129

5. 管内音波の基礎方程式とその解

5.1 流体力学の基礎方程式の線形化 ……………………………………… 131
5.2 オイラー的記述とラグランジュ的記述 ……………………………… 134
5.3 エネルギー流束密度と仕事源のラグランジュ的表現 ……………… 137
- 5.3.1 仕事流束密度 137
- 5.3.2 熱流束密度 137
- 5.3.3 仕　事　源 138

5.4 エントロピー変動に対する方程式 …………………………………… 141
5.5 温度勾配がないときのエントロピー変動 …………………………… 142
- 5.5.1 エントロピー変動の動径分布 143
- 5.5.2 断面平均エントロピー変動 146

5.6 温度勾配があるときのエントロピー変動 …………………………… 147
- 5.6.1 非粘性流体の場合 148
- 5.6.2 粘性流体の場合 149

5.7 温度変動と密度変動 …………………………………………………… 151

5.7.1　温　度　変　動　*151*
　　5.7.2　密　度　変　動　*153*
5.8　管内音波の波動方程式　*155*
5.9　補足：流体力学の基礎方程式の導出………………………………*157*
　　5.9.1　保　存　則　*157*
　　5.9.2　連続の方程式　*158*
　　5.9.3　運動方程式（ナビエ-ストークス方程式）　*159*
　　5.9.4　エネルギー方程式　*161*
引用・参考文献………………………………………………………………*164*

6. エネルギー流束密度と仕事源の成分分け

6.1　非粘性流体の仕事流束密度，熱流束密度と仕事源……………*165*
6.2　圧力，変位，断面平均エントロピー変動の実関数表示…………*168*
　　6.2.1　圧　力　変　動　*168*
　　6.2.2　断面平均エントロピー変動　*171*
6.3　仕事流束密度……………………………………………………*173*
6.4　熱流束密度………………………………………………………*175*
　　6.4.1　圧力変動に由来する熱流束密度成分（Q_{prog}とQ_{stand}）　*175*
　　6.4.2　変位変動に由来する熱流束密度成分（Q_D）　*178*
　　6.4.3　熱流束密度に関するまとめ　*180*
6.5　仕　事　源………………………………………………………*182*
　　6.5.1　圧力変動に由来する仕事源成分（W_p）　*182*
　　6.5.2　変位変動に由来する仕事源成分（W_{prog}とW_{stand}）　*184*
　　6.5.3　仕事源に関するまとめ　*186*
6.6　粘性流体のエネルギー流束密度と仕事源………………………*188*
　　6.6.1　振動量どうしの積の時間平均に関する数学公式　*188*
　　6.6.2　流体要素の断面平均変位変動と圧力変動　*189*
　　6.6.3　粘性流体の仕事流束密度　*189*
　　6.6.4　粘性流体の熱流束密度　*190*

6.6.5　粘性流体の仕事源　*193*

6.7　補　　　　　足 …………………………………………………… *198*

　　6.7.1　マクスウェルの関係式　*198*
　　6.7.2　偏微分の性質　*199*
　　6.7.3　有用な熱力学的関係式　*200*
　　6.7.4　Q_D に対する表記方法　*202*

引用・参考文献 ………………………………………………………… *203*

7. 仕　事　源

7.1　温度勾配による音響パワーの増幅と減衰 ………………………… *205*

　　7.1.1　Ceperley の提案　*205*
　　7.1.2　進行波音場における実験　*208*
　　7.1.3　定在波音場における実験　*213*

7.2　音響パワー生成に必要な温度勾配 ………………………………… *216*

　　7.2.1　仕事源と温度勾配の関係　*216*
　　7.2.2　共鳴管内の気柱自励振動　*220*
　　7.2.3　ループ管内の気柱自励振動　*222*

7.3　蓄熱器におけるエネルギー変換効率 ……………………………… *224*

　　7.3.1　エネルギー変換効率の見積り　*224*
　　7.3.2　枝管付きループ管型音波エンジン　*228*

7.4　補　　　　　足 …………………………………………………… *230*

　　7.4.1　負荷付きループ管エンジンの作り方　*230*
　　7.4.2　ループ型水スターリングエンジン　*231*

引用・参考文献 ………………………………………………………… *232*

8. 熱　流　束

8.1　音波クーラー ………………………………………………………… *234*

8.1.1　共鳴管型クーラー　　*236*
　8.1.2　ループ管型クーラー　　*239*
8.2　蓄熱器におけるエネルギー変換効率 ……………………………… *241*
8.3　GM冷凍機の冷凍能力 …………………………………………… *244*
　8.3.1　冷凍能力と音場の関係（位相差）　　*247*
　8.3.2　冷凍能力と音場の関係（振幅と周波数）　　*250*
8.4　パルス管冷凍機の音場制御 ……………………………………… *252*
　8.4.1　オリフィス型パルス管冷凍機　　*252*
　8.4.2　イナータンス型パルス管冷凍機　　*255*
　8.4.3　位相制御機構の実験的検証　　*256*
8.5　ドリームパイプ …………………………………………………… *257*
引用・参考文献 ………………………………………………………… *260*

9. 今後の展望

9.1　熱音響デバイスの応用展開に向けて …………………………… *262*
　9.1.1　熱音響理論による設計方法　　*262*
　9.1.2　振動流場における熱交換器の問題　　*265*
9.2　非線形非平衡系としての熱音響デバイス ……………………… *267*
　9.2.1　衝撃波・準周期振動・カオス振動　　*267*
　9.2.2　同　期　現　象　　*269*
　9.2.3　エントロピー生成最小則　　*271*
引用・参考文献 ………………………………………………………… *273*

索　　　引 ……………………………………………………………… *276*

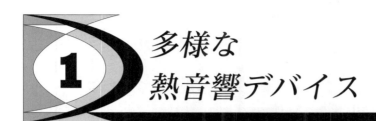

1 多様な熱音響デバイス

まず，熱音響デバイスに関わる研究の歴史を紹介する。続いて，熱音響デバイスについて機能と形状の観点から簡単に分類し，それぞれについて具体例を紹介する。また関連する既存の熱機関についても説明する。本章で紹介する代表的な熱音響デバイスの基本的なメカニズムについては2章以降で述べる。

1.1 熱音響デバイスに関わる研究の歴史

初期の熱音響自励振動から現在に至るまでの熱音響デバイスと，それらを理解するために貢献した理論的研究（テキストを含む），および熱音響の国際的な研究集会を図 1.1 にまとめている。本節ではこの図を見ながら歴史的経緯を簡単に振り返る。

1.1.1 熱音響研究の黎明期

ラプラス（Laplace）による断熱音速の提唱や，スターリング（Stirling）エンジンが発明された 19 世紀初頭は，現在から振り返ってみれば熱音響分野の黎明期に相当する。電磁気学，流体力学，熱力学からなる古典物理学と同様に，音響学もまた 19 世紀に大きく進展した。その成果はレイリーの著書[1]に詳しく記述されている。この中には粘性と熱伝導を考慮して展開されたキルヒホッフ（Kirchhoff）による管内音波伝搬に関する理論に加え，レイケ管，ソンドハウス管や singing flame と呼ばれる水素炎により熱的に発生する気柱の自励振動といった熱音響自励振動に関する記述も含まれている。

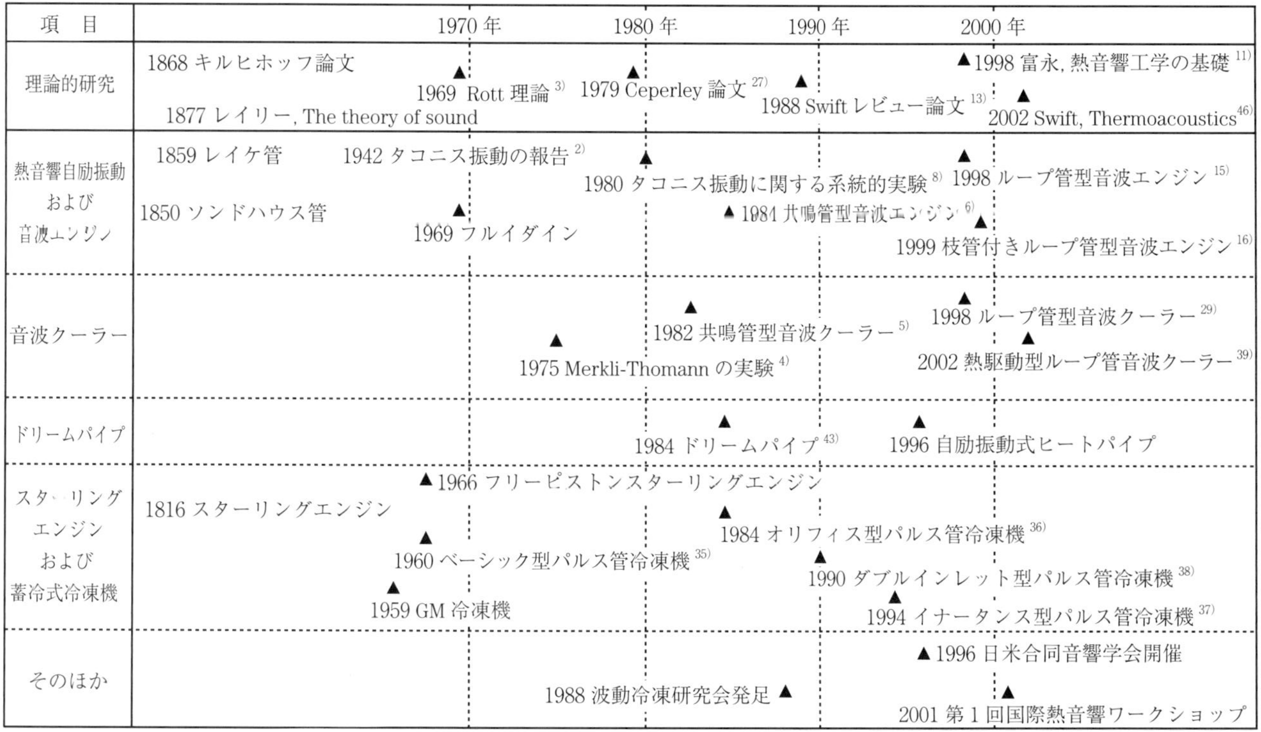

2 　　1. 多様な熱音響デバイス

項　目						
		1970年	1980年	1990年	2000年	
理論的研究	1868 キルヒホッフ論文[1] 1877 レイリー, The theory of sound	1969 Rott 理論[3]	1979 Ceperley 論文[27] 1988 Swift レビュー論文[13]		1998 富永, 熱音響工学の基礎[11] 2002 Swift, Thermoacoustics[46]	
熱音響自励振動 および 音波エンジン	1859 レイケ管 1850 ソンドハウス管	1942 タコニス管[2] 1969 フルイダイン	1980 タコニス振動に関する系統的実験[8]	1981 共鳴管型音波エンジン[6] 1999 枝管付きループ管型音波エンジン[16]	1998 ループ管型音波エンジン[15]	
音波クーラー			1975 Merkli-Thomann の実験	1982 共鳴管型音波クーラー[4]	1998 ループ管型音波クーラー[29] 2002 熱駆動型ループ管型音波クーラー[39]	
ドリームパイプ				1984 ドリームパイプ[43]	1996 自励振動式ヒートパイプ	
スターリング エンジン	1816 スターリングエンジン	1966 フリーピストンスターリングエンジン				
蓄冷式冷凍機		1960 ベーシック型パルス管冷凍機 1959 GM冷凍機	1984 オリフィス型パルス管冷凍機[35] 1990 ダブルインレット型パルス管冷凍機[38] 1994 イナータンス型パルス管冷凍機[37]			
そのほか			1988 波動冷凍研究会発足	1996 日米合同国際熱音響ワークショップ	2001 第1回国際熱音響ワークショップ開催	

図 1.1 熱音響デバイスと関連する研究成果の歴史的経緯。本書に登場する熱音響デバイスの開発年などを示している。

1.1.2 Rottの理論的研究

20世紀に入り世界各地の低温物理の研究室で液体ヘリウムが入手可能になると，室温部と液体ヘリウム温度の低温部を接続する配管内で発生する強い気柱振動が報告されるようになった。最初の報告者にちなんでこの振動はタコニス（Taconis）振動と呼ばれている[2]。流体力学の立場からタコニス振動の線形安定問題に取り組んだのがRottである[3]。彼の理論はタコニス振動の発生条件を定量的に予測しただけでなく，Merkli-Thomannが観測した共鳴管内音波による冷却現象[4]の説明にも大いに貢献した。その後，熱音響現象の応用を見据えた組織的研究が行われたのは1980年代に入ってからのことである。

1.1.3 ロスアラモス国立研究所と筑波大学の研究

温度勾配のある管内音波という流体力学の基本的問題が新たな展開を見せ始めたのにはロスアラモス国立研究所のWheatley，Swiftや，筑波大学の富永，矢崎の果たした役割が大きい。彼らはともに超流動ヘリウムに関連した低温物理分野の研究者である。WheatleyとSwiftは後述するパルス管冷凍機に着想を得て，その動作周波数を可聴域にまで増加させることで共鳴管（定在波）型音波クーラーの開発に成功した[5]-[7]。同じ頃，富永と矢崎はタコニス振動に関する系統的実験を開始し，Rott理論の正当性を裏付ける実験的証拠を提示した[8]。富永はその後，パルス管冷凍機に興味を持ち[9]，振動流体の圧力と流速の位相差に注目して音波エンジンや音波クーラーにおけるエネルギー変換と熱輸送のメカニズムを理論的に研究した。彼の理論は前述の熱音響自励振動のみならず，スターリングエンジン，パルス管冷凍機やGM冷凍機のような振動流を用いた一般的な機器にも適用されることを示し，エンジンや冷凍機の分類と理解を飛躍的に向上させた。彼の理論的定式化はドリームパイプにも応用され，現在では熱音響デバイスの基本的な理解の方法として世界的にも受け入れられている[10]。

Wheatleyと富永の功績として特筆すべきは，流体力学的な側面のみが強調されてきた熱音響現象を，「熱流」と「仕事流」という新しい物理概念を用い

て熱力学的側面から理解することを試みたことだろう。流体力学は流れ場の時空発展を議論する。しかし熱機関の作業物質が流体（気体）であるとはいえ，熱機関で実行されるエネルギー変換を議論することは難しい。一方，平衡系の熱力学では「熱」と「仕事」のエネルギー変換や効率は議論するが，エネルギー流は登場せず，もちろん時間や空間も現れない。4章で示すように，熱流と仕事流は管内の定常的振動流に対して流体力学のエネルギー方程式から定式化される。熱流と仕事流で与えられたエネルギー方程式を体積分すれば熱力学第一法則が得られる。いわば，熱力学と流体力学を接続する物理概念が熱流と仕事流であり，熱音響現象を理解するうえで最も重要な物理量となる。共鳴管内の熱音響自励振動において，気体の圧力変動と流速変動の同時計測を通じて仕事流を初めて実験的に決定したのも矢崎と富永である。これ以来，仕事流の測定技術は，熱音響デバイスの物理的理解や性能評価にとって必要不可欠になっている。

　高温と低温という二つの代表温度を持つ熱機関は本来，非平衡状態にある。熱流と仕事流は，熱機関を非平衡熱力学系として記述するために有効な物理概念でもある。すでに述べたように熱機関は平衡状態の熱力学で用いられる熱と仕事を用いて説明されてきた。熱機関の理解の仕方はカルノーの時代から，進展もないまま今日に至っている。今後，熱音響デバイスの理解を足がかりとして，熱流や仕事流が熱機関を含む自然現象を説明するための有力な概念になるものと確信している。

　富永は1988年に自ら設立した波動冷凍研究会を通じて熱流と仕事流に関する研究成果の普及に努めてきた。この研究会は名称を変更しながら現在も国内の熱音響研究の中心的役割を果たしている。その結果，熱音響自励振動や音波による冷却現象をある種の熱機関として理解する手法が国内の技術者や研究者に受け入れられるようになった。1998年，研究会の成果は熱音響の最初のテキスト「熱音響工学の基礎」として富永によって出版された[11]。同年，矢崎らは世界に先駆け，仕事流を直接的に観測することによりループ管を用いた進行波型音波エンジンの実現に至った。ループ管エンジンのエネルギー変換メカ

ニズムがスターリングサイクルと同等であることが実証され，低い効率が欠点とされていた音波エンジンにとって大きなブレークスルーとなった。およそ30年間に及ぶ研究会の啓蒙活動と活発な研究活動が，国内外の熱音響研究を牽引する現在の大きな原動力になっていることは明らかである[12]。

米国では Wheatley の死後，彼の研究は Swift をリーダーとする研究グループに引き継がれた。ロスアラモス研究所の研究成果は Swift によってレビュー論文として 1988 年に米国音響学会誌に掲載された[13]。現在でも熱音響を研究する多くの研究者の文献として使用されている。彼は熱音響デバイスの設計を行うための数値シミュレーションコード DeltaEC を完成させるとともに，多くの実用化プロジェクトを主導した[14]。1999 年にはループ管エンジン[15]を改良した枝管付きループ管エンジンが開発され，その成果が Nature 誌に掲載された[16]。内燃機関と遜色ない効率が達成され，世界的に熱音響エンジンが注目され実用化研究が加速するきっかけとなった。

1.1.4　現在の研究動向

図 1.2 は，"thermoacoustic" というキーワードで学術雑誌に掲載された年ごとの論文数を示している。学術論文数が 1990 年代後半から徐々に増え始めたのは，熱流と仕事流に基づく理解の仕方とその合理性が世界に受け入れられ

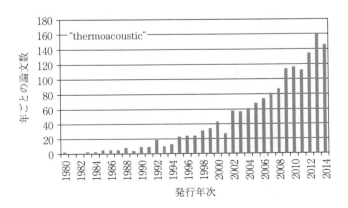

図 1.2　論文数の推移

始めたからであろう．1996年に行われた日米音響学会を通じて，異なる学術的背景を持つ研究者が一堂に介する機会を得たことも大きい．2001年には第1回の国際熱音響ワークショップがオランダで開催された．2014年には東北大学で第2回が開催され，2015年には続いてオランダで第3回のワークショップが開かれた．筑波大学とロスアラモス研究所で始まった熱音響研究が現在では国際的なネットワークに発展している．

1.2　熱音響デバイスの分類

多様な熱音響現象が観測されている．気柱管の一部に急激な温度勾配をつけると，静止状態の気柱が不安定になって，自発的に振動を開始することがある．この現象は，熱音響自励振動と呼ばれ，熱音響現象の典型例である．スピーカのような可動部を音源として用いて管内に音波を発生させると，管の一部の温度が低下する冷却現象や，流体の振動運動により高温部から低温部への熱輸送が著しく促進される現象も観測されている．これらの熱音響現象を活用するのが音波エンジン，音波クーラー，ドリームパイプである（**図 1.3**）．

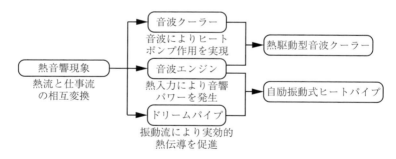

図 1.3　熱音響デバイスの分類

これらの熱音響デバイスを組み合わせたデバイスも開発されている．音波エンジンと音波クーラーを姿続して，熱入力により発生した音波を使って冷却を実現するのが「熱駆動型音波クーラー」である．また，音波エンジンとドリームパイプを接続して，熱入力により発生した気柱および液柱の自励振動によっ

て温度差を小さく保つのが「自励振動式ヒートパイプ」である。

より本質的な熱音響デバイスの分類は「熱流」と「仕事流」という物理概念を使ってはじめて可能になる．4章で示すように，熱流から仕事流へのエネルギー変換として理解されるのが音波エンジン，仕事流から熱流へのエネルギー変換を行い，低温部から高温部への熱輸送を実行するのが音波クーラーである．この章では，熱音響デバイスの基本的メカニズムを詳述するための準備として，その具体例や関連する既存の熱機関を紹介しよう．

1.3 音波エンジン

1.3.1 熱音響自励振動

熱音響自励振動は音波エンジンの原型となった熱流体現象である．この熱音響自励振動は簡単な装置で実演できる．図1.4（a），（b）に示すように，中空の円管を用意し，熱交換器で挟み込んだ「スタック」を挿入した形で全体を気密性よく接続し，円管の一端をゴム栓で閉じる．スタックは図（c）に示すような一辺が1mm程度の正方形状の穴を多数備えた自動車用触媒担体を流用しているが，触媒担体の代わりに薄い板を何枚も積層して（stack of plates）代用することもできる．スタック（stack）という呼称の由来はここにある．作動気体は空気である．7章で示すように，スタック内の空気の圧力変動と流速変動の両方が熱音響自励振動の発生にとって重要である．そのため，スタックの位置で圧力振幅と流速振幅の積が大きくなるように，閉端から全長の1/2程度離れた位置に置かれている．

閉端側の熱交換器を30秒間ほど市販のバーナーを使って加熱すると，気柱管内部の空気が自発的に振動を開始して，かなり大きな音が発生する．ソンドハウスにならって内部に数滴の水をたらしたあとで加熱すれば*，加熱時間は劇的に短くなる．発生する音波の周波数は，300 Hz程度であり，気柱管の基

---

* レイリーの教科書[1]にこのような記述がある．最近も実験で調べられている[17]．

8   1. 多様な熱音響デバイス

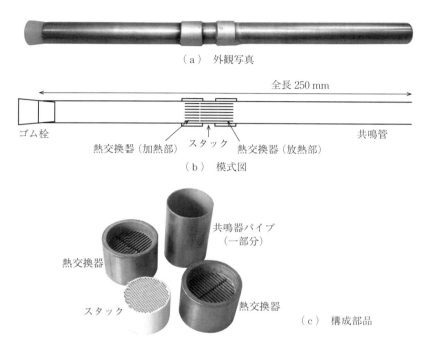

図 1.4 デモンストレーション用装置（共鳴管型音波エンジン）。装置は所定の長さのパイプにスタックを挿入し，このパイプを含めて計3本のパイプと熱交換器をたがいに銀ろう付けして作成している。スタックに軸方向の温度勾配ができやすいように，その端面と熱交換器は密着するようにする。バーナーの炎や電気ヒーターで200℃から300℃程度に加熱するために少なくとも高温熱交換器については銀ろう付けが必要であるが，低温熱交換器については，はんだ付けでもよい。パイプと熱交換器は気密性よくたがいに接合する。

本周波数に対応している。

　図の装置の全長は250 mm，パイプの内径は15 mmである。これより大型の装置として全長が600 mm，パイプ内径40 mm程度のものを作成したことがあるが，この場合も気柱が自発的に振動を開始するのを確認している。全長が長い装置の場合，気柱の基本周波数が下がるので，より低音の音波が発生する。同様の装置は文献6)にも紹介されている。

　このような気柱の熱音響自励振動（thermoacoustic spontaneous oscillation）はある種の熱機関（heat engine）と見ることができる。自動車に使われている

内燃機関は，燃料の燃焼熱からピストンを駆動する動力仕事を出力する．これに対して音波エンジン（acoustic heat engine）は出力仕事を音響パワーの形で出力する．形態は異なっているが，どちらも熱的に流体の往復運動を引き起こすという共通点を持つ．

音波エンジンの動力源（音源）に関する実験的証拠はレーザー光を使った流速計測と小型の圧力変換器を組み合わせた圧力と流速の同時観測結果により与えられた[18]．この報告は温度勾配のあるスタックが音源（sound source）の役割を果たすことを示すと同時に，新たな側面から気柱の不安定振動の問題を捉える結果となった．気柱の不安定振動をエンジンの問題として視点を転換することの合理性を支持する実験結果と位置づけられる．

音波エンジンはその形状に注目するとき，**図 1.5** に示すように管の端が開放または閉じられた共鳴管型と，管の両端がたがいに接続された構造を有するループ管型の二つに大別できる．以下ではそれぞれのデバイスを紹介する．

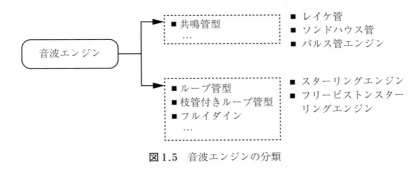

図 1.5　音波エンジンの分類

1.3.2　共鳴管型音波エンジン

共鳴管型音波エンジンは，共鳴管の両端の境界条件で決まる固有の振動モードで動作する*．図 1.4 のタイプでは全長が 1/4 波長に相当する振動モードの

---

*　共鳴管の温度分布は一様でないから固有モードを正確に予測するのは一般には難しい．しかし蓄熱器や熱交換器以外の大部分が一様温度に保たれ，また形状が比較的単純な場合は，一様な共鳴管の固有モードでおよその想像がつく．

音波が起こるが，両端を閉じた共鳴管型音波エンジンでは全長が1/2波長に相当する気柱振動モードを生じる。両端の開いたレイケ管[19]や断面積が一様でないフラスコ形状をしたソンドハウス管[20]も共鳴管型音波エンジンに分類される。共鳴管型音波エンジンは，そのエネルギー変換メカニズムに基づいて定在波型音波エンジンとも呼ばれるが，その特徴や由来は4章以降で明らかにする。

気柱振動と液柱振動を組み合わせた共鳴管型エンジンがある。このような装置では，気柱と液柱で構成される固有振動で動作する。小さなボイラーとそこから突き出たパイプをのせたおもちゃであるぽんぽん船もその一例である（**図1.6**）。

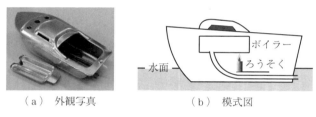

(a) 外観写真　　　　　(b) 模式図

図1.6　おもちゃのぽんぽん船

気柱振動と液柱振動を組み合わせた共鳴管型エンジンには，MHD（magneto-hydrodynamics）発電への応用を目指したHuelszらのデバイス[21]がある（**図1.7**(a)）。装置形状はソンドハウス管に似ていて首の先に球体を持った形状をしているが，首の部分がU字管になっていてそこに電気伝導性流体が入っている。球体部分を十分に加熱すると5.3 Hzの周波数で自励振動が開始する。流体は永久磁石が作る磁束密度の中で振動運動するので，電極を通じて電力を取り出すことができる。液柱の代わりにフライホイールを接続した固体ピストンを接続すると，図(b)に示すパルス管エンジンを作ることができる[22]。これについてはさまざまな動画をweb上で見ることができる[23]。気柱共鳴管だけで構成される装置に比べると，液柱や固体ピストンをもつ場合，同じ程度の長さの装置であっても動作周波数が格段に低いという特徴がある。

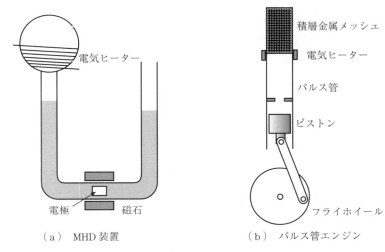

(a) MHD装置 (b) パルス管エンジン

図 1.7 気柱振動と液柱振動を組み合わせた共鳴管型エンジン

1.3.3 ループ管型音波エンジン

ループ管型音波エンジンは共鳴管型音波エンジンに比べて新しい。最初の例は図 1.8 (a) に示すループ状の気柱共鳴管を作用した音波エンジン[15]であり，矢崎らにより初めて報告された。周期的境界条件を反映して固有モードはループの周長が波長の整数倍になるが，この報告では周長が 2 波長分に相当する 2 次モードが生じている。矢崎らは，圧力と流速の同時観測を通じて，流体の圧力変動と流速変動の位相関係がほぼ同位相であることを見いだした。この

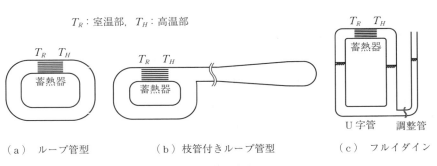

(a) ループ管型　　(b) 枝管付きループ管型　　(c) フルイダイン

図 1.8 ループ管型音波エンジン

位相関係は進行波音波と同じであることから，ループ管型音波エンジンは進行波型音波エンジンとも呼ばれる。

ループ管に枝管を接続した形状の枝管付きループ管音波エンジンがある[16]。この装置は，図（b）に示すように比較的大きな体積を右側に持つ気柱共鳴管の左端部分がループ管に置き換えられたと見ることができる。そのため，ループ管の周長は振動モードの波長に比べて短い。この場合にも蓄熱器中の圧力変動と流速変動の位相関係はやはり同位相に近いことがわかっている[24]。

液柱を利用したループ管型音波エンジンには水スターリングエンジンがある。外国では Liquid piston Stirling engine とか Fluidyne と呼ばれている。C. D. West の著書[25]にはさまざまな形態の水スターリングエンジンが紹介されている。著者によれば "in the author's experience, it is quite difficult to construct a small Fluidyne that cannot be made to work." とのことだから，どれも本質的に効率がよいエンジンなのだろう。図（c）に示す代表的な水スターリングエンジンに U 字管（U tube）と調整管（tuning column）と呼ばれる比較的細長い管路から構成され，フルイダインと呼ばれる。U 字管の上側の気柱部分におさめられた蓄熱器の調整管に近い側を熱すると，やがて 1 Hz 程度の周波数で，U 字管内の水がゆったりと動き始める。

共鳴管型音波エンジンではスタックが用いられるのに対し，これらループ管エンジンでは，蓄熱器（regenerator）が用いられる。蓄熱器は金属製ワイヤメッシュや規則的な細孔を持つ金属の薄板を積層して作られることが多く，スタックと比較して，より細かな流路を持つ多孔質体である。そのため，スタックに比べて蓄熱器の場合のほうが振動流体と流路壁の熱交換がより良好になるという違いがある。

蓄熱器を有する点ではループ管型音波エンジンはスターリングエンジン[26]と類似している。スターリングエンジンは，熱音響自励振動と同様に長い歴史を持つ。スターリングエンジンで実行される「スターリングサイクル」は熱力学的には可逆サイクルであり，理想的にはカルノー効率が達成可能である。しかし，これを実現するメカニカルな機構は複雑であった。そのため機構の単純

化を目指して，**図 1.9**（a）から（d）に示すようないくつものタイプのスターリングエンジンが開発されてきた。フリーピストン型スターリングエンジンもその一つであり，固体部品の共振を利用することで，二つのピストンを接続するリンク機構が単純化されている。

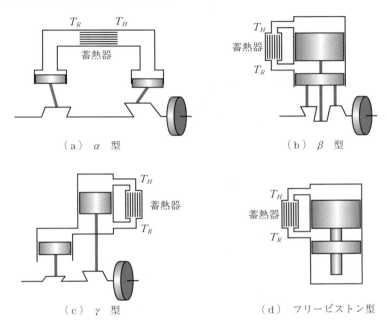

図 1.9　スターリングエンジンの基本形式

エネルギー変換の機構に関して，スターリングエンジンとループ管型音波エンジンの類似点を最初に指摘したのは Ceperley である[27]。彼の提案の中身は 4 章以降で議論する。

1.4　音波クーラー

Merkli と Thomann[4] は，**図 1.10** のような一端を閉じた気柱共鳴管を基本モードで加振するとき，流速の極大値が形成される共鳴管の中央部分の温度が低下することを理論的に予測し，実験的にもその冷却作用を観測した。気柱振

14   1. 多様な熱音響デバイス

図 1.10　Merkli-Thomann の実験装置

動による冷却を実現した Merkli-Thomann の実験は音波クーラーの原型と見なすことができる。

1980 年代以降，多様な音波クーラーが開発されているが，その構造で区別すると二つに大別できる（図 1.11）。一つはスタックを内蔵した共鳴管型と，もう一つは蓄熱器を内蔵したループ管型である。圧力変動を伴う気体の往復運動が冷却作用を生み出すという点では，蓄冷式冷凍機と呼ばれる既存の冷凍機と音波クーラーは密接な関連を持つ。これらのデバイスを簡単に紹介する。

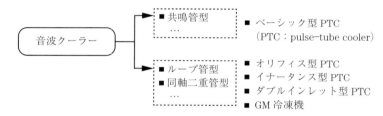

図 1.11　音波クーラーの分類と関連する既存の冷凍機。PTC はパルス管冷凍機の略。

1.4.1　共鳴管型音波クーラー

ロスアラモス研究所の Wheatley らはタコニス振動とベーシック型のパルス管冷凍機に着想を得て，1981 年ごろから音波クーラーの開発を開始した[5]。図 1.12 は同グループが開発した共鳴管型音波クーラーの模式図である[7]。スタックを備えたヘルムホルツ型の共鳴管内には 10^6 Pa のヘリウムガスが封入され，市販のスピーカを改良して自作した音響ドライバーにより共鳴周波数で駆動される。加圧ガスを利用したことで 35 kPa もの大振幅音波を発生できる。スタックの軸方向に温度勾配が形成され，その一端の温度を室温から 40 K ほど低下させるのに成功している。その後改良した装置では，到達温度は 200 K

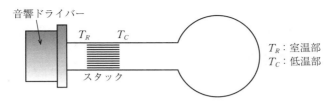

図 1.12 共鳴管型音波クーラー

にまで達した[28]。

1.4.2 ループ管型音波クーラー

共鳴管の代わりに**図 1.13**に示すようなループ状の配管を使用した音波クーラーは 1999 年に開発された[29]。ループ管型音波エンジンと同様に，ループ管型音波クーラーも蓄熱器を有するのが特徴である。そのために共鳴管型に比べて高い効率が期待される装置である。効率に関しては上田らにより数値解析によってその効率を詳しく調べた例がある[30]。

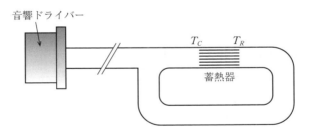

図 1.13 ループ管型音波クーラー

直径が異なる二つの管を中心軸がたがいに一致するように配置した同軸二重管でもループ管型のクーラーと本質的に同じ音波クーラーを構成できる[31),32)]。このタイプの冷凍機は簡単に作成できるのでデモンストレーション用の装置に向く。その一例が**図 1.14**の装置である。この装置は，本来あるべき内管を省略して，蓄熱器のみを外管の中にぶら下げた構造をなしている。蓄熱器は外管内径（41 mm）よりも細い直径（24 mm）を持つ円形金属メッシュを 10 mm ほど積層して作成した。外管は長さ 160 mm 程度のアクリルパ

16   1. 多様な熱音響デバイス

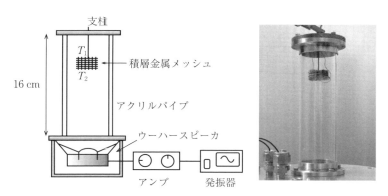

図 1.14 同軸二重管型音波クーラー

イプで，市販のウーハースピーカを収納した容器に接続している。作動気体は大気圧室温の空気である。発振器の周波数を変化させて最大音圧が得られる周波数を探して動作周波数を 230 Hz にした。装置上端で 2.6 kPa の音圧が観測される程度の振幅レベルで実験すると，蓄熱器の上下に取り付けた熱電対の温度は 30 秒で $T_1 = 34$°C と $T_2 = 15$°C となった。

1.4.3 GM 冷凍機とパルス管冷凍機

関連する既存の冷凍機として，図 1.15 (a)，(b) に示すギフォードマクマホン (Gifford-McMahon，以下 GM) 冷凍機とパルス管冷凍機[33],[34] を挙げることができる。GM 冷凍機とパルス管冷凍機はいずれも蓄熱器を備えた冷凍機であるが，通常は蓄冷器と呼ばれることが多い。図 (a) の GM 冷凍機は，シリンダー内部で蓄熱器を往復運動させる機械的な機構を持つのに対して，パル

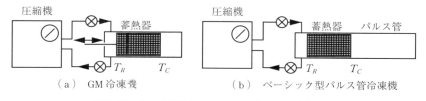

　　（a） GM 冷凍機　　　　　　（b） ベーシック型パルス管冷凍機

図 1.15 GM 冷凍機とベーシック型パルス管冷凍機

ス管冷凍機は固定した蓄熱器を備える。どちらもシリンダーの室温部分からバルブを備えた高圧配管，定圧配管を介して圧縮機に接続されており，バルブの切り替えにより流体は蓄熱器の内部を往復運動する。GM 冷凍機の場合は，バルブの切り替えタイミングと蓄熱器の往復運動のタイミングを調整可能だが，図(b)のベーシック型と呼ばれる初期のパルス管冷凍機[35]ではそのような調整機構を持たない。そのため，ベーシック型パルス管冷凍機の性能は GM 冷凍機に比べて劣っていた。

最適なタイミングを実現するためにパルス管の先にオリフィスを設けたオリフィス型パルス管冷凍機(**図 1.16**(a))が 1984 年に開発され，パルス管冷凍機の冷凍能力は著しく向上した[36]。その後，パルス管の先にイナータンスチューブと呼ばれる比較的長い管を持つイナータンス型パルス管冷凍機[37](図(b))，またパルス管の蓄冷器の室温部をバイパス管で接続したダブルイ

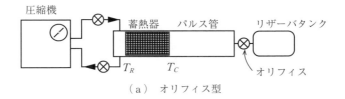

(a) オリフィス型

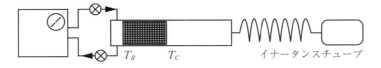

(b) イナータンス型

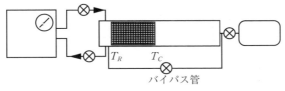

(c) ダブルインレット型

図 1.16 パルス管冷凍機の基本形式

18   1. 多様な熱音響デバイス

ンレット型パルス管冷凍機[38]（図（c））が開発されると，ベーシック型に比べて性能は格段に向上し，GM冷凍機と遜色ない性能を示すまでになった。各種パルス管冷凍機の開発は，圧力変動と流速変動の振幅比や位相差の重要性に国内の研究者が気づく大きなきっかけとなった。詳細な議論は8章で述べる。

1.4.4 熱駆動型音波クーラー

音波クーラーやパルス管冷凍機の動力源は，音響ドライバーや切り替え弁つきの圧縮機であるが，これらを音波エンジンに置き換えることはそれほど難しくない。図1.17（a）の beer cooler は Wheatley によって開発された[7]。定在波音波クーラーと定在波音波エンジンを組み合わせた装置であり，音波クーラーのラウドスピーカの役割を定在波音波エンジンが担っている[13]。一方，矢崎は図（b）に示すように，ループ管音波エンジン内部に冷凍用蓄熱器を追加することで，ループ管型の熱駆動型クーラーを作成した[39]。このほかにも

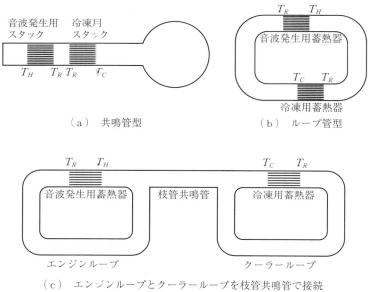

図1.17 熱駆動型音波クーラー

図（c）に示すように音波発生用蓄熱器を備えたループ管と冷凍用蓄熱器を備えたループ管を枝管共鳴管で接続したタイプの熱駆動型音波クーラー[40]や，パルス管冷凍機と進行波音波エンジンを組み合わせたタイプ[41]など，多様な熱駆動型クーラーが提案されている。これらは加熱するほどよく冷えるクーラーであり，またその動作に一切の可動部品を使用しないのが特徴である。長谷川らは図（c）の熱駆動型音波クーラーを用いて加熱部温度 $T_H=300℃$ で $T_C=-100℃$ の低温を実現した[42]。

1.5 ドリームパイプ

KurzwegとZhaoは**図1.18**（a）に示すような22℃と78℃の水槽を内径1 mmのガラス管31本でつないだ装置（ドリームパイプ）を作成した[43]。このガラス管内の水柱は下端のピストンで往復振動させることができる。彼らは水柱振動開始直後からの水槽の温度の時間変化を測定し，ドリームパイプの実効的熱拡散係数を求めた。周波数を3 Hzから8 Hz，変位振幅を10 mmから63 mm程度の間で変化させたところ，実効的熱拡散係数は最大で $25×10^{-4}$ m²/s になったと報告している。この値は室温で大気圧の水の熱拡散係数の約18 000

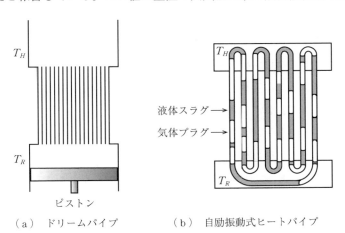

（a）　ドリームパイプ　　　（b）　自励振動式ヒートパイプ

図1.18　ドリームパイプと自励振動式ヒートパイプ

倍に匹敵し，室温の銅の熱拡散係数より18倍も大きい。高温側から低温側への熱流束が単に起こるだけなら通常の熱伝導でも経験することであるが，周波数と変位を調整することで熱拡散係数が何桁にもわたって変化するところに面白さがある[44]。小澤らは1本のアクリル管（内径3.4 mm）内の水柱に対して実験を行い，変位振幅が325 mmのときには実効的熱拡散係数が銅の熱拡散係数の100倍以上に達することを報告している[45]。

ドリームパイプはピストンで駆動されるが，自励振動と組み合わせた場合は自励振動式ヒートパイプと呼ばれている。図1.18（b）に示すように，液体スラグ（液柱）と気体プラグ（気柱）が内容積のおよそ半分ずつを占めるように封入する。この装置の一端を高温にさらすと自励振動が開始し，高温部から低温部への熱輸送が起こる。自励振動式ヒートパイプは一様なパイプで作成されることが多く，蓄熱器部分，熱交換器部分，ドリームパイプ部分に切り分けて考えることは行われていない。

1.6 熱音響デバイスの利点

熱音響デバイスには大別して音波エンジン，音波クーラー，ドリームパイプがあることを述べた。それぞれ，熱による音波発生，音波による低温生成，音波による放熱促進を実現するデバイスである。これら熱音響デバイスには下記に示すような多くの利点がある。

① 可動部なし：ピストンの代わりを音波が担うので可動部品がない。
② 部品点数が少ない：著しく簡単な構造を持つ。
③ 環境負荷が小さい：作動流体はヘリウムガスなどの不活性ガスであり，配管もステンレスパイプで構成される。
④ 外燃機関である：工場排熱や太陽光エネルギーなどさまざまな熱源が利用可能である。
⑤ 本質的効率が高い：本質的に可逆サイクルを利用するため，エネルギー変換をカルノー効率に近づけることができる。

⑥ 動作温度範囲が広い：動作に相変化を利用しないので，動作温度に応じて作動流体を変更する必要がない．

1.7 熱音響デバイスの実用化への試み

　熱音響デバイスは多くの利点を持つことから，多様な応用が期待される．キャンプ場ではバーベキューをするために炭を燃やす．この熱を利用してアイスクリームを作るようなクーラーが作れないだろうか．自動車やディーゼル列車，船舶などさまざまな内燃機関からは，燃料を燃やして発生した熱量のおよそ60％が排熱として未利用のまま捨てられている．この排熱を熱源として動作する発電機やクーラーを熱音響デバイスで作れば，全体の燃費が大幅に向上する可能性がある．オランダECNのTijaniらは，音波エンジンと音波ヒートポンプを組み合わせた装置を用いて，化学工場の蒸留プロセスで発生するさまざまな温度レベルの排熱をより高温の熱源として再利用する研究を進めている．

　地球上には食料を長期に保存するための冷凍手段がない地域がまだ多い．このような地域では木材を燃焼させて得られるバイオマスエネルギーや，太陽光エネルギーを熱源とした熱駆動型音波クーラーによる低温生成が有効だろう．単純構造のおかげで，現地で製作，修理，輸送が可能なことも大きな利点になるし，発電機へと発展させれば照明や情報機器の利用促進にも役立つだろう．英国ノッティンガム大学を中心にして調理に用いる薪(まき)ストーブと音波エンジン発電機を組み合わせた安価な装置開発プロジェクトが進行中である．

　天然ガスの多くを輸入に頼るわが国では，液化天然ガスの効率的な輸送技術を開発することは重要だろう．蒸発する液化天然ガスの一部を燃焼させた熱を熱源として熱駆動型音波クーラーで再液化すれば，天然ガスの輸送の効率化に寄与できる可能性がある．実際，米国ロスアラモス研究所は民間企業と協力しての天然ガス液化のための試作装置を作成している．これは音波エンジンと3台のパルス管冷凍機を組み合わせてあり，その全長は10m程度ある．150K

で 3.8 kW という冷凍出力は 1 日に 350 ガロン（1 ガロンは約 4 リットル）のメタンの液化能力に相当する。この装置に供給されるメタン総量のうち 55% が燃焼されて音波エンジン駆動に費やされ，45% が液化される計算になるという。ロスアラモス研究所の成果は Swift のテキストに詳しい[46]。

将来的にはクリーンなエネルギーとして水素が期待されている。水素利用が拡大すれば，その液化貯蔵のための低温生成や低温環境維持のための技術も必要になる。水素の蒸発温度と室温の温度差で駆動される熱駆動型音波クーラーが水素貯蔵タンクに据え付けられる可能性はないだろうか。砂漠地帯では大規模な太陽光発電が計画されている。超電導送電線が利用できれば発生した電力をロスなく各国へと輸送できる。ここでも太陽光エネルギーで駆動される液体窒素温度到達可能な音波クーラーがあればメンテナンスフリーの冷却技術として超電導デバイスの維持管理に役立つ。このような極低温が生成可能なら空気から酸素を分離することも可能になる。酸素ガスがつねに必要とされる病院や医療機関では非常用バックアップとして有用であろう。

2011 年の災害により原子力発電所が潜在的に抱えるリスクが顕在化した。福島原発に残された原子炉は，今後長期間にわたって，冷温停止状態を維持する必要がある。循環冷却水を使用しているが，放射性物質を濾し取るために多くのフィルタの定期的交換が必要とされている。ドリームパイプを用いた放熱技術が利用できれば，放射性物質を多く含む水を循環させなくともその場で振動運動をさせるだけで低温環境を維持できる可能性がある。熱音響デバイスの基本的原理が明らかになりつつある現在，その実用化が強く期待されている。

引用・参考文献

1) J. W. S. Rayleigh：The theory of sound, Dover, NewYork (1945)
2) K. W. Tanonis, J. J. Beenakker, A. O. C. Nier, and L. T. Aldrich：Measurements concerning the vapour-liquid equilibrium of solutions of He^3 in He^4 below 2.19 K, Physica XV, no. 8-9, pp. 733-739 (1949)
3) N. Rott：Damped and thermally driven acoustic oscillations in wide and narrow

tubes, ZAMP, **20**, pp. 230-243 (1969), Thermally driven acoustic oscillations. Part II： stability limit for helium, ZAMP, **24**, pp. 54-72 (1973), The influence of heat conduction on acoustic streaming, ZAMP, **25**, pp. 417-421 (1974), The heating effect connected with non-linear oscillations in a resonance tube, ZAMP, **25**, pp. 619-634 (1974), Thermally driven acoustic oscillations, Part III： Second-order heat flux, ZAMP, **26**, pp. 43-49 (1975), N. Rott and G. Zouzoulas： Thermally driven acoustic oscillations, Part IV： Tubes with variable cross-section, ZAMP, **27** pp. 197-224 (1976), N. Rott：Thermoacoustics, Advances in applied mechanics, **20**, pp. 135-175 (1980)

4) P. Merkli and H. Thomann： Thermoacoustic effects in a resonance tube, J. Fluid Mech., **70**, pp. 161-177 (1975)
5) J. C. Wheatly：A perpective on the history and future of low-temperature refrigeration, Physica, **109&110B**, pp. 1764-1774 (1982)
6) J. Wheatley, T. Hofler, G. W. Swift, and A. Migliori： Understanding some simple phenomena in thermoacoustics with applications to acoustical heat engines, Am. J. Phys., **53**, pp. 147-162 (1984)
7) J. C. Wheatley：Intrinsically irreversible or natural engines, in Frontiers in Physical Acoustics, Proceedings of the E. Fermi Summer School, Corso XCIII, Soc. Italiana di Fisica, Bologna, Italy, pp. 395-475 (1986)
8) T. Yazaki, A. Tominaga, and Y. Narahara：Experiments on thermally driven acoustic oscillations of gaseous helium, J. Low Temp. Phys., **41**, pp. 45-60 (1980)
9) 富永 昭：波動冷凍の基礎，低温工学，**25**, pp. 132-141 (1990)
10) A. Tominaga：Thermodynamic aspects of thermoacoustic theory, Cryogenics, **35**, pp. 427-440 (1995)
11) 富永 昭：熱音響工学の基礎，内田老鶴圃 (1998)
12) その当時の経緯が書かれたエッセイや報告書を低温工学誌［**33**, 4 (1998)，**36**, 4 (2001)，**48**, 7 (2013)］で見ることができる。
13) G. W. Swift：Thermoacoustic engines, J. Acoust. Soc. Am., **84**, pp. 1145-1180 (1988)
14) つぎのウェブページで見ることができる（2017 年 12 月現在）。
    http://www.lanl.gov/thermoacoustics/
15) T. Yazaki, A. Iwata, T. Maekawa, and A. Tominaga：Traveling wave thermoacoustic engine in a looped tube, Phys. Rev. Lett., **81**, pp. 3128-3131 (1998)
16) S. Backhaus and G. W. Swift：A thermoacoustic Stirling heat engine, nature, **399**, pp. 335-338 (1999)
17) D. Noda and Y. Ueda：A thermoacoustic oscillator powered by vaporized water and ethanol, Am. J. Phys., **81**, pp. 124-126 (2013)
18) T. Yazaki and A. Tominaga：Measurement of sound generation in thermoacous-

tic oscillations, Proc. R. Soc. Lond. A **454**, pp. 2113-2122 (1998)
19) K. T. Feldman, Jr : Review of the literature on Rijke thermoacoustic phenomena, J. Sound. Vib., **7**, pp. 83-89 (1968)
20) K. T. Feldman, Jr : Review of the literature on Sondhauss thermoacoustic phenomena, J. Sound. Vib., **7**, pp. 71-82 (1968)
21) A. A. Castrejon-Pita and G. Heulsz : Heat-to-electricity thermoacoustic-magnetohydrodynamic conversion, Appl. Phys. Lett., **90**, 174110 (2007)
22) T. Yoshida, T. Yazaki, H. Futaki, K. Hamguchi, and T. Biwa : Work flux density measurements in a pulse tube engine, Appl. Phys. Lett., **95**, 0114101 (2009)
23) Youtubeで「lamina flow engine」や「pulse tube engine」というキーワードで検索すると動画を見ることができる。
24) Y. Ueda, T. Biwa, U. Mizutani, and T. Yazaki : Acoustic field in a thermoacoustic Stirling engine having a looped tube and resonator, Appl. Phys. Lett., **81**, pp. 5252-5254 (2002), Experimental studies of a thermoacoustic Stirling prime mover and its application to a cooler, J. Acoust. Soc. Am., **115**, pp. 1134-1141 (2004)
25) C. D. West : Liquid piston Stirling engines : Van Nostrand Reinhold company, New York, Cincinnati, Totonto, London, Melborne (1983)
26) I. Urieli and D. M. Berchowitz : Stirling cycle engine analysis, Adam Hilger Ltd., Bristol (1984)
27) P. H. Ceperley : Pistonless Stirling engine-traveling wave heat engine, J. Acoust. Soc. Am., **66**, pp. 1508-1513 (1979)
28) G. W. Swift : Thermoacoustic engines and refrigerators, Physics Today, **48**, pp. 22-28 (1995)
29) G.W. Swift, D.L. Gardner, and S. Backhauss : Acoustic recovery of lost power in pulse tube refrigerators, J. Acoust. Soc. Am., **105**, pp. 711-724 (1999)
30) Y. Ueda, B. M. Mehdi, K. Tsuji, and A. Akisawa : Optimization of the regenerator of a traveling-wave thermoacoustic refrigerator, J. Appl. Phys., **107** 034901 (2010)
31) H. Tijani and S. Spoelstra : Study of a coaxial thermoacoustic-Stirling cooler, Cryogenics, **48**, pp. 77-82 (2008)
32) T. Biwa, J. Morii, and T. Yazaki : Measurements of acoustic particle velocity in a coaxial duct and its application to a traveling-wave thermoacoustic heat engine, Rev. Sci. Inst. (2014)
33) R. Radebaugh : A review of pulse tube refrigeration, Adv. Cryog. Eng., **35**, pp. 1191-1205 (1990)
34) 井上龍夫：熱音響機器のイメージと分類案, 低温工学, **43**, 12, pp. 577-581 (2008)
35) W. E. Gifford and R. C. Longsworth : Pulse tube refrigeration progress, Adv.

Cryog. Eng., **10B**, pp. 69-79 (1960)
36) E. I. Mikulin, A. A. Tarasov, and M. P. Shkrebyonck：Low-temperature expansion pulse tube, Adv. Cryog. Eng., **29**, pp. 629-637 (1984)
37) K. Kanao, N. Watanabe, and Y. Kanazawa：A miniature pulse tube refrigerator for temperatures below 100 K, Cryogenics, **34** Supplement 1 pp. 167-170 (1994)
38) S. Zhu, P. Wu, and Z. Chen：Double inlet pulse tube refrigerators: an important improvement, Cryogenics, **30**, pp. 514-520 (1990)
39) T. Yazaki, T. Biwa, and A. Tominaga：A pistonless Stirling cooler, Appl. Phys. Lett., **80**, pp. 157-159 (2002)
40) 琵琶哲志：ダブルループ型熱音響スターリングクーラー，低温工学，**43**, 12, pp. 536-542 (2008), 低温工学，**43**, 12, pp. 543-547 (2008)
41) E. Luo, W. Dai, Y. Zhang, and H. Ling：Thermoacoustically driven refrigerator with double thermoacoustic-Stirling cycles, Appl. Phys. Lett., **88**, 074102 (2006), B. Yu, E. C. Luo, S. F. Li, W. Dai, and Z. H. Wua：Experimental study of a thermoacoustically-driven traveling wave thermoacoustic refrigerator, Cryogenics, **51**, pp. 49-54 (2011)
42) M. Sato, S. Hasegawa, T. Yamaguchi, and Y. Oshinoya：Experimental evaluation of performance of double-loop thermoacoustic refrigerator driven by a multi-stage thermoacoustic engines, Proc. ICEC 24-ICMC 2012, edited by K. Funaki, A. Nishimura, Y. Kamioka, T. Haruyama, and H. Kumakura.
43) U.H. Kurzweg and L. Zhao：Phys. Fluids, 27, 2624 (1984)
44) 富永 昭：ドリームパイプの熱輸送低温工学，**25**, 5, pp. 448-451 (1997)
45) 小澤 守，坂口忠司，浜口八朗，河本 明，市居明彦，小野茂樹：液体振動による熱伝達の促進（熱輸送管の非定常測定），日本機械学会論文集（B編），**56**, 530, pp. 3056-3063 (1990)
46) G. W. Swift：Thermoacoustics‐A unifying perspective for some engines and refrigerators‐, Acoustical Society of America (2002)

管内の音波伝搬

　剛体壁で構成された管内における音波伝搬は音響学の基本問題である。管内音波の伝搬定数を支配する特性無次元量である $\omega\tau_\alpha$（ω は音波の角周波数，τ_α は流体の熱拡散係数 α と流路半径 r_0 で定まる熱緩和時間を表す）は，流体と管壁間で起こる熱交換の尺度を表す物理量である。管内音波と自由空間中を伝搬する断熱音波の違いが流体の熱交換にあることを理解することは，熱音響デバイスを理解するための出発点である。

2.1　波動方程式とその解

　熱音響デバイスはループ管や共鳴管などの比較的太い管や，蓄熱器やスタックなどの比較的細い管に封入された気柱を伝搬する音波を利用する。簡単のため，これらの流路を**図 2.1** のような一様温度の半径 r_0 の円管で代表させることにする。円筒座標をとり，軸方向を x 軸，動径方向を r 軸とする。円管内の流体は音波がないときには，圧力と密度は空間的に一様でそれぞれ p_m と ρ_m であり，さらに流体は静止していて軸方向流速は 0 であるとする。音波が存在するときの圧力，密度，流速をそれぞれ p, ρ, u とする。つまり，静止状態からのずれを右肩にプライム記号「$'$」をつけて表示すると

図 2.1　円管流路と円筒座標

2.1 波動方程式とその解

$$p = p_m + p' \tag{2.1}$$
$$\rho = \rho_m + \rho' \tag{2.2}$$
$$u = u' \tag{2.3}$$

である。p', u' は音響学では音圧，音響粒子速度と呼ばれる。

本書を通じて，管半径 r_0 が音波の波長に比べて十分に短い場合を議論の対象とする。そのため管内の圧力変動は平面波（plane wave）と見なせる。つまり p' は r に依存せず

$$p' = p'(x, t) \tag{2.4}$$

である。流体の粘性や熱伝導を考慮しない場合には，圧力変動はつぎの1次元の波動方程式（wave equation）に従う。

$$\frac{\partial^2 p'}{\partial t^2} - c^2 \frac{\partial^2 p'}{\partial x^2} = 0 \tag{2.5}$$

c は音速（speed of sound）を表す定数である。波動方程式の代表的な解は，正弦波であり，例えば単一の角周波数（angular frequency）ω を持つ場合には

$$p' = A \cos(\omega t - kx) \tag{2.6}$$

のように表される。この解は振幅（amplitude）が A，波数（wavenumber）[*]が k の平面波を表している。$\omega t - kx$ は位相（phase）と呼ばれる。この解を式（2.5）に代入すれば，音速 c が

$$c = \frac{\omega}{k} \tag{2.7}$$

という関係を満たすことを見るのは難しくない。式（2.6）のほかにも波動方程式の解はたくさんある。代入して確かめられるように，$p' = e^{-(x-ct)^2}$ も波動方程式を満足する。式（2.7）を利用すると，すでに登場した解 $p' = A\cos(\omega t - kx)$ も $p' = A\cos k(x - ct)$ と変形できる。つまり，波動方程式の解として重要なのは関数形よりむしろ変数である。そこで任意関数 f を用いて解を以下のように表してみよう。

---

[*] 波数 k は波長 λ と $k = 2\pi/\lambda$ という関係がある。角周波数 ω は時間的な繰り返しの頻度を表すが，k は空間的な繰り返しの頻度を表す。

$$p' = f(x - ct) \tag{2.8}$$

この解が確かに「波動」を表すことはつぎのようにして確かめることができる。時刻 $t=0$ のとき圧力波形が**図 2.2** のように与えられるとする。時刻 $t=\Delta t$ の波形 $p'(x, \Delta t) = f(x - c\Delta t)$ は，$t=0$ での波形 $p'(x, 0) = f(x)$ を単に $+x$ 方向に，$c\Delta t$ だけ平行移動したものであることは式の形から明らかであろう。だから $p' = f(x - ct)$ は $+x$ 方向に速度 c で伝搬する進行波を表す。

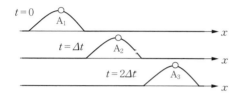

図 2.2 $+x$ 方向に伝搬する圧力波。波形のある特定の位置が時間とともにどのように変位するか（点 $A_1 \to A_2 \to A_3$）が波の速度を与える。

同じことをつぎのようにして確かめることもできる。波形のある位置（$x - ct =$ 定数）は時間とともに移動する。その軌跡は p' の全微分が $dp' = 0$ を満たす (x, t) の組として求めることができる。p' の全微分は

$$dp' = \frac{\partial f}{\partial t} dt + \frac{\partial f}{\partial x} dx$$

であるので，$z = x - ct$ と置いたときの $f(x)$ の導関数を df/dz とすると

$$dp' = \frac{\partial f}{\partial t} dt + \frac{\partial f}{\partial x} dx = -c \frac{df}{dz} dt + \frac{df}{dz} dx \tag{2.9}$$

と変形できる。したがって，$dp' = 0$ を満たすような (x, t) の組は

$$\frac{dx}{dt} = c \tag{2.10}$$

を満足する。式 (2.10) は波形のどの位置に対しても成立するので，波形全体が速度 c で $+x$ 方向に伝搬することを示している。だから波形はその形を一切崩すことなく伝搬する*。同様に

$$p' = g(x + ct) \tag{2.11}$$

---

* 正弦波の場合については以下のようになる。位相 ($\omega t - kx$) が一定の組 (t, x) を考えれば，傾きが $\omega/k (=c)$ の直線群が位相の値に応じて書ける。この直線は，波形が時間 Δt の間に $\Delta x = (\omega/k)\Delta t = c\Delta t$ だけ移動することになることを意味している。その意味で c を位相速度（phase velocity）と呼ぶ。

も波動方程式の解であることも，これが波動方程式を満足することから確かめられる．式 (2.11) の形の解は $-x$ 方向へと速度 c で伝搬する波動を表す．一般には任意関数 f および g を用いて

$$p' = Af(x-ct) + Bg(x+ct) \tag{2.12}$$

と記述される．A, B は任意の定数である．

2.2　音速と比音響インピーダンス

波動方程式 (2.5) は 2 階の偏微分方程式であるから，1 階の連立偏微分方程式で書き換えることができる．やり方は一通りではない＊が，ここでは次式のように書き換えよう．

$$\rho_m \frac{\partial u'}{\partial t} + \frac{\partial p'}{\partial x} = 0 \tag{2.13}$$

$$\frac{1}{c^2}\frac{\partial p'}{\partial t} + \rho_m \frac{\partial u'}{\partial x} = 0 \tag{2.14}$$

第 1 式を x で偏微分し，また第 2 式を t で偏微分したあとで，u' に関する項を消去すれば式 (2.5) が得られる．

式 (2.13) は流体の運動方程式 (equation of motion) を表す．**図 2.3** に運動方程式で記述される管路の微小区間のイメージを示した．圧力変動 p' が波動方程式を満足するとき，すなわち $p' = f(x-ct) = f(z)$ と表されるとき，これを式 (2.13) に代入すると次式のようになる．

$$\frac{\partial u'}{\partial t} = -\frac{1}{\rho_m}\frac{\partial p'}{\partial x} = -\frac{1}{\rho_m}\frac{df}{dz} = \frac{1}{\rho_m c}\frac{\partial f}{\partial t} \tag{2.15}$$

＊　波動方程式を

$$\left(\frac{\partial}{\partial t} - c\frac{\partial}{\partial x}\right)\left(\frac{\partial}{\partial t} + c\frac{\partial}{\partial x}\right) p' = 0$$

と書き換えると

$$\frac{\partial p'}{\partial t} + c\frac{\partial p'}{\partial x} = 0, \quad \frac{\partial p'}{\partial t} - c\frac{\partial p'}{\partial x} = 0$$

という二つの 1 階の微分方程式を得る．それぞれの解が $p' = f(x-ct)$ と $p' = g(x+ct)$ に対応する．

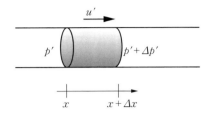

図2.3 運動方程式で記述される管路の微小区間のイメージ。運動方程式は，流体要素の両側の圧力差と流体要素の加速度を関係づける。

両辺を時間 t で積分し，時間に依存しない積分定数を 0 とすると

$$u' = \frac{1}{\rho_m c} f \tag{2.16}$$

を得る。したがって，流速変動 u' と圧力変動 p' の波形は定数係数をのぞいて共通である。もし，圧力が式（2.6）で与えられる場合，流速 u' は次式で与えられる。

$$u' = \frac{A}{\rho_m c} \cos(\omega t - kx)$$

つまり，進行波音波において圧力変動 p' と流速変動 u' は，時間的，空間的に同位相の振動となる。この点は3章で紹介する定在波音波との違いの一つである。

式（2.16）に現れた定数係数 $\rho_m c$ は流体の特性インピーダンス（characteristic impedance）と呼ばれる。音圧と音響粒子速度の比 $z = p'/u'$ は比音響インピーダンス（specific acoustic impedance）と呼ばれるが，式（2.16）より，$+x$ 方向に進む音波では

$$z = \rho_m c \tag{2.17}$$

という簡単な関係が成り立つ*。なお，$-x$ 方向に進む音波では，$p'/u' =$

---

* ヒトが両耳を使って聞くことができる最小の音圧は周波数 1 kHz の音では 2×10^{-5} Pa 程度とされている。大気圧空気15℃の比音響インピーダンスは 415 Pa·s/m なので，これを使って流速振幅を見積もると，$2 \times 10^{-5}/415 \approx 4.8 \times 10^{-8}$ m/s である。流速を時間で積分すると流体要素の変位が得られるが，定常振動場では流速振幅を角周波数で割ることにより変位振幅が得られる。実際に計算してみると $4.8 \times 10^{-8}/(2\pi \times 10^3) \approx 0.0076$ nm となる。これは水素原子の半径（ボーア半径）の 0.053 nm よりもはるかに小さい。ヒトがこれほど小さい変動を知覚しているのは驚きである。

$-\rho_m c$ である。

式 (2.14) に連続の方程式 (equation of continuity) を表す。**図 2.4** に連続の方程式で記述される管路の微小区間のイメージを示す。

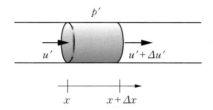

図 2.4 連続の方程式で記述される管路の微小区間のイメージ。連続の方程式は微小区間に流出入する流体とその内部の流体質量の増加量を関係づける。密度変動と圧力変動は熱力学的な関係式によって結ばれる。

連続の方程式は想定している空間の質量の増加量とそこへ流れ込む質量に関する保存則であるから,つぎの形に表すことが多い。

$$\frac{\partial \rho'}{\partial t} + \rho_m \frac{\partial u'}{\partial x} = 0 \tag{2.18}$$

式 (2.14) と式 (2.18) を見比べるとわかるように

$$c^2 \frac{\partial \rho'}{\partial t} = \frac{\partial p'}{\partial t} \tag{2.19}$$

が成立する。つまり

$$c = \sqrt{\left(\frac{\partial p}{\partial \rho}\right)} \tag{2.20}$$

である。流体の密度が変化するとき圧力がどの程度変化するかは,流体が経験する熱力学的過程 (thermodynamic process) に依存する。つまり,音速 c は熱力学で決定される熱力学的な物理量である。それでは上記の波動方程式で記述される音波では,どのような熱力学的過程が成立するのであろうか。

音響学にとって熱力学的議論が重要であることは,音速の問題が長い歴史を持つことに現れている。1697 年,ニュートンは自著プリンシピア(「自然哲学の数学的諸原理」)の中で空気中を伝わる音速を予測した*。一方,1816 年頃

---

* ニュートンは質点に対する運動方程式をもとに音速の議論を行った。この当時まだ偏微分方程式がなかったためだ。熱力学的議論よりもこの点に関心を寄せて,むしろ数学的・力学的な興味から音響学に取り組んだ研究者にストークス (Stokes) やオイラーがいる。

にラプラスはニュートンの予測とは異なる値を理論的に予測した。彼らの予測値が異なるのは，仮定した熱力学的過程が異なるからである。ニュートンの音速は等温音速（isothermal speed of sound）と呼ばれ

$$c_T = \sqrt{\left(\frac{\partial p}{\partial \rho}\right)_T} \tag{2.21}$$

で与えられる*。一方，ラプラスの音速 c_S は断熱音速（adiabatic speed of sound）と呼ばれ，次式で与えられる。

$$c_S = \sqrt{\left(\frac{\partial p}{\partial \rho}\right)_S} \tag{2.22}$$

ここに，添え字 T および S は，温度一定のもとでの等温変化（isothermal process）とエントロピー一定のもとでの断熱変化（adiabatic process）をそれぞれ表している。等温音波では気体の温度は時間的に一定で不変であるが，断熱音波では，圧力変動とともに有限な温度変化が生じる。理想気体を仮定すると，等温音速 c_T と断熱音速 c_S はそれぞれ次式のように与えられる。

$$c_T = \sqrt{\frac{p_m}{\rho_m}} \tag{2.23}$$

$$c_S = \sqrt{\frac{\gamma p}{\rho}} \approx \sqrt{\frac{\gamma p_m}{\rho_m}} \tag{2.24}$$

ここでは気体 γ の比熱比であり，空気の場合は $\gamma=1.4$ である。標準状態の空気の場合，およそ $c_T=290$ m/s，$c_S=340$ m/s である。

二つの音速の問題は実測値と比較することで決着がついた。c_T と c_S の間のおよそ 18% のずれは，当時の計測技術でも十分に判別することが可能なほどであったようだ[1]。よく知られているように，実験事実をより正確に記述するのはラプラスが提唱した断熱音速である。そのため，断熱音速は現在も，自由空間（free space）を伝搬する音波の音速として広く受け入れられている。しかし，断熱音波では流体のエントロピー変動が存在しないため，熱音響自励振動や音波による冷却現象などの熱的現象を決して引き起こさない。

---

* ニュートンは特に意識して等温過程を仮定したわけではないようだ（この時代には熱力学は確立されていない）。気体の圧力と密度の間の関係式として当時知られていたボイル（Boyle）の法則を使用したらしい。

2.3　管内音波の伝搬定数

流体のエントロピー S の変化を圧力 p と温度 T で展開すると

$$dS = \left(\frac{\partial S}{\partial p}\right)_T dp + \left(\frac{\partial S}{\partial T}\right)_p dT$$

となる。偏導関数を熱力学的関係式を用いて変形すると

$$\left(\frac{\partial S}{\partial T}\right)_p = \frac{C_p}{T_m}, \quad \left(\frac{\partial S}{\partial p}\right)_T = -\left(\frac{\partial V}{\partial T}\right)_p = -\frac{\beta}{\rho_m}$$

が成立する。C_p は定圧比熱であり、β は熱膨張率である。流体が断熱的な圧力変動をするならば $dS=0$ であるから次式を得る。

$$dT = \frac{\beta T_m}{\rho_m C_p} dp \tag{2.25}$$

式（2.25）は圧力変化に比例した温度変化が生じることを表している*。

一様な自由空間中であれば、流体の温度は圧力とともに時間的に変化したとしても空間的には（衝撃波の問題を除けば）せいぜい波長程度のスケールでゆるやかに変化するにすぎない。だから実質的には温度勾配は小さく、熱伝導の影響は問題にならない。そのため、自由空間中の音波では、流体の熱力学的変化を断熱過程で近似するのは合理的な仮定である。しかし、固体壁が近傍にあれば事情は異なる。固体壁は流体に比べてはるかに大きな熱容量を持つため、固体壁は流体に対して熱浴として作用する。したがって、固体壁に接した流体の温度はつねに一定に保たれる（等温的過程）。そのため固体壁近傍とそこから離れた位置の流体の間に温度差が生じて熱伝導が起こる。このように固体壁があれば音波は断熱的ではなくなって、多様な熱音響現象の可能性が生まれる。定量的な議論は 5 章で行うことにし、ここでは直感的に管内音波の特性量を考えて流体と管壁の間で起こる熱交換の目安を与える物理量を導入しよう。

音波の角周波数 ω と流体の熱拡散係数（thermal diffusivity）$\alpha \, [\mathrm{m^2/s}]$ を使う

---

* 大気圧空気（300 K）の場合には、$(\partial T/\partial p)_S = 8.6 \times 10^{-4}$ K/Pa であるから、100 dB の大音響（2 Pa）で 0.017 K 程度である。

と長さの次元を持った物理量

$$\delta_\alpha = \sqrt{\frac{2\alpha}{\omega}} \qquad (2.26)$$

が得られる。δ_α は熱境界層の厚さ (thermal boundary layer thickness) と呼ばれる。図 2.5 に示すような半無限の固体壁の上を流体が往復運動しているとき，壁から δ_α 程度以内の距離にある流体は固体壁と熱平衡を保ったまま振動する。一方，壁からの距離が δ_α よりも十分遠い流体は断熱的に振動運動する。このように流体と固体壁の間の距離に応じて流体が経験する熱力学的プロセスが変化する。

図 2.5　固体流路壁と流体。壁からの距離に応じて流体が経験する熱力学的プロセスは変化する。

周りを固体壁に囲まれた流れ，つまり図 2.6 に示すような管内流れでは，流路半径 r_0 と流体の熱拡散係数で与えられる時間の次元を持った物理量

$$\tau_\alpha = \frac{r_0^2}{2\alpha} \qquad (2.27)$$

を使う。τ_α は断面内の熱緩和時間 (thermal relaxation time) と呼ばれる気柱音波の特性量であり，断面内に温度揺らぎが与えられたときに，それが一様に

図 2.6　円管流路断面の流体の熱力学的プロセスのイメージ。濃い灰色の領域では壁の影響が強いが，白い領域では流体は断熱的になる。

緩和するまでの特性時間である。したがって，音波の角周波数 ω と τ_α の積 $\omega\tau_\alpha$ が $\omega\tau_\alpha \ll 1$ を満足するとき，熱緩和時間が振動周期に比べて十分短く，その温度は管壁の温度に保たれ温度変動は生じない。一方，$\omega\tau_\alpha \gg 1$ ならば流体は断熱的に振動運動し，その温度は音波の周波数で振動することになる[*1]。つまり管内振動流では，$\omega\tau_\alpha$ が流体と管壁の熱交換の尺度を与える。

二つの無次元量 r_0/δ_α と $\omega\tau_\alpha$ の間には

$$\omega\tau_\alpha = \left(\frac{r_0}{\delta_\alpha}\right)^2 \tag{2.28}$$

の関係があるので数学的にはたがいに換算可能である。したがって，流路半径 r_0 と，熱境界層の厚さ δ_α の比 r_0/δ_α が著しく大きければ断熱的であり，逆に著しく小さければ等温的になると解釈できる。しかし，空間的概念である無次元量 r_0/δ_α を用いるときには注意が必要である。なぜなら，$\omega\tau_\alpha \ll 1$ という良好な熱交換の条件のもとではもはや熱境界層は管内に存在しないからである。

流体が経験する熱力学的過程は管壁の影響を受けるので，管内音速は等温音速とも断熱音速とも異なる値を示すことは想像がつくだろう。Tijdeman は 1975 年に円管内の気柱を伝搬する音波に対して詳細な理論的検討を行った[2)]。彼はその中で，角周波数 ω で時間平均圧力 p_m のまわりで揺らぐ圧力変動を断熱音波の波数（$k_S = \omega/c_S$）を用いて

$$p' = A\,e^{i\omega t - k_S \Gamma x} \tag{2.29}$$

と表すとき[*2]，Γ は流体の動粘性係数（kinematic viscosity）ν により決まる粘性緩和時間 $\tau_\nu = r_0^2/(2\nu)$ を用いた無次元量

$$\omega\tau_\nu = \omega\frac{r_0^2}{2\nu} \tag{2.30}$$

と $\omega\tau_\alpha$ に依存する複素量として

[*1] 大気圧，20℃の空気の場合，熱拡散係数は $\alpha = 21.1 \times 10^{-6}\,\mathrm{m^2/s}$ である。例えば，$r_0 = 1\,\mathrm{mm}$ ならば $\tau_\alpha = 0.023\,\mathrm{s}$ であるので，$\omega\tau_\alpha = 1$ となる周波数は 6.7 Hz である。これより周波数が十分に高ければ断熱的で，低ければ等温的となる。

[*2] 振動量を線形現象として議論するとき複素量として表現することが多い。線形演算や微分，積分等の数学的記述が三角関数を使うより指数関数を使うほうが容易になるからである。3 章で述べるように物理的には実部だけが意味を持つ。

$$\Gamma = \sqrt{-\frac{1+(\gamma-1)\chi_\alpha}{1-\chi_\nu}} \tag{2.31}$$

と与えられることを示した*。γ は流体の比熱比である。なお，$\omega\tau_\nu$ は流体のプラントル数 σ を介して $\omega\tau_\alpha$ と以下の関係がある。

$$\omega\tau_\nu = \frac{\omega\tau_\alpha}{\sigma} \tag{2.32}$$

式 (2.31) に含まれる $\chi_j(j=\alpha,\nu)$ の具体的な表式や式 (2.31) の導出方法はそれぞれ 3 章と 5 章で示すことにして，ここではその結果をもとに管内音波伝搬について述べることにしよう。

波数 k を用いた角周波数 ω の平面波の表現 $p' = Ae^{i(\omega t - kx)}$ と比較するとわかるように，Γ と k の間には

$$\Gamma = i\frac{k}{k_s} \tag{2.33}$$

という関係がある。つまり，自由空間中では実数であった波数 k は，管内音波では複素量となる。円管内音波の波数 k を実部と虚部に分けて $k = \mathrm{Re}k + i\mathrm{Im}k$ とすると，平面圧力波は

$$p' = Ae^{(\mathrm{Im}k)x}e^{i(\omega t - (\mathrm{Re}k)x)} \tag{2.34}$$

と書き直すことができる。減衰定数（attenuation constant）β と位相速度（phase velocity）v を持つ平面圧力波の表現

$$p' = Ae^{-\beta x}e^{i\omega(t-x/v)} \tag{2.35}$$

と比較すると減衰定数 β は

$$\beta = -\mathrm{Im}k = k_s \mathrm{Re}\Gamma \tag{2.36}$$

であり，位相速度 v は

$$v = \frac{\omega}{\mathrm{Re}k} = \frac{c_s}{\mathrm{Im}\Gamma} \tag{2.37}$$

である。

図 2.7 に式 (2.31) から得られる位相速度 v と減衰定数 β を $\omega\tau_\alpha$ に対して

---

* Tijdeman 文献ではやや異なる数式表現を用いているが，同等の式である。χ_ν と χ_α についてはそれぞれ 3 章と 5 章で説明する。

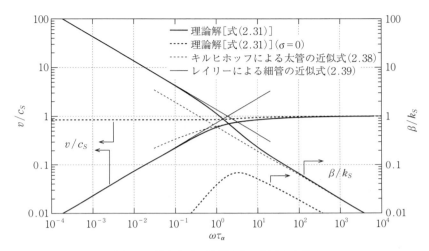

図2.7 管内音波の位相速度 v と減衰定数 β

図示した。ただし，位相速度 v は断熱音速 c_S で無次元化し，減衰定数 β は断熱音波の波数 k_S で規格化し表示してある。

図の太い実線で示された減衰定数と位相速度は $\omega\tau_\alpha \gg 1$ と $\omega\tau_\alpha \ll 1$ でそれぞれ異なる曲線に漸近することがわかる。この二つの漸近線は，キルヒホッフとレイリーという古典物理学のさまざまな領域で顕著な功績を残した研究者と密接な関連を持つ。キルヒホッフは管内音波の伝搬に関する議論を行い，（非常に複雑な）超越方程式の解として波数を求めた。キルヒホッフ自身が求めた[*] $\omega\tau_\alpha \gg 1$ が成立するような太管の場合に正当化される近似解（wide tube approximation）が

$$\frac{k}{k_S} = 1 + \frac{(1-i)(\gamma-1+\sqrt{\sigma})}{2\sqrt{\omega\tau_\alpha}} \tag{2.38}$$

である（詳しい導出方法は5章で述べる）。図には式（2.38）を細い破線で示す。$\omega\tau_\alpha \gg 1$ では，$(\mathrm{Re}\,k)/k_S \approx 1$，$(\mathrm{Im}\,k)/k_S \approx (\gamma-1+\sqrt{\sigma})/(2\sqrt{\omega\tau_\alpha})$ となるか

---

[*] キルヒホッフ論文の英訳はつぎの文献で見ることができる。R. B. Lindsay, ed.: On the influence of thermal conduction in a gas on sound propagation, in Physical Acoustics, Vol. 4 in Benchmark Papers in Acoustics series (Dowden, Hutchinson, and Ross, Stroudsberg, Pa), pp. 7-19 (1974)

ら，音速（位相速度）$v=\omega/\mathrm{Re}k$ は周波数によらず断熱音速 c_S に近づき，減衰定数 $\beta=-\mathrm{Im}k$ は小さくなる。つまり $\omega\tau_\alpha \gg 1$ では管内音波は自由空間中の音波とよく似た振舞いを呈するようになる。キルヒホッフの近似解の式（2.38）は位相速度については $\omega\tau_\alpha \approx 2$ 程度までよく一致する一方で，減衰定数については $\omega\tau_\alpha \approx 10$ ですでに差が認められることには注意すべきだろう。レイリーは著書"Theory of Sound"でキルヒホッフ理論を詳細に説明し，$\omega\tau_\alpha \ll 1$ が成立するような細管の場合の近似式を求めている。その近似解（narrow tube approximation）は

$$\frac{k}{k_S} = (1-i)\sqrt{\frac{2\gamma\sigma}{\omega\tau_\alpha}} \tag{2.39}$$

であり，図には細い実線で示す。$\omega\tau_\alpha$ が減少するとともに，音速が減少する一方で減衰率が増加する。$\omega\tau_\alpha < 0.4$ の領域でレイリーにより求められた近似解は式（2.31）から得られる解と一致する。$\omega\tau_\alpha \ll 1$ では流体は等温的な熱交換を行うことができる。しかし，粘性による影響のためニュートンの予測した等温音速 c_T は実現しない。グラフからわかるように，$\omega\tau_\alpha \ll 10^{-4}$ では断熱音速の1%程度（時速12 km）まで減少する。

式（2.31）において，$\chi_\nu=0$ とした場合の β と v を図に太い破線であわせて示した。これは動粘性係数 ν の寄与を無視した非粘性流体の場合に相当する。この場合，$\omega\tau_\alpha \ll 1$ における減衰定数の急激な増加は抑えられ，$\omega\tau_\alpha < 3$ ではむしろ低下し始める。つまり，$\omega\tau_\alpha \ll 1$ の領域で見られる顕著な減衰は流体の粘性に由来している。この領域では流体が経験する熱力学的過程は等温可逆過程に漸近する。そのため，流体の熱伝導に由来する減衰も0に近づく。また粘性が無視できる場合には，ニュートンが予測した等温音速が実現することも図から明らかである。

キルヒホッフとレイリーの近似解の適用範囲は広いが，$\omega\tau_\alpha \approx 1$ の領域ではそのどちらも適用できない。この領域では流体の経験する熱力学的プロセスは断熱過程と等温過程の中間的な過程となる。このような過程は不可逆過程と呼ばれ，流体と管壁の間で熱交換は起こるが，ある程度の時間遅れを伴う。その

一方で粘性による散逸効果はそれほど強くない*。熱音響現象が容易に観測されるのは，この中間的な領域である。$\omega\tau_\alpha \ll 1$ のときには，粘性によるエネルギー損失が大きすぎるために，熱音響現象は生まれない。また，$\omega\tau_\alpha \gg 1$ ではエネルギー損失が小さい代わりに，流体は断熱変化を経験するのみであるからやはり熱音響現象は生じない。

2.4 補　　　　足

2.4.1 管内音波の伝搬定数に関する実験

式 (2.31) で与えられる解の妥当性を調べるために行われた実験について紹介しよう[3]。使用した実験装置の概略を図 2.8 に示す。管全長は十分に長くて，端での反射は無視できるほど小さいので，音源から一方向に伝搬する音波が実現できる。Γ の支配パラメータである $\omega\tau_\alpha$ を広い領域で変化させるため，管半径 r_0 が 0.3，1.0，2.0 mm の 3 種類の銅製の円管で実験は行われた。また，管内流体である空気の動粘性係数 ν の圧力依存性を利用して，充填圧力 p_m を 2.5，5.0，10.2，40.6 kPa と変化させることにより，$\omega\tau_\alpha$ の範囲を広げている。

管の一端にベローズを介して取り付けたラウドスピーカを使って小振幅（お

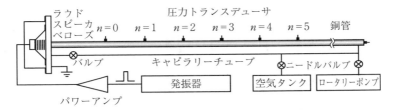

図 2.8 管内音波の伝搬定数測定のための実験装置[3]

---

* 流体の比音響インピーダンスを増加させ，なるべく圧力振幅と流速振幅の比を大きくすれば粘性散逸の効果を小さくすることができる。この目的のため，蓄熱器における比音響インピーダンスが自由空間中の比音響インピーダンス（特性インピーダンス，$\rho_m c_s$）の 30 倍になるようにデザインされた熱音響スターリングエンジンもある。

よそ 10 Pa) のパルス波を発生させ，等間隔に離れた位置 $x_1, x_2, \cdots, x_5$ に取り付けた小型の圧力トランスデューサでパルス波の時空間発展を計測した。パルス波をさまざまな周波数の波の重ね合わせとすると，各周波数成分の圧力変動は式 (2.29) のような平面進行波で与えられる。つまり，$x=x_1, x=x_2, \cdots$ の位置で計測された圧力パルス $p_1, p_2, \cdots,$ のフーリエ変換 $P_1(\omega), P_2(\omega), \cdots,$ は，それぞれ因子 $e^{-k_S \Gamma x_1}, e^{-k_S \Gamma x_2}, \cdots$ を持つとしてよい。したがって，$x=x_1$ と $x=x_2$ の 2 点で得られたフーリエ変換 $P_1(\omega), P_2(\omega)$ の比である伝達関数は，2 点間距離を d とすると

$$G(\omega) = e^{-k_S (\mathrm{Re}\Gamma)d} e^{-ik_S (\mathrm{Im}\Gamma)d}$$

となる。つまり $G(\omega)$ の大きさ $e^{-k_S (\mathrm{Re}\Gamma)d}$ と位相角 $-k_S (\mathrm{Im}\Gamma)d$ から減衰率 β と位相速度 v がつぎのように求められる。

$$\beta = -[\log G(\omega)]/d \tag{2.40}$$

$$v = \omega d / \Phi(\omega) \tag{2.41}$$

このようにして得られた結果を示したのが図 2.9 である。さまざまな条件で実験を行ったので，$\omega \tau_\alpha$ は 10^{-4} から 10^2 までおよそ 7 桁の広い範囲にわたる。

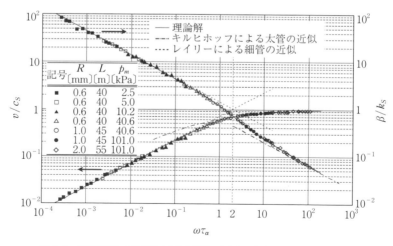

図 2.9 管内音波の音速と減衰定数[3]。図中の記号は実験条件を表す（R は管半径，L は管長，p_m は平均圧力）。

さまざまな条件で得られた実験データを，$\omega\tau_\alpha$ の無次元変数で整理すると，共通した1本の曲線上に乗る。このことは $\omega\tau_\alpha$ が円筒管内の音波伝搬を支配する普遍的パラメータであることを示している。実験値が描く曲線は Tijdemann の示した理論解と等しい*。

2.4.2 次元解析：$\omega\tau_\nu$ とレイノルズ数（Re）

$\omega\tau_\alpha$ が管内音波を記述するのに適した無次元量であるのと同様に

$$\omega\tau_\nu = \omega\frac{r_0^2}{2\nu}$$

もまた管内音波を特徴づける無次元量として使われる。$\omega\tau_\nu$ は $\omega\tau_\alpha$ と流体のプラントル数を介して

$$\omega\tau_\nu = \frac{\omega\tau_\alpha}{\sigma}$$

という関係がある。気体ではプラントル数は1程度の大きさなので，$\omega\tau_\alpha$ と $\omega\tau_\nu$ は同程度の大きさの無次元量となる。ここでは管内音波を特徴づける無次元量について次元解析をつかって検討しよう。

内半径 r_0 の管内を動粘性係数 ν の流体が占めているとして，その運動を特徴付ける無次元数を考える。この流体が角周波数 ω で振動運動するとし，代表的な速度を U，代表長さ d を管直径とする。長さ [L] と時間 [T] を基本単位として U, d, ν および ω の次元をあらわに書きだすと，それぞれ，U[L/T]，d[L]，ν[L^2/T]，ω[1/T]である。したがって，これらを適当にかけあわせて作られる物理量 $U^A d^B \nu^C \omega^D$ の次元は

$$\left(\frac{L}{T}\right)^A L^B \left(\frac{L^2}{T}\right)^C \left(\frac{1}{T}\right)^D = \frac{L^{A+B+2C}}{T^{A+C+D}}$$

となる。これが無次元であるためには

$$A+B+2C=0, \quad A+C+D=0$$

であればよい。文字数（代表的物理量の数）が四つなのに対して方程式の数

---

* 21世紀に入ってから，管内音波の伝搬定数という音響学の基本問題に関する実験的検証がようやく行われたことになる。

（基本単位の数）が二つだから，4−2＝2だけの自由度があることになる。この自由度に対応して，管内振動流を特徴づける独立な無次元量の数は二つある。つまり，管内振動流を記述するのには二つの無次元量が必要である（もし定常流ならばωを考えなくてもよくなるので，自由度は1になる）。

角周波数を含まない無次元量を探すには，上の連立方程式において$D=0$とすればよい。

$$A+B+2C=0, \quad A+C=0$$

$A=1$としてB, Cを求めると，$B=1, C=-1$を得る。このようにして定まる無次元量がつぎのレイノルズ数Reである。

$$Re=\frac{Ud}{\nu}$$

また，動粘性係数を含まない無次元量には，つぎのストローハル数Stがある。

$$St=\frac{\omega d}{U}$$

ReとStの比や積もまた無次元量である。積$Re \cdot St = \omega d^2/\nu$は

$$\omega \tau_\nu = \frac{\omega r_0^2}{2\nu}$$

の8倍の大きさを持ち，速度Uを含まない無次元量である。このようにReとStから$\omega\tau_\nu$は作られるので，どれか二つを無次元量として採用すれば十分であり，三つ目の無次元量は不要になる。Re, Stと$\omega\tau_\nu$のうち，どの二つを使ってもよいが，速度振幅が小さな線形音波ではUを含まない無次元量$\omega\tau_\nu$が重要となる。しかし，大振幅音波で生じる音響乱流ではReが重要になることはいうまでもない。近江らは，音響乱流の起こる条件を**図2.10**のようにまとめている。縦軸の記号$\sqrt{\omega'}$は$\sqrt{2\omega\tau_\nu}$に相当する無次元量を表し，横軸は断面平均流速の振幅$|u_{1r}|$，動粘性係数νと管直径dを用いて与えられる音響レイノルズ数$Re_{os}=\dfrac{|u_{1r}|d}{\nu}$を表す。

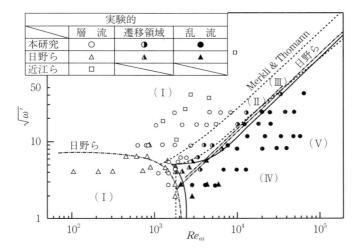

図 2.10 近江らによりまとめられた実験的臨界音響レイノルズ数[4]。（Ⅰ）全位相で層流，（Ⅱ）加速の初期に断面中央付近で，顕著な速度変化が現れる，（Ⅲ）速度の大きい位相で，速度変動が現れる，（Ⅳ）減速域に高周波の乱れが現れる，（Ⅴ）減速域だけでなく加速域にも高調波の乱れが現れる。

引用・参考文献

1) T. B. Gabrielson：Background and perspective William Derham's De Motu Soni (On the Motion of Sound), Acou. Today **5**, pp. 16-26 (2009)
2) H. Tijdeman：On the propagation of sound waves in cylindrical tubes, Journal of Sound and Vibration, **39**, pp. 1-33 (1975)
3) T. Yazaki, Y. Tashiro, and T. Biwa：Measurements of sound propagation in narrow tubes, Proc. R. Soc., A **463**, pp. 2855-2862 (2007)
4) M. Ohmi and M. Iguchi：Critical Reynolds number in an oscillating pipe flow, Bulletin of the JSME, **25**, pp. 165-172 (1982), M. Ohmi, M. Iguchi, K. Kakehashi, and T. Masuda：Transition to turbulence and velocity distribution in an oscillating pipe flow, Bulletin of the JSME, **25**, pp. 365-371 (1982), M. Ohmi, M. Iguchi, and I. Urahata：Flow patterns and frictional losses in an oscillating pipe flow, Bulletin of the JSME, **25**, pp. 536-543 (1982), M. Iguchi, M. Ohmi, and K. Maegawa：Analysis of free oscillating flow in a U-shaped tube, Bulletin of the JSME, **25**, pp. 1398-1405 (1982)

3 気柱共鳴管とそのQ値

　気柱共鳴管は，熱音響デバイスの音場を決定する重要な部品である。また熱音響デバイスをエネルギーの観点から見るときに欠かせないのが，気柱共鳴管のQ値である。特に温度勾配のある気柱共鳴管で生じる気柱の自励振動の問題を考えるとき，Q値の温度依存性が「どれだけの温度差があれば振動し始めるのか」という基本的な問いを考えるうえで重要な役割を果たす。

3.1 振動のQ値

3.1.1 Q値の役割

　系の固有角周波数 ω_0 と同じ角周波数の周期的外力が作用する強制振動系において，系の Q 値（quality factor）は次式で与えられる。

$$Q = \omega_0 \frac{E}{W} \tag{3.1}$$

E は，振動系に蓄えられたエネルギー（運動エネルギーとポテンシャルエネルギーの和）の時間平均を表す。また，W は，外力による仕事率の時間平均を表す。系が定常振動するとき，W と時間平均した単位時間当りの系のエネルギー変化量，つまりエネルギー散逸（energy dissipation）はつりあっている。すなわち，エネルギー散逸を $\dot{E}_D (<0)$ とすると，E の時間変化

$$\frac{dE}{dt} = W + \dot{E}_D \tag{3.2}$$

は 0 であり

が成り立つ。$\dot{E}_D=0$ の理想的な振動系ではエネルギー供給の必要がない（$W=0$）ので，Q は無限大である。しかし，現実の系ではエネルギー散逸を必然的に伴う。式 (3.1) と式 (3.3) から

$$W+\dot{E}_D=0 \tag{3.3}$$

$$Q=-\omega_0\frac{E}{\dot{E}_D} \tag{3.4}$$

であるので，エネルギー散逸が大きい系ほど Q は小さくなる。Q 値は振動系のエネルギー散逸の程度を表す物理量である。

3.1.2 減衰振動と Q 値

強制振動と同様に，系の減衰振動も Q 値で特徴づけられる。系に作用する外力をある瞬間にゼロにすると，系は固有角周波数 ω_0 で振動しながら平衡状態に近づく。この過程においては，系のエネルギーは

$$\frac{dE}{dt}=\dot{E}_D \tag{3.5}$$

に従って時間の経過とともに減少する。式 (3.4) を代入して整理すると

$$\frac{dE}{dt}=-\frac{\omega_0}{Q}E \tag{3.6}$$

となる。Q を定数とみなし*，さらに

$$\tau_E=\frac{Q}{\omega_0} \tag{3.7}$$

とおいて式 (3.6) を時間に関して積分し，適当な初期値を E_i と置くと

$$E=E_i e^{-t/\tau_E} \tag{3.8}$$

となる。この式は時間が τ_E だけ経過するごとにエネルギー E は $(1/e)$ 倍に減衰することを意味するので，τ_E はエネルギーの緩和時間を表す。振動周期を $T_\mathrm{osc}(=2\pi/\omega_0)$ と表すとき

---

* 一般には E と dE/dt は単純な比例関係にはない。熱音響自励振動系で実験を通じて調べた例が文献［T. Biwa, et al.：J. Phys. Soc. Jpn., **82**, 043401 (2013)］に報告されている。

$$Q=\omega_0\tau_E=2\pi\frac{\tau_E}{T_{\mathrm{osc}}} \tag{3.9}$$

であるので，Q は何回振動したら振動が止まるかの目安を与える。エネルギー散逸が 0 の"理想的な"釣り鐘では $Q\to\infty$ であるから，τ_E も無限大となり，一度鳴らすと決して鳴り止まない。こんなものがあったとするとたいへんに迷惑な存在になる。除夜の鐘や風鈴を楽しめるのはエネルギー散逸のおかげである。

3.1.3 減衰振動する振動系の Q 値

図 3.1 に示すような，ばね定数 K のばねと速度に比例した抵抗力（比例係数 R）を与えるダッシュポットおよび質量 M の台車からなる機械振動系の Q 値を考える。物体のつりあいの位置からの変位を $\xi'(t)$ とすると，運動方程式は

$$M\frac{d^2\xi'}{dt^2}+R\frac{d\xi'}{dt}+K\xi'=0 \tag{3.10}$$

である。両辺に $d\xi'/dt$ を乗じてから整理すると

$$M\frac{d\xi'}{dt}\frac{d^2\xi'}{dt^2}+K\xi'\frac{d\xi'}{dt}=-R\left(\frac{d\xi'}{dt}\right)^2$$

である。左辺は系のエネルギー

$$E=\frac{1}{2}M\left(\frac{d\xi'}{dt}\right)^2+\frac{1}{2}K\xi'^2$$

の時間変化 dE/dt に等しいので，次式を得る。

$$\frac{dE}{dt}=-R\left(\frac{d\xi'}{dt}\right)^2<0$$

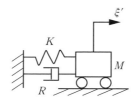

図 3.1　機械振動系

つまり $\dot{E}_D = -R(d\xi'/dt)^2$ であり,エネルギー散逸の原因は抵抗力にある。

実際に運動方程式を解いてエネルギーの時間変化を求めてみよう。記号 $\tau_A = 2M/R$ と $\omega_0^2 = K/M$ を導入して式(3.10)を変形すると

$$\frac{d^2\xi'}{dt^2} + \frac{2}{\tau_A}\frac{d\xi'}{dt} + \omega_0^2 \xi' = 0 \tag{3.11}$$

を得る。なお $\omega_0 = \sqrt{K/M}$ は抵抗力が働かないときの系の固有角周波数である。式(3.11)のタイプの方程式は機械的振動系だけでなく LCR 回路などの線形振動系でおなじみである。$\xi' = e^{pt}$ と置き,特性方程式を解けば解を得るのは難しくない。抵抗力が比較的小さくて $R/(2M) = 1/\tau_A < \omega_0$ のとき

$$\xi'(t) = A e^{-t/\tau_A} \cos \omega' t \tag{3.12}$$

の形の解を得る。ただし $\omega' = \sqrt{\omega_0^2 - (1/\tau_A)^2}$ であり,初期値は適当な定数 A を用いて $\xi'(0) = A$, $d\xi'(0)/dt = 0$ となるようにとった。この解は**図 3.2** に示すように,角周波数 ω' で振動しながらその振幅が指数関数的に減衰する減衰振動を表し,τ_A は振幅の緩和時間を表す。

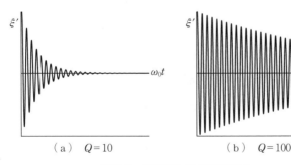

図 3.2 減衰振動 ξ' の時間発展

系のエネルギーは

$$E(t) = \frac{1}{2}M\left(\frac{d\xi}{dt}\right)^2 + \frac{1}{2}K\xi^2 \tag{3.13}$$

であるから,式(3.12)を式(3.13)に代入すると

$$E(t) = \frac{1}{2}M\left[A\,e^{-t/\tau_A}\left(\frac{1}{\tau_A}\cos\omega't + \omega'\sin\omega't\right)\right]^2$$
$$+ \frac{1}{2}K\left[A\,e^{-t/\tau_A}\cos\omega't\right]^2$$

である。$\cos^2\omega't = (\cos 2\omega't + 1)/2$, $\sin\omega't\cos\omega't = (\sin 2\omega't)/2$ であるから E は角周波数 $2\omega'$ で揺らぎながら減少する。そこで, dE/dt を時間平均エネルギー変化量, つまり1周期当りの平均変化率

$$\frac{dE}{dt} = \frac{E(t + T_{\text{osc}}) - E(t)}{T_{\text{osc}}} \tag{3.14}$$

で近似すると

$$E(t + T_{\text{osc}}) = E(t)e^{-2T_{\text{osc}}/\tau_A} \tag{3.15}$$

であるので

$$\frac{dE}{dt} = \frac{E(t)}{T_{\text{osc}}}(e^{-2T_{\text{osc}}/\tau_A} - 1) \approx \frac{E(t)}{T_{\text{osc}}}\left(1 - \frac{2T_{\text{osc}}}{\tau_A} + \cdots - 1\right) = \frac{-2E(t)}{\tau_A}$$

となる。最右辺を得る過程で T_{osc}/τ_A が十分に小さいという近似を使用した。結局

$$\frac{dE}{dt} = -\frac{2}{\tau_A}E \tag{3.16}$$

である。

式 (3.8) と比較するとわかるように, エネルギーの緩和時間 τ_E は振幅の緩和時間と $\tau_E = \tau_A/2$ の関係がある。$\tau_A = 2M/R$ であり, また $Q = \omega_0\tau_E$ であるから, 図 3.1 の機械振動系では

$$Q = \frac{\sqrt{MK}}{R} \tag{3.17}$$

である。R が大きいと Q は小さく, R が小さいと Q は大きい。

Q 値は減衰振動系だけでなく, 定常振動系に対しても求めることができる。その導出にあたって知っておくと便利な数学ツールが複素表示である。次節でその方法を導入し, 以下の解析に備えることにする。

3.2 振動量の複素表示

3.2.1 複素表示の方法

角周波数 ω で時間的に振動する振動量 X' は,その振幅を $A(>0)$,初期位相を θ とするとき

$$X' = A\cos(\omega t + \theta) \tag{3.18}$$

と表すことができる。式 (3.18) のように実関数である三角関数を使うほかに,虚数単位 $i(i=\sqrt{-1})$ を使って振動量を表すことも多い。よく知られたオイラーの公式

$$e^{i\varphi} = \cos\varphi + i\sin\varphi \tag{3.19}$$

を用いると

$$\cos\varphi = \mathrm{Re}[e^{i\varphi}], \quad \sin\varphi = \mathrm{Im}[e^{i\varphi}]$$

である。ここで,Re[ ] と Im[ ] は,それぞれ [ ] 内の複素量の実部と虚部をとる演算を表す[*1]。そこで,振動量 X' に対して

$$X_1 = Ae^{i\theta} \tag{3.20}$$

という複素量を導入すると

$$X' = \mathrm{Re}[X_1 e^{i\omega t}] \tag{3.21}$$

である[*2]。この X_1 は振動量 X' の複素振幅 (complex amplitude) と呼ばれ,振幅 A と初期位相 θ の両方を含む。複素平面上において $X_1 e^{i\omega t}$ で与えられる点は,原点を中心とする半径 A の円上において,その位相角が $\omega t + \theta$ となるように時間とともに回転する点を表している。原点からこの点に向けて伸びるベクトルはフェーザ (phasor) と呼ばれる。**図 3.3** ではフェーザは角速度 ω

[*1] 実数 a, b を用いて複素数 x が $x=a+ib$ と表されるとき,$a=\mathrm{Re}[x]$,$b=\mathrm{Im}[x]$ である。なお x を $x=|x|e^{i\Theta}$ とするとき偏角 Θ (位相角) を $\Theta = \arg[x]$,大きさを $|x|(=\sqrt{a^2+b^2})$ と表す。なお,本書では,時間的振動量 u', p' に対してその複素振幅を u_1, p_1 と表記している。

[*2] 実部をとることを一々断らずに $X' = X_1 e^{i\omega t}$ として話を進めることも多いが,線形振動の問題では特に問題にならない。

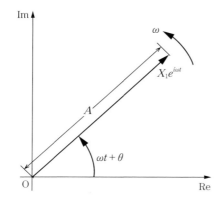

図 3.3 フェーザの表示方法

で回転するベクトルとして表示されているが,因子 $e^{i\omega t}$ を除外して複素振幅 X_1 のみをフェーザとして図示することも多い。この場合は座標軸そのものが角速度 ω で回転し,X_1 はその回転複素平面上に固定されることになるため,位相角は時間的に一定で θ である。このような取扱いが許されるのは,これから取り扱う振動量が同じ角周波数 ω を共有するためである。

複素表示を導入することで,1次元的な振動運動が2次元的平面上の回転運動に拡張される。物理的に意味があるのは,回転運動を実軸へ射影した成分のみ(式(3.21))であるが,2次元に拡張するメリットは大きい。第一の利点は,図示することで,振幅だけではなく,位相についても図を使って直感的に把握できるようになることである。

例えば,$Y'=\mathrm{Re}[Y_1 e^{i\omega t}]$ と X' の間に

$$Y_1 = \Gamma X_1 \tag{3.22}$$

なる関係式が成立するとしよう。Y_1 と X_1 の振幅比と位相差は因子 $\Gamma=|\gamma|e^{i\Theta}$ の大きさ $|\gamma|$ と位相角 Θ に対応するが,フェーザとして表示すれば,位相や振幅に関するたがいの相互関係も視覚的にわかりやすい(**図 3.4**(a))。なお,振動量 Y' の振幅と位相角はつぎのようにして確認できる。

$$Y'=\mathrm{Re}[Y_1 e^{i\omega t}]=\mathrm{Re}[\Gamma X_1 e^{i\omega t}]=\mathrm{Re}[|\gamma|A e^{i\Theta}e^{i\theta}e^{i\omega t}]$$
$$=|\gamma|A\cos(\omega t+\theta+\Theta)$$

つまり,Y' の振幅は X' の $|\gamma|$ 倍であり,また位相角は X' に対して Θ だけ進

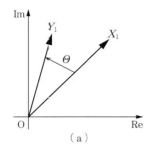 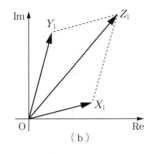

図 3.4 フェーザの表示方法

んでいる。

振動量 X' と Y' の和で新たに作られる振動量 $Z'=X'+Y'$ の複素振幅 Z_1 は

$$Z_1=X_1+Y_1 \tag{3.23}$$

で与えられる。なぜならば

$$\mathrm{Re}[Z_1 e^{i\omega t}]=\mathrm{Re}[X_1 e^{i\omega t}]+\mathrm{Re}[Y_1 e^{i\omega t}]=\mathrm{Re}[(X_1+Y_1)e^{i\omega t}]$$

が任意の時刻 t に対して成立しなければならないからである。複素平面上のフェーザの和として作図できるので，Z' が X' や Y' に対してどのような振幅と位相角を持つかが理解しやすくなる（図(b)）[1]。

複素表示をする第二の利点は計算が格段に楽になることである。X' を時間微分して得られる振動量は

$$\frac{dX'}{dt}=-\omega A \sin(\omega t+\theta)$$

であるが，これは

$$\frac{d}{dt}(X_1 e^{i\omega t})=i\omega X_1 e^{i\omega t}$$

の実部に等しい[2]。つまり

$$\frac{dX'}{dt}=\mathrm{Re}[i\omega X_1 e^{i\omega t}]$$

---

[1] Z' の振幅と位相を具体的に数式で表すには，加法定理などを用いて変形することになるが，それでも作図しておけば単純な計算ミスは防げるように思う。

[2] $i\omega X_1 e^{i\omega t}=i\omega[A\cos(\omega t+\theta)+iA\sin(\omega t+\theta)]=-\omega A\sin(\omega t+\theta)+i\omega A\cos(\omega t+\theta)$

である。そのため，ある振動量を微分して得られる振動量の複素振幅はもとの複素振幅に $i\omega$ を乗じる演算で表されることになる。同様にして，X' を時間積分して得られる振動量は

$$\int X' dt = \mathrm{Re}\left[\frac{X_1}{i\omega} e^{i\omega t}\right]$$

となるので，複素振幅を $i\omega$ で除する演算で表されることになる。その結果，振動量に関する微分積分方程式を複素振幅に関する代数方程式の要領で解くことができる。また虚数単位 i は $i = e^{i\pi/2}$ だから，フェーザで表示すれば，たがいの位相関係に迷うことはない（**図 3.5**）。

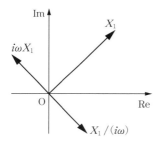

図 3.5 振動量 X' とその時間微分および時間積分した振動量に対するフェーザ表示

線形の演算（$X' + Y'$ など）や微分，積分演算では複素振幅に対して計算を進めることができるが，二つの振動量の積のような振動量に関する 2 次の量（例えばエネルギーやパワー）は複素表示のまま演算を実行してはならない。その場合は必ず，実数表示で計算する必要がある。$P' = p\cos(\omega t)$ と $Q' = q\cos(\omega t + \Phi)$ の二つの振動量の積の時間平均

$$\langle P'Q' \rangle_t = \frac{\omega}{2\pi} \int_0^{2\pi/\omega} P'Q' dt \tag{3.24}$$

は積分演算を実行してわかるように

$$\langle P'Q' \rangle_t = \frac{1}{2} pq \cos\Phi \tag{3.25}$$

である。式 (3.25) を用いると，複素表示で時間平均を与える数学公式を得ることができる。すなわち，P' と Q' の複素振幅をそれぞれ P_1 と Q_1 と表すとき，時間平均は次式のように与えられる。

3.2 振動量の複素表示 53

$$\langle P'Q' \rangle_t = \frac{1}{2}\mathrm{Re}[P_1 Q_1^\dagger]\left(=\frac{1}{2}\mathrm{Re}[P_1^\dagger Q_1]\right) \tag{3.26}$$

記号の右肩の記号†（ダガー）は複素共役をとる演算を表す．すなわち，$X_1 = Ae^{i\theta}$ に対して

$$X_1^\dagger = Ae^{-i\theta} \tag{3.27}$$

である．なお $\langle P'Q' \rangle_t$ において，二つの振動量がたがいに等しいときには

$$\langle P'^2 \rangle_t = \frac{1}{2}p^2$$

となる．つまりある振動量の2乗の時間平均は振幅の2乗の半分となる．

3.2.2 機械振動系の共鳴曲線と Q 値

図 3.1 の系に角周波数 ω の周期的外力 f' を加えたときの強制振動を調べる．運動方程式

$$M\frac{d^2\xi'}{dt^2} + R\frac{d\xi'}{dt} + K\xi' = f' \tag{3.28}$$

を ξ' と f' の複素振幅をそれぞれ ξ_1 と f_1 として複素表示すると次式を得る．

$$-\omega^2 M\xi_1 + i\omega R\xi_1 + K\xi_1 = f_1 \tag{3.29}$$

図 3.6 は，外力の複素振幅 f_1 が式（3.29）の右辺の各項のフェーザの和として図示できることを示している．式（3.29）を ξ_1 について解くと

$$\xi_1 = \frac{f_1}{K - M\omega^2 + i\omega R} \tag{3.30}$$

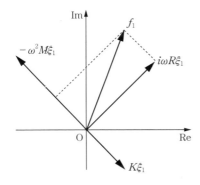

図 3.6 フェーザ表示による運動方程式（式（3.29））

である。3.1 節で導入した記号 $\tau_E = \tau_A/2 = M/R$, $\omega_0 = \sqrt{K/M}$ を用いると

$$\xi_1 = \frac{f_1/M}{\omega_0^2 - \omega^2 + i\dfrac{\omega}{\tau_E}} \tag{3.31}$$

である。物体の速度 u' は $u' = d\xi'/dt$ であるから,その複素振幅 u_1 は $u_1 = i\omega\xi_1$ であり

$$u_1 = \frac{i\omega f_1/M}{\omega_0^2 - \omega^2 + i\dfrac{\omega}{\tau_E}} = \frac{if_1/M}{\omega_0^2/\omega - \omega + \dfrac{i}{\tau_E}} = \frac{if_1}{\omega_0 M} \frac{1}{\dfrac{\omega_0}{\omega} - \dfrac{\omega}{\omega_0} + \dfrac{i}{\omega_0 \tau_E}}$$

となる。したがって,速度振幅の 2 乗 $|u_1|^2$ は次式のように計算できる*。

$$|u_1|^2 = \left(\frac{|f_1|}{\omega_0 M}\right)^2 \frac{1}{\left(\dfrac{\omega_0}{\omega} - \dfrac{\omega}{\omega_0}\right)^2 + \left(\dfrac{1}{\omega_0 \tau_E}\right)^2} \tag{3.32}$$

$|u_1|^2$ の概略を規格化角周波数 ω/ω_0 の関数として**図 3.7** に示す。外力の角周波数 ω が,抵抗がないときの系の固有角周波数に等しいとき,つまり $\omega/\omega_0 = 1$ のときに $|u_1|^2$ は極大値

$$|u_1|^2_{\max} = \left(\frac{|f_1|}{\omega_0 M}\right)^2 \times (\omega_0 \tau_E)^2 = \left(\frac{|f_1|\tau_E}{M}\right)^2 \tag{3.33}$$

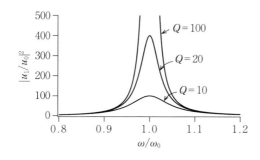

図 3.7 共鳴曲線。$u_0 = f_1/(\omega_0 M)$ と置いた。$Q = \omega_0 \tau_E$ によって曲線の鋭さが変化する。

---

* 複素数 $z = 1/(x+iy)$ に対して
$$|z| = \left|\frac{1}{x+iy}\right| = \frac{|x-iy|}{x^2+y^2} = \frac{\sqrt{x^2+y^2}}{x^2+y^2} = \frac{1}{\sqrt{x^2+y^2}}$$
であるが,むしろ,$q = x+iy$ に対して $|q| = \sqrt{x^2+y^2}$ であるから
$$|z| = \left|\frac{1}{q}\right| = \frac{1}{\sqrt{x^2+y^2}}$$
と考えたほうが簡単であろう。

を持つ。

　つぎに，共鳴曲線の形をその共鳴ピークの幅に注目して特徴づけることにしよう。共振点である $\omega=\omega_0$ 近傍の $|u|^2$ を調べるために

$$\omega/\omega_0 = 1+\varepsilon, \quad \varepsilon \ll 1$$

とおく。このとき，$\omega_0/\omega \approx 1-\varepsilon$ となることを利用すると

$$|u_1|^2 \approx \left(\frac{|f_1|}{\omega_0 M}\right)^2 \frac{1}{[1-\varepsilon-(1+\varepsilon)]^2+\left(\frac{1}{\omega_0\tau_E}\right)^2} = \left(\frac{|f_1|}{\omega_0 M}\right)^2 \frac{1}{4\varepsilon^2+\left(\frac{1}{\omega_0\tau_E}\right)^2}$$

と変形でき，$|u_1|^2$ は**図 3.8** に示すようなローレンツ曲線で近似できることがわかる。$|u_1|^2$ が $|u_1|^2{}_{\max}$ の半分になるとき $4\varepsilon^2 = 1/(\omega_0\tau_E)^2$ が成立するので

$$\varepsilon = \pm \frac{1}{2\omega_0\tau_E} \tag{3.34}$$

である。つまり $|u|^2$ がちょうど半分になるような二つの角周波数 $\omega_\pm = \omega_0 \pm 1/(2\tau_E)$ の差 $\Delta\omega = \omega_+ - \omega_-$ は $1/\tau_E$ である。この幅は半値幅（full width at half maximum, FWHM）と呼ばれ，固有角周波数 ω_0 とつぎのような関係がある。

$$\frac{\omega_0}{\Delta\omega} = \omega_0 \tau_E \tag{3.35}$$

これは系が減衰振動する場合について求めた Q 値に等しい。つまり

$$Q = \frac{\omega_0}{\Delta\omega} \tag{3.36}$$

であり，より鋭い共鳴曲線を描く系ほど Q 値は大きい。

　確認のために，この系の Q 値を定義である式 (3.1) に基づいて求めてみよう。$Q=\omega_0 E/W$ であるから，まず時間平均エネルギー E を求める。運動エネ

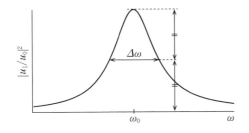

図 3.8　共鳴曲線とその半値幅。u_0 は $u_0 = f_1/(\omega_0 M)$ を表す。

ルギーとポテンシャルエネルギーの和として E は

$$E = \frac{1}{2}M\langle u'^2\rangle_t + \frac{1}{2}K\langle \xi'^2\rangle_t = \frac{1}{4}M|u_1|^2 + \frac{1}{4}K|\xi_1|^2$$

と表される*。関係式 $\xi_1 = u_1/(i\omega)$ を用いると

$$E = \frac{1}{4}\left(M + \frac{K}{\omega^2}\right)|u_1|^2 = \frac{1}{4}M\left[1+\left(\frac{\omega_0}{\omega}\right)^2\right]|u_1|^2 \tag{3.37}$$

と変形できる。一方,外力がする単位時間当りの仕事率 W は

$$W = \langle f'u'\rangle_t = \frac{1}{2}\mathrm{Re}[f_1 u_1^\dagger]$$

であるので

$$\begin{aligned}
W &= \frac{1}{2}\mathrm{Re}\left[f_1 \frac{(-i)f_1^\dagger}{\omega_0 M}\frac{1}{\frac{\omega_0}{\omega}-\frac{\omega}{\omega_0}-\frac{i}{\omega_0\tau_E}}\right] \\
&= \frac{|f_1|^2}{2\omega_0 M}\mathrm{Re}\left[\frac{-i}{\frac{\omega_0}{\omega}-\frac{\omega}{\omega_0}-\frac{i}{\omega_0\tau_E}}\right] \\
&= \frac{|f_1|^2}{2\omega_0 M}\mathrm{Re}\left[\frac{-i\left(\frac{\omega_0}{\omega}-\frac{\omega}{\omega_0}+\frac{i}{\omega_0\tau_E}\right)}{\left(\frac{\omega_0}{\omega}-\frac{\omega}{\omega_0}\right)^2+\left(\frac{1}{\omega_0\tau_E}\right)^2}\right] \\
&= \frac{|f_1|^2}{2\omega_0 M}\frac{1}{\omega_0\tau_E}\frac{1}{\left(\frac{\omega_0}{\omega}-\frac{\omega}{\omega_0}\right)^2+\left(\frac{1}{\omega_0\tau_E}\right)^2}
\end{aligned}$$

となる。一見複雑であるが,式 (3.32) を考慮すると次式のように簡略化される。

$$W = \frac{|f_1|^2}{2\omega_0 M}\frac{1}{\omega_0\tau_E}\frac{|u_1|^2}{\left(\frac{|f_1|}{\omega_0 M}\right)^2} = \frac{M|u_1|^2}{2\tau_E} \tag{3.38}$$

結果的に Q 値は式 (3.37) と式 (3.38) より

$$Q = \frac{1}{2}\omega_0\tau_E\left[1+\left(\frac{\omega_0}{\omega}\right)^2\right] \tag{3.39}$$

---

* 振動量の2乗の時間平均は,振幅の2乗の半分になること (3.2.1項) を用いた。

となる。式 (3.39) において $\omega=\omega_0$ とすると

$$Q=\omega_0 \tau_E \tag{3.40}$$

が得られる。つまり外力がない状態で観測される減衰振動からも，また強制振動の場合の共鳴曲線からも Q 値を求めることができる。

3.3　音響エネルギーと音響強度

3.3.1　流体要素のエネルギーと仕事

気柱共鳴管の Q 値を考えるために，気柱管に蓄えられたエネルギーとエネルギーの流れについて考察する。はじめ平衡状態にあった気柱共鳴管内に，圧力変化 p' と流速変化 u' が生まれると流体の運動エネルギーとポテンシャルエネルギーにも変化が生じる。平衡状態を基準にとると，体積 V_m の流体要素の流速が u' のとき，運動エネルギーは

$$\frac{1}{2}\rho_m u'^2 V_m$$

である。一方，流体の圧縮率（compressibility）を

$$K=-\frac{1}{V_m}\left(\frac{\partial V}{\partial p}\right) \tag{3.41}$$

とするとポテンシャルエネルギーは

$$\frac{1}{2}K p'^2 V_m$$

である。このことはつぎのようにして考えればよい。一様な状態にある流体を考えて，その流体要素の圧力と体積が p_m と V_m からそれぞれ p_m+p' と V_m+V' に変化したとする。簡単のために**図 3.9** のようなピストンとシリンダに囲まれた系を考えて，ピストンがする仕事を求めると

$$\int_0^{V'} p'(-dV') = \int_0^{p'} p'(KV_m) dp' = KV_m \frac{p'^2}{2}$$

である。これだけの仕事量がポテンシャルエネルギーとして気体に蓄えられる。

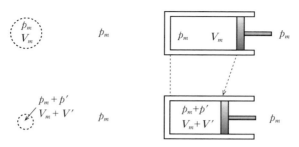

図 3.9 圧力変化によるポテンシャルエネルギーの変化

以上のことから平衡状態からのずれのエネルギーは，運動エネルギーとポテンシャルエネルギーの和として，単位体積当り

$$e_{d,i} = \frac{1}{2}\rho_m u'^2 + \frac{1}{2}K p'^2$$

と与えられる。$e_{d,i}$ は瞬時の音響エネルギー密度（instantaneous acoustic energy density）であり，$e_{d,i}$ の時間平均が音響エネルギー密度 e_d である。すなわち次式となる。

$$e_d = \frac{1}{2}\rho_m \langle u'^2 \rangle_t + \frac{1}{2}K \langle p'^2 \rangle_t \tag{3.42}$$

気柱共鳴管に蓄えられるエネルギー E は，e_d を体積積分して得られる。

$$E = \int_{resonator} e_d dV \tag{3.43}$$

流体の一か所に圧力変化と流速変化が生じると，流体要素はたがいに仕事をすることでエネルギー輸送も行う。平面波音波ではある流体要素が隣り合う流体要素に対して単位時間，単位面積当りに行う仕事は $p'u'$ であり，その時間平均を音響強度（acoustic intensity）I と呼ぶ。すなわち

$$I = \langle p'u' \rangle_t \tag{3.44}$$

である。音響強度は方向と大きさを持つベクトル量である。I の符号の正負がそれぞれ $+x$ 方向の流れの向きと $-x$ 方向の向きに対応し，音波の伝搬方向を表す。断面積 A の断面を通過する全音響パワー $\tilde{I}$ は

$$\tilde{I} = AI \tag{3.45}$$

で求めることができる。4章で $\tilde{I}$ は仕事流として流体力学の基礎方程式から得られることを示す。

3.3.2 断熱音波における E と I の関係

断熱音波の場合には瞬時の音響エネルギー密度 $e_{d,i}$ の時間変化と瞬時の音響強度（instantaneous acoustic intensity）$I_i = p'u'$ の間に簡単な関係が成り立つことを示す。断熱音波では流体の圧縮率 K は断熱圧縮率 K_S

$$K_S = \frac{1}{\rho_m}\left(\frac{\partial \rho}{\partial p}\right)_S \tag{3.46}$$

で置き換えることができる。断熱音速 c_S が

$$c_S{}^2 = \left(\frac{\partial p}{\partial \rho}\right)_S \tag{3.47}$$

で与えられることを思い出せば K_S に対して

$$K_S = \frac{1}{\rho_m c_S{}^2} \tag{3.48}$$

が成立する。瞬時の音響エネルギー密度 $e_{d,i}$ は

$$e_{d,i} = \frac{1}{2}\rho_m u'^2 + \frac{1}{2}\frac{p'^2}{\rho_m c_S{}^2} \tag{3.49}$$

であるから，その時間変化 $\partial e_{d,i}/\partial t$ は

$$\frac{\partial e_{d,i}}{\partial t} = \rho_m u' \frac{\partial u'}{\partial t} + \frac{p'}{\rho_m c_S{}^2}\frac{\partial p'}{\partial t}$$

となる。断熱音波に対して成立する運動方程式と連続の方程式（2章）

$$\rho_m \frac{\partial u'}{\partial t} = -\frac{\partial p'}{\partial x}, \quad \frac{1}{\rho_m c_S{}^2}\frac{\partial p'}{\partial t} = -\frac{\partial u'}{\partial x}$$

を使ってさらに変形すると

$$\frac{\partial e_{d,i}}{\partial t} = -u'\frac{\partial p'}{\partial x} - p'\frac{\partial u'}{\partial x} = -\frac{\partial (p'u')}{\partial x}$$

となる。すなわち

$$\frac{\partial}{\partial t}e_{d,i} + \frac{\partial}{\partial x}I_i = 0 \tag{3.50}$$

である。保存則は一般に，状態量［…］と移動量（…）を使って

$$\frac{\partial}{\partial t}[\cdots] + \frac{\partial}{\partial x}(\cdots) = 0$$

と表記できる[*1]。左辺第1項が単位時間当りの状態量の増加量であり，左辺第2項が移動量による流出量を表す。したがって，式（3.50）から音響強度が音響エネルギーの流れを表すことが容易に理解できる。

3.4 散逸のない気柱共鳴管

3.4.1 音場の導出

剛体壁を持つ管内に作動気体が充填された気柱共鳴管を考える。気体の粘性と熱伝導の効果を無視すると，音波の圧力変動は2章で説明したように，波動方程式

$$\frac{\partial^2 p'}{\partial t^2} - c_S^2 \frac{\partial^2 p'}{\partial x^2} = 0$$

に従う。

角周波数 ω の音波に対して波動方程式の解を $p' = \text{Re}[p_1 e^{i\omega t}]$ と置くと，複素振幅 p_1 は断熱音波の波数 $k_S = \omega/c_S$ を使って

$$p_1 = C_+ e^{-ik_S x} + C_- e^{ik_S x} \tag{3.51}$$

と表される。

ここで，第1項は正方向に伝搬する進行波音波の複素振幅を表し，第2項は負方向に伝搬する進行波音波の複素振幅を表す。C_+ と C_- は複素定数である[*2]。波数 k_S が波動方程式により決定されるのに対して，C_+ と C_- は音波が伝搬する管の軸方向の境界条件によって決定される。

具体例として，図3.10に示す簡単な形状の気柱共鳴管とピストンからなる

[*1] 流体力学で用いる連続の方程式，運動量方程式，エネルギー方程式がこのような表式を持つことは，例えば巽友正：「流体力学」（培風館）（1995）を参照しながら，読者自身で確かめてみよう。

[*2] $|C_+|$ が右向きに進行する圧力波の $t=0$, $x=0$ における振幅，$\arg[C_+]$ が位相角を表す。C_- についても同様である。

3.4 散逸のない気柱共鳴管

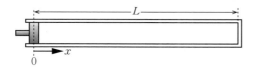

図 3.10 気柱共鳴管

系の気柱振動を考える。管は剛体壁でできており，$x=0$ の一端は一定の速度振幅 U_0 で振動するピストン，$x=L$ の他端は剛体壁で閉じられているとする。この二つの条件は，気体の流速変動 $u'=\mathrm{Re}[u_1 e^{i\omega t}]$ に対する境界条件として次式のように表される。

$$u_1|_{x=0}=U_0 \tag{3.52}$$

$$u_1|_{x=L}=0 \tag{3.53}$$

粘性の影響を無視するとき，運動方程式

$$\rho_m \frac{\partial u'}{\partial t}=-\frac{\partial p'}{\partial x}$$

が成立するので，複素流速振幅 u_1 は

$$u_1=\frac{i}{\omega \rho_m}\frac{dp_1}{dx} \tag{3.54}$$

である。式 (3.51) を式 (3.54) の右辺に代入すると

$$u_1=\frac{C_+}{z_S}e^{-ik_S x}-\frac{C_-}{z_S}e^{ik_S x} \tag{3.55}$$

を得る。ただし

$$z_S=\rho_m c_S \tag{3.56}$$

は気体の特性インピーダンスである。境界条件である式 (3.52)，式 (3.53) を式 (3.55) に代入すると次式を得る。

$$\frac{C_+}{z_S}-\frac{C_-}{z_S}=U_0 \tag{3.57}$$

$$\frac{C_+}{z_S}e^{-ik_S L}-\frac{C_-}{z_S}e^{ik_S L}=0 \tag{3.58}$$

式 (3.57) と式 (3.58) を C_+ と C_- に関する連立方程式として解くと，$k_S L \neq n\pi$ ($n=1,2,\cdots$) のとき

$$C_+ = \frac{z_S U_0 e^{ik_S L}}{2i \sin(k_S L)} \tag{3.59}$$

$$C_- = \frac{z_S U_0 e^{-ik_S L}}{2i \sin(k_S L)} \tag{3.60}$$

を得る。得られた C_+ と C_- を式 (3.51) と式 (3.55) に代入して整理すると，複素圧力振幅 p_1 と複素流速振幅 u_1 はそれぞれ

$$p_1(x) = -iz_S \frac{\cos\{k_S(L-x)\}}{\sin(k_S L)} U_0 \tag{3.61}$$

$$u_1(x) = \frac{\sin\{k_S(L-x)\}}{\sin(k_S L)} U_0 \tag{3.62}$$

となる。分母に $\sin(k_S L)$ という因子を持つことからわかるように，$k_S L = n\pi$ ($n = 1, 2, \cdots$) のとき，振幅は発散的に増大する。すなわち，$k_S L = n\pi$ は共鳴点を与える。

図 3.11 (a1) と (a2) に $k_S L$ が 1.05π，2.1π の場合の $|p_1|$ および $|u_1|$ の軸方向の分布を示す。$x = 0$ にあるピストンの速度振幅 U_0 が $u_1(x)$ と $p_1(x)$ に共

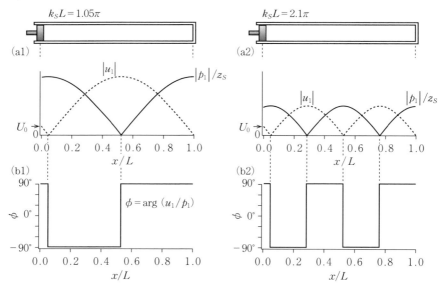

図 3.11　$k_S L$ の値が 1.05π ((a1)，(b1)) と 2.1π ((a2)，(b2)) のときの管内音場

通因子として含まれるので，U_0 は音響振幅の大きさをコントロールする役割を持ち，U_0 が大きくなればなるほど振幅は全体に大きくなる。閉端 $x=L$ ではいつでも圧力の腹（流速の節）が形成され，圧力振幅 $|p_1|$ は最大値をとる。そして，閉端から波長の1/4だけ離れた位置で流速振幅 $|u_1|$ が最大値をとる。なお，$|p_1|$ の最大値と $|u_1|$ の最大値の比は流体の特性インピーダンス z_S に等しい。図3.11（b1）と（b2）は p_1 に対する u_1 の位相角を示す。p_1 と u_1 はどこでも $\pm\pi/2$ だけ位相がずれていて，腹と節でその符号を反転する。これは散逸を考えない気柱共鳴管の特徴である。

$k_S L = n\pi$ に近づくにつれて流速の節（$|u_1|=0$）の位置が $x=0$ の位置に近づくことに注意しよう。$u_1(0)$ が有限であるにも関わらず $|u_1(x)/u_1(0)|$ が無限に大きくなるために，$k_S L = n\pi$ が成立するときには振幅が発散的に増大する。

圧力変動 $p' = \mathrm{Re}[p_1 e^{i\omega t}]$ と流速変動 $u' = \mathrm{Re}[u_1 e^{i\omega t}]$ を式（3.61）と式（3.62）を用いて表せば，それぞれ以下のようになる。

$$p' = z_S \frac{\cos\{k_S(L-x)\}}{\sin(k_S L)} U_0 \sin\omega t, \quad u' = \frac{\sin\{k_S(L-x)\}}{\sin(k_S L)} U_0 \cos\omega t$$

上式において時間に関する振動と空間に関する振動は独立した因子で与えられている。そのため，振幅 $|p_1|$ および $|u_1|$ が最大となる位置は空間的に移動しない。このような特徴を持つ波動を定在波（standing wave）と呼ぶ。空間的な極大値が時間とともに移動する進行波とは大きな違いである。

3.4.2　気柱共鳴管の Q 値

気柱振動が断熱音波で近似できる場合，圧縮率は断熱圧縮率 $K_S = 1/(\rho_m c_S^2)$ で与えられるので，式（3.42）の音響エネルギー密度 e_d は

$$e_d = \frac{\langle p'^2 \rangle_t}{2\rho_m c_S^2} + \frac{1}{2}\rho_m \langle u'^2 \rangle_t$$

つまり

$$e_d = \frac{|p_1|^2}{4\rho_m c_S^2} + \frac{1}{4}\rho_m |u_1|^2 \tag{3.63}$$

である。式 (3.61) と式 (3.62) を代入すると，e_d は

$$e_d = \frac{\rho_m U_0^2}{4\sin^2(k_s L)} \tag{3.64}$$

のように軸座標 x を含まない形で与えられる。つまり，気柱管内では音響エネルギー密度はどこでも一様である。気柱管に蓄えられる全エネルギー E は気柱管全体にわたる e_d の体積積分で与えられる。e_d は空間的に一定値であるから，体積積分を実行するのは容易で，単に共鳴管の体積 V を掛けるだけでよい。つまり

$$E = \frac{\rho_m V U_0^2}{4\sin^2(k_s L)} \tag{3.65}$$

である。分母に $\sin(k_s L)$ という因子を持つので，共鳴条件である $k_s L = n\pi$ に近づくに従って，E は発散的に増大する（**図 3.12**）*。この条件はちょうど流速の節の位置が，ピストンの位置（$x=0$）に一致するときに対応する。

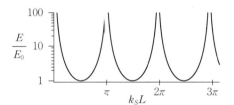

図 3.12 音響エネルギー E
（$E_0 = \rho_m V U_0^2/4$）

気柱共鳴管の Q 値を求めよう。そのためにピストンが気柱に対して行う単位時間当りの仕事 W を求める。ピストン面にかかる単位面積当りの力を P_0 とすると，ピストン断面積を A として

$$W = \frac{A}{2}\mathrm{Re}[P_0 U_0^*] \tag{3.66}$$

である。

P_0 は式 (3.61) で $x=0$ として求められる。つまり

---

* $kL=0$ のときにも E は発散的に増大するが，これはピストンの速度振幅を U_0 に保ったまま角周波数 ω をゼロに近づけていると考えれば理解しやすい。ピストン変位振幅は U_0/ω であるから，ω がゼロに近づくにつれてピストン変位は発散的に増大し，結果的に圧力変化も発散的に大きくなる現象に対応している。

$$P_0 = -iz_S \frac{\cos k_S L}{\sin k_S L} U_0 \tag{3.67}$$

である.虚数単位 i を因子に持つことから容易にわかるように,P_0 はピストンの速度 U_0 に対してちょうど $\pi/2$ だけ位相がずれている.したがって,$W=0$ となり,$Q=\omega E/W$ は無限大になる.このような非現実的な結果はエネルギー散逸を無視した結果である.現実の気柱共鳴管では Q 値はどうなるか,つぎに理論と実験で見てみよう.

3.5 気柱共鳴管における粘性散逸

3.5.1 粘性流体の運動方程式と境界条件

現実の気柱共鳴管の問題では,流体の粘性と熱伝導によるエネルギー散逸を無視できない.熱伝導によるエネルギー散逸は6章で改めて論じることにして,ここでは粘性によるエネルギー散逸を議論する.

粘性流体に対する運動方程式は次式で表される.

$$\rho_m \frac{\partial u'}{\partial t} = -\frac{\partial p'}{\partial x} + \mu \Delta_\perp u' \tag{3.68}$$

μ は気体の粘性係数を表し,動粘性係数 ν とは $\mu=\rho_m \nu$ の関係がある.また記号 $\Delta_\perp$ は断面内に関するラプラス演算子であり,断面の幾何学的形状で決まる.断面が円の場合にはつぎのように表される.

$$\Delta_\perp = \frac{\partial^2}{\partial r^2} + \frac{1}{r}\frac{\partial}{\partial r}$$

角周波数 ω の定常振動解を求めるために,これまでと同様に,流速変動と圧力変動に対して複素表示を採用し $u'=\mathrm{Re}[u_1 e^{i\omega t}]$,$p'=\mathrm{Re}[p_1 e^{i\omega t}]$ とする.式 (3.68) に代入すると,複素振幅 u_1 が満たす微分方程式が次式のように求められる.

$$u_1 = \frac{i}{\omega \rho_m}\frac{dp_1}{dx} - i\frac{\nu}{\omega}\Delta_\perp u_1 \tag{3.69}$$

一方,すべりなしの条件を適用すると壁面 $r=r_0$ における境界条件は

$$u_1|_{r=r_0}=0 \tag{3.70}$$

であり，また中心 $r=0$ で流速がなめらかに接続される条件は

$$\left.\frac{\partial u_1}{\partial r}\right|_{r=0}=0 \tag{3.71}$$

である．

3.5.2 運動方程式の解

f_ν を r に関する適当な関数として，解を以下のように表す．

$$u_1=\frac{i}{\omega\rho_m}\frac{dp_1}{dx}(1-f_\nu) \tag{3.72}$$

これを式（3.69）に代入するとつぎの方程式を得る．

$$f_\nu-\frac{\nu}{i\omega}\Delta_\perp f_\nu=0 \tag{3.73}$$

これを解くために

$$\eta_\nu=(i-1)\frac{r}{\delta_\nu} \tag{3.74}$$

として変数変換を行う．なお，δ_ν は動粘性係数 ν と角周波数 ω で定まる特徴長さであり

$$\delta_\nu=\sqrt{\frac{2\nu}{\omega}} \tag{3.75}$$

である．

この変数変換により $\Delta_\perp$ に含まれる微分演算子はつぎのようになる．

$$\frac{1}{r}\frac{\partial}{\partial r}=-\frac{2i}{\eta_\nu\delta_\nu^2}\frac{\partial}{\partial\eta_\nu}, \quad \frac{\partial^2}{\partial r^2}=-\frac{2i}{\delta_\nu^2}\frac{\partial^2}{\partial\eta_\nu^2}$$

したがって，式（3.73）は簡単な変形のあとつぎのように書き換えることができる．

$$\frac{\partial^2 f_\nu}{\partial\eta_\nu^2}+\frac{1}{\eta_\nu}\frac{\partial f_\nu}{\partial\eta_\nu}+f_\nu=0$$

これはベッセルの微分方程式

$$\frac{\partial^2 u}{\partial \eta^2} + \frac{1}{\eta}\frac{\partial u}{\partial \eta} + \left(1 - \frac{n^2}{\eta^2}\right)u = 0$$

の $n=0$ の場合であり，その解の基本形は 0 次のベッセル関数 $J_0(\eta)$ と 0 次のノイマン関数 $N_0(\eta)$ である[2]。したがって，未定係数 C_1 および C_2 を用いて表される $f_\nu = C_1 J_0(\eta_\nu) + C_2 N_0(\eta_\nu)$ が一般解となる。u に対する境界条件を表す式 (3.70) と式 (3.71) を f_ν に対して書き換えると

$$f_\nu|_{r=r_0} = 1 \tag{3.76}$$

$$\left.\frac{\partial f_\nu}{\partial r}\right|_{r=0} = 0 \tag{3.77}$$

である。N_0 が対数項を持つことから，式 (3.77) の境界条件を満足するためには $C_2=0$ でなければならない。そこで係数 C_1 を式 (3.76) から決定すると解がつぎのように得られる。

$$f_\nu = \frac{J_0(\eta_\nu)}{J_0(\eta_{\nu 0})}, \quad \eta_{\nu 0} = (i-1)\frac{r_0}{\delta_\nu} \tag{3.78}$$

なお η_ν と δ_ν はそれぞれ式 (3.74) と式 (3.75) で与えられる。

3.5.3　流速変動の図示

円管内の複素流速振幅 u_1（式 (3.72)）を支配する関数 f_ν（式 (3.78)）は，流路半径 r_0 と δ_ν の比 r_0/δ_ν をパラメータとしてその振舞いが特徴づけられる。なお断面内に関する粘性緩和時間 τ_ν を

$$\tau_\nu = \frac{r_0^2}{2\nu} \tag{3.79}$$

とするとき，無次元量 $\omega\tau_\nu$ と r_0/δ_ν はつぎの関係がある。

$$\omega\tau_\nu = \left(\frac{r_0}{\delta_\nu}\right)^2 \tag{3.80}$$

図 3.13 に，代表的な $\omega\tau_\nu$ に対して速度 u_1 の動径分布関数 $1-f_\nu$ の大きさと位相角を示す。壁面（$r/r_0=1$）近傍では速度振幅は 0 に近づく。これは管壁との粘性相互作用の結果である。$\omega\tau_\nu \gg 1$ では壁面からおよそ $2\delta_\nu$ 程度離れた位置で速度振幅は極大をとるが，$3\delta_\nu$ 程度以上離れると一様な速度分布が実現

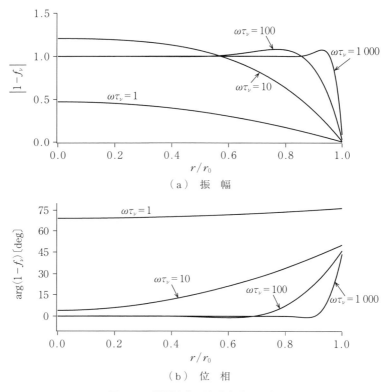

図 3.13　粘性流体の流速変動の分布

する。つまり管壁の影響は壁から $3\delta_\nu$ 程度の距離まで達することになる。位相分布にも粘性相互作用の影響は現れ，中心に比べて壁面に近い位置で位相が進んでいる。位相についても管壁から $3\delta_\nu$ 程度以上離れた位置では，一様な位相分布になるので，やはり管壁の影響はこの領域には現れない。このような流速変動の動径分布は，最近の光学的流速計測技術の発展により実験でも確認されている。

3.5.4　粘性散逸が起きる場所

流体は粘性力 $\mu\Delta_\perp u'$ に抗して速度 u' で運動するので，$u'(\mu\Delta_\perp u')$ は粘性による単位時間当りのエネルギー散逸を表す。この時間平均は

$$\langle u'(\mu\Delta_\perp u')\rangle_t = \left\langle u'\left(\rho_m\frac{\partial u'}{\partial t}+\frac{\partial p'}{\partial x}\right)\right\rangle_t = \left\langle u'\frac{\partial p'}{\partial x}\right\rangle_t$$

である。なお変形では，u' と $\partial u'/\partial t$ は $\pi/2$ だけ位相がずれた振動量であるために積の時間平均は 0 になることを用いた。式（3.26）を用いるとさらに変形できて次式を得る。

$$\left\langle u'\frac{\partial p'}{\partial x}\right\rangle_t = \frac{1}{2}\mathrm{Re}\left[u_1^\dagger\frac{dp_1}{dx}\right]$$

式（3.72）を代入すると

$$\frac{1}{2}\mathrm{Re}\left[u_1^\dagger\frac{dp_1}{dx}\right] = \frac{1}{2\omega\rho_m}\mathrm{Re}\left[\left(i(1-f_\nu)\frac{dp_1}{dx}\right)^\dagger\frac{dp_1}{dx}\right]$$

$$= \frac{1}{2\omega\rho_m}\left|\frac{dp_1}{dx}\right|^2\mathrm{Re}[-i(1-f_\nu^\dagger)]$$

である。$f_\nu = \mathrm{Re}f_\nu + i\,\mathrm{Im}f_\nu$ とすると

$$-i(1-f_\nu^\dagger) = -i(1-\mathrm{Re}f_\nu + i\,\mathrm{Im}f_\nu) = \mathrm{Im}f_\nu + i(\mathrm{Re}f_\nu - 1)$$

であるので

$$\langle u'(\mu\Delta_\perp u')\rangle_t = \frac{1}{2\omega\rho_m}\left|\frac{dp_1}{dx}\right|^2\mathrm{Im}f_\nu \tag{3.81}$$

となる。したがって，粘性散逸の動径分布は $\mathrm{Im}f_\nu$ によって決まることがわかる。代表的な $\omega\tau_\nu$ を持つ円管流路に対し $\mathrm{Im}f_\nu$ を図 3.14 に示す。負になることはエネルギー散逸が生じることを表す。ちょうど管壁から δ_ν 程度だけ離れ

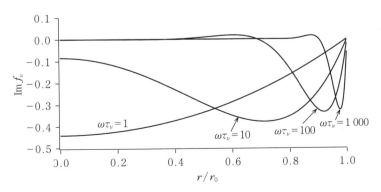

図 3.14　単位時間当りの粘性散逸の分布

た位置で最も粘性発熱が大きくなることがわかる。粘性によるエネルギー散逸 $\langle u'(\mu\Delta_\perp u')\rangle_t$ の断面平均は仕事源 W_ν に等しいことを6章で示す。

3.5.5 断面平均流速

u' の断面平均 $\langle u'\rangle_r = \text{Re}[u_{1r}e^{i\omega t}]$ を考えよう。断面平均流速の複素振幅 u_{1r} は $u_{1r} = \langle u_1\rangle_r$ であるから、f_ν の断面平均 $\chi_\nu = \langle f\rangle_\nu$ を用いて

$$u_{1r} = \frac{i}{\omega\rho_m}\frac{dp_1}{dx}(1-\chi_\nu) \tag{3.82}$$

となる。したがって、流速 u_1 と断面平均流速 u_{1r} の関係は次式のように表される。

$$u_1 = \frac{1-f_\nu}{1-\chi_\nu}u_{1r} \tag{3.83}$$

なお、χ_ν は1次のベッセル関数 J_1 を用いて

$$\chi_\nu = \frac{2J_1(\eta_{\nu 0})}{\eta_\nu J_0(\eta_{\nu 0})} \tag{3.84}$$

である。式 (3.84) はつぎのようにして求めることができる。

$$\chi_\nu = \frac{1}{\pi r_0^2}\int_0^{r_0}2\pi r f_\nu(r)dr \tag{3.85}$$

において、式 (3.74) の変数変換を行うと

$$\chi_\nu = \frac{2}{\eta_{\nu 0}^2 J_0(\eta_{\nu 0})}\int_0^{\eta_{\nu 0}}\eta_\nu J_0(\eta_\nu)d\eta_\nu \tag{3.86}$$

と変形できる。この定積分は、ベッセル関数の公式[2)]

$$\int_0^{\eta_{\nu 0}}\eta_\nu J_0(\eta_\nu)d\eta_\nu = \eta_{\nu 0}J_1(\eta_{\nu 0}) \tag{3.87}$$

を用いると容易に実行でき、式 (3.84) が得られる。なお、χ_ν の漸近式は

$$\chi_\nu = \begin{cases} 1-\dfrac{1}{12}(\omega\tau_\nu)^2 - i\dfrac{\omega\tau_\nu}{4} & (\omega\tau_\nu \ll \pi) \\ \sqrt{\dfrac{2}{\omega\tau_\nu}}e^{-i\frac{\pi}{4}} & (\omega\tau_\nu \gg \pi) \end{cases} \tag{3.88}$$

である[3)]。

3.6 散逸を伴う気柱共鳴管   71

式（3.82）の粘性流体の断面平均流速 u_{1r} を非粘性流体の流速

$$u_1 = \frac{i}{\omega \rho_m} \frac{dp_1}{dx}$$

と比較すると，因子 $1-\chi_\nu$ は非粘性流体の場合の流速からのずれを表すことがわかる。その大きさと位相角を $\omega\tau_\nu$ の関数として図 3.15 に示す。$\omega\tau_\nu \gg 1$ では $1-\chi_\nu$ は 1 に近づくので，式（3.82）の u_{1r} は非粘性の場合の流速に一致する。一方，$\omega\tau_\nu \ll 1$ では位相が 90 度だけずれて，またその振幅は 0 になる。

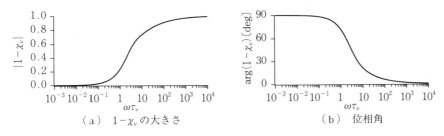

(a) $1-\chi_\nu$ の大きさ　　　　(b) 位相角

図 3.15　$1-\chi_\nu$ の $\omega\tau_\nu$ 依存性

3.6　散逸を伴う気柱共鳴管

3.6.1　音場の導出

現実の気柱共鳴管では，波数 k も流体の粘性と熱伝導の影響を受けるため，断熱音波の波数 $k_S = \omega/c_S$ とは異なり

$$\frac{k}{k_S} = \sqrt{\frac{1+(\gamma-1)\chi_\alpha}{1-\chi_\nu}} \tag{3.89}$$

で与えられる（2章）。式（3.89）に含まれる記号 χ_α は，式（3.84）において動粘性係数 ν を熱拡散係数 α で置き換えて得られる。この具体的な導出方法は 5 章で示す。

2章では，断熱音波の場合について，$+x$ 方向に進む平面進行波音波の圧力と流速の比は流体の特性インピーダンス $z_S = \rho_m c_S$ に等しいことを示した。粘性と熱伝導の影響の下では波数と同様にこの関係も変化する。平面圧力波の複

素振幅 $p_1 = C_+ e^{-ikx}$ を式 (3.82) に代入すると

$$u_{1r} = \frac{k(1-\chi_\nu)}{\omega \rho_m} p_1$$

であるので, これを変形して, 圧力と断面平均流速の振幅比 $z = p_1/u_{1r}$ は

$$z = \frac{\omega \rho_m}{k(1-\chi_\nu)}$$

となる。式 (3.89) を用いると

$$\frac{z}{z_S} = \frac{1}{(1-\chi_\nu)\sqrt{\dfrac{1+(\gamma-1)\chi_\alpha}{1-\chi_\nu}}} \tag{3.90}$$

を得る。

図 3.16 に示すように, $\omega\tau_\nu \gg 1$ では z は z_S に一致するが, $\omega\tau_\nu \ll 1$ ではその大きさは増加し, またその位相角は $-45°$ に近づく。

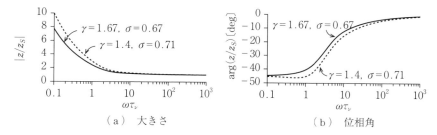

(a) 大きさ (b) 位相角

図 3.16 円管内音波の特性インピーダンスの $\omega\tau_\nu$ 依存性

断熱音波の場合には圧力を正負の方向に伝搬する二つの進行波に展開して音場を求めた。断熱音波の場合に使用した式 (3.51) と式 (3.55) は, k_S と z_S をそれぞれ k と z に置き換えることで, 粘性流体に対してもそのまま成立する。すなわち

$$p_1 = C_+ e^{-ikx} + C_- e^{ikx} \tag{3.91}$$

および

$$u_{1r} = \left(\frac{C_+}{z} e^{-ikx} - \frac{C_-}{z} e^{ikx} \right) \tag{3.92}$$

である。したがって，ある点での境界条件を与えた場合の C_+, C_- に対する結果をそのまま用いて現実の気柱管の音場を計算できる。例えば，一端が閉端で他端に速度 U_0 のピストンを持つ気柱共鳴管の場合（図 3.10）にはつぎのように与えられる。

$$p_1(x) = -iz \frac{\cos\{k(L-x)\}}{\sin(kL)} U_0 \tag{3.93}$$

$$u_1(x) = \frac{\sin\{k(L-x)\}}{\sin(kL)} U_0 \tag{3.94}$$

終端の比音響インピーダンスが与えられる場合や，ある点での圧力変動と流速変動が与えられる場合も同様にして音場が得られる。

3.6.2 散逸のある気柱共鳴管の Q 値

散逸のある場合の比較的太い気柱共鳴管（$\omega \tau_\alpha \gg 1$）の Q 値を理論的に求めてみよう。$\omega \tau_\alpha \gg 1$ が成立するときには波数 k は 2 章の式（2.38）で近似できる。式（2.32）を代入すると

$$\frac{k}{k_S} = 1 + \frac{1-i}{2\sqrt{\omega \tau_\nu}} + \frac{(1-i)(\gamma-1)}{2\sqrt{\omega \tau_\alpha}}$$

である。

$$\zeta = \frac{1}{2\sqrt{\omega \tau_\nu}} + \frac{\gamma-1}{2\sqrt{\omega \tau_\alpha}}$$

と置くと，$k/k_S = 1 + \zeta - i\zeta$ であるが，$\omega \tau_\alpha \gg 1$ が成立するので，さらに簡略化できて

$$\frac{k}{k_S} \sim 1 - i\zeta \tag{3.95}$$

となる。

また，$\omega \tau_\alpha \gg 1$ が成立するときには，z は χ_ν の漸近式（式（3.88））

$$\chi_\nu = \frac{1}{\sqrt{2\omega \tau_\nu}} e^{-i\frac{\pi}{4}}$$

より

$$\frac{z}{z_S} \sim 1 + i(\zeta - \varsigma) \tag{3.96}$$

と近似できる。ここで ς は $\varsigma = 1/(2\sqrt{\omega \tau_\nu})$ である。以上の二つの近似式を用いて気柱共鳴管の Q 値を考える。

図 3.10 に示したような，一端が閉端で他端に可動ピストンを持つ気柱共鳴管を再び考えることにしよう。3.4 節と同様にピストンの速度振幅を U_0 とし，その角周波数を ω とすると，気柱共鳴管に蓄えられる音響エネルギーは式 (3.65) の E に含まれる k_S を k に置き換えて次式で与えられる。

$$E = \frac{V \rho_m U_0^2}{4 \sin^2 kL} \tag{3.97}$$

また，P_0 も同様にして

$$P_0 = -iz \frac{\cos kL}{\sin kL} U_0$$

で与えられるから，ピストンがする単位時間当りの仕事 W は

$$W = \frac{A}{2} U_0^2 \mathrm{Re}\left[-iz \frac{\cos kL}{\sin kL}\right] \tag{3.98}$$

である。減衰がないときに気柱管が共鳴する長さ

$$k_S L = n\pi \quad (n \text{ は整数}) \tag{3.99}$$

では，$\cos kL$ と $\sin kL$ はそれぞれ次式のように近似できる。

$$\cos kL = \cos(k_S L - i\zeta k_S L)$$
$$= \frac{1}{2}[e^{i(k_S L - i\zeta k_S L)} + e^{-i(k_S L - i\zeta k_S L)}]$$
$$= \frac{1}{2}[(\cos k_S L + i \sin k_S L)e^{\zeta k_S L} + (\cos k_S L - i \sin k_S L)e^{-\zeta k_S L}]$$
$$\approx \frac{1}{2}(1 + \zeta k_S L + 1 - \zeta k_S L) = 1$$

$$\sin kL = \sin(k_S L - i\zeta k_S L)$$
$$= \frac{1}{2i}[e^{i(k_S L - i\zeta k_S L)} - e^{-i(k_S L - i\zeta k_S L)}]$$
$$= \frac{1}{2i}[(\cos k_S L + i \sin k_S L)e^{\zeta k_S L} - (\cos k_S L - i \sin k_S L)e^{-\zeta k_S L}]$$

3.6 散逸を伴う気柱共鳴管

$$\approx \frac{1}{2i}(1+\zeta k_s L - 1 + \zeta k_s L) = -i\zeta k_s L$$

なお途中の変形では，$\cos k_s L = 1$，$\sin k_s L = 0$，また $\zeta \ll 1$ であることを用いた．これから，共鳴管内に蓄えられたエネルギーは

$$E = \frac{V\rho_m U_0^2}{4(\zeta k_s L)^2} \tag{3.100}$$

であり，また単位時間当りの仕事は

$$W = \frac{A}{2} U_0^2 \frac{z_S}{\zeta k_s L} \tag{3.101}$$

と求めることができる．そこで，Q 値の定義式（式 (3.1)）に代入すると

$$Q = \frac{\omega E}{W} = \frac{\omega \rho_m}{2\zeta z_s k_s}$$

となるが，さらに変形すると

$$Q = \frac{1}{2\zeta} \tag{3.102}$$

である．より具体的には

$$\frac{1}{Q} = \frac{1}{\sqrt{\omega \tau_\nu}} + \frac{\gamma - 1}{\sqrt{\omega \tau_\alpha}} \tag{3.103}$$

のように与えられる．

つぎに，共鳴曲線をもとに気柱共鳴管の Q 値を考えてみる．式 (3.61) の k_s と z_s を k と z に置き換えると，散逸がある場合の圧力の複素振幅 $p_1(x)$ が得られる．

$$p_1(x) = -iz \frac{\cos\{k(L-x)\}}{\sin(kL)} U_0 \tag{3.104}$$

閉端の圧力で共鳴曲線を描くことにして，$x=L$ の位置で考えることにすると，この位置での圧力振幅 $p_e = p_1(L)$ は

$$p_e = -iz \frac{1}{\sin(kL)} U_0$$

である．共鳴管長さを，散逸がないときの共鳴点 L から微少量 l だけ変えると

$$p_e = -iz\frac{1}{\sin k(L+l)}U_0$$

となる。

$$\sin k(L+l) = \sin[(k_S - i\zeta k_S)(L+l)]$$
$$= \frac{1}{2i}[e^{\zeta k_S(L+l)}e^{ik_S(L+l)} - e^{-\zeta k_S(L+l)}e^{-ik_S(L+l)}]$$

に対して，近似式

$$e^{\zeta k_S(L+l)} \approx 1 + \zeta k_S(L+l) \approx 1 + \zeta k_S L, \quad e^{-\zeta k_S(L+l)} \approx 1 - \zeta k_S(L+l) \approx 1 - \zeta k_S L$$

および

$$\cos k_S(L+l) \approx \pm 1, \quad \sin k_S(L+l) \approx \pm k_S l$$

［複号は式（3.99）の n が偶数か奇数かに対応する］

を用いると

$$\sin k(L+l) \approx \frac{1}{2i}[(1+\zeta k_S L)(\pm 1 \pm ik_S l) - (1-\zeta k_S L)(\pm 1 \mp ik_S l)]$$

$$= \pm \frac{k_S}{i}(\zeta L + il)$$

となる。したがって

$$p_e = \pm \frac{z_S}{k_S(\zeta L + il)}U_0 \tag{3.105}$$

である。これから

$$|p_e|^2 = \frac{\left(\dfrac{z_S U_0}{k_S}\right)^2}{(\zeta L)^2 + l^2}$$

を得る。これはローレンツ曲線を表す式であるから，$|p_e|^2$ は共鳴管の長さを変えたとき，機械振動系の共鳴曲線（図3.8）と同様の曲線を描く。$|p_e|^2$ は $l=0$ のとき極大値をとり，$l = \pm \zeta L$ のとき極大値のちょうど半分になる。つまり半値幅は $2\zeta L$ である。共鳴するときの共鳴管長さと半値幅の比は

$$\frac{L}{2\zeta L} = \frac{1}{2\zeta}$$

となる。

したがって，共鳴管長さを変えたときの閉端圧力からも気柱共鳴管のQ値を求めることができる．

3.6.3 気柱共鳴管に対する実験例[4]

内半径が 10.5 mm，長さが 1.04 m の円管気柱共鳴管を用意し，その一端を固体平板で，また他端を音響ドライバーで閉じて内部に室温大気圧の空気を封じ，図 3.10 に示すような実験装置を作成した．この気柱管の基本周波数である $f_0=148.5$ Hz で強制振動した．このとき $\omega\tau_\nu \approx 3.4\times 10^3$ であるが，空気のプラントル数は 0.71 であることを考慮すれば，$\omega\tau_a \approx 2.4\times 10^3$ となるので断熱音波にかなり近いと考えてよい．

閉端での圧力振幅が 782 Pa になるように強制振動したときに圧力と中心軸（$r=0$）上の流速を同時に計測した結果が**図 3.17** である．図（a）には圧力振幅 $|p_1|$ と断面平均流速振幅 $|u_{1r}|$ を，図（b）には圧力からみた断面平均流速の位相の進みを，図（c）には音響強度 I を示してある．u_{1r} は中心流速 $u_1(0)$ を求めたあとで，式（3.83）から得られる次式

$$u_{1r}=\frac{1-\chi_\nu}{1-f_\nu(0)}u_1(0) \tag{3.106}$$

に代入して決定した．

外力周波数が基本周波数に等しいので，励起される振動モードは気柱の基本モードである．そのため管の両端では圧力の腹，管の中心部付近で流速の腹に近いが，圧力振幅と流速振幅の最小値はどちらも 0 ではなく有限の値をとる．これは断熱音波の場合と異なる特徴である．また，わずかではあるが，圧力と断面平均流速の位相差が $\pm\pi/2$ とは異なる．音響強度 I の正負は流れの向きを表しており，正の音響強度は $+x$ 方向へ流れを表している．最上流（$x=0$）に位置するのは音響ドライバーであるから，この気柱管にとっての音源は音響ドライバーである．I は流れの下流に行くとともにその大きさが減少する．これは管壁との粘性相互作用と熱的相互作用の結果生じるエネルギー散逸の結果である．共鳴管の閉端で I が 0 になるのは，これより先にはもはや音波が存在

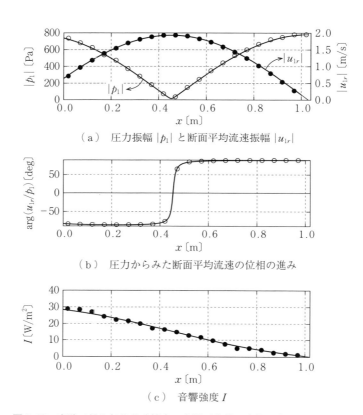

図 3.17 実験で得た気柱共鳴管内の音場（曲線は音響理論による予測値）

しないので当然の結果である。同じ条件のもとで，式（3.93）と式（3.94）に基づいて行った計算結果についても図に示した。両者はよく一致していて，音響理論の結論は妥当な結果を与えることがわかる。なお，閉端（$x=1.04$ m）では流速が 0 であるから粘性散逸はないが，圧力変動に伴って熱伝導による散逸が生じる。したがって，$x=1.04$ m でも有限の傾きのまま $I=0$ となる。熱伝導による散逸については 6 章で改めて議論する。

さて，考えている条件では，音圧振幅と断面平均流速振幅の軸方向の分布は大きく見ればいわゆる定在波音波のそれと同様である。よって，管内に蓄えら

れた音響エネルギーは式（3.65）を使って実験データから求められる。一方，気柱管に流れ込む音響パワーは，気柱共鳴管入り口での音響強度に管断面積を掛けて得られる。このようにして気柱共鳴管の Q 値を算出したところ，$Q=36$ を得た。なお，Q 値は理論的には $\omega\tau_a \gg 1$，$\omega\tau_\nu \gg 1$ の場合に近似的に式（3.103）で与えられた。いまの条件ではおよそ $Q=39$ となり実験結果と近い値となる。

参考までに，共鳴曲線から Q 値を算出してみよう。図 3.18 にこの気柱共鳴管で測定された共鳴曲線を示す。音響ドライバーの動作周波数 f を変化させながら，音響ドライバーと反対側の固体平板内壁に取り付けた圧力トランスデューサで圧力振幅 p_e を測定した。そのときに得られた結果が図に示す共鳴曲線である。なお，音圧は基準音圧 $p^*=782\,\mathrm{Pa}$ で規格化したあとで 2 乗してある。図中の実線は共鳴曲線を近似するためのローレンツ曲線である。共振周波数 f_0 と半値幅の比として Q 値を $Q=f_0/\varDelta f$ から求めたところ，結果的に $Q=25$ となり，実際の値とは大きく異なる値となった。共鳴曲線から求める方法が問題というよりはむしろ，音響ドライバーが周波数によらず振幅一定の条件で動作しなかったことが原因であろう。半値幅から Q 値を求める方法は簡便であるが，実験条件に注意しないと大きな誤差を生むこともあるので注意しなければならない。

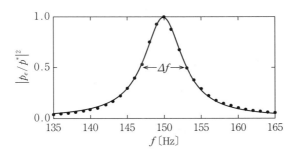

図 3.18 気柱管の共鳴曲線

3.7 温度勾配のある気柱共鳴管

一様温度の気柱共鳴管では，音響ドライバーがなければ振動が維持できず，いずれ時間とともに気柱は静止状態に落ち着く。これは粘性と熱伝導に由来するエネルギー散逸が不可避であるからである。しかし，温度勾配があれば音響ドライバーは不要になる。

3.7.1 タコニス振動

管の軸方向に沿って急激な温度勾配を持つ気柱管では，ある臨界温度差以上で気柱が自発的に振動する自励振動が観測される。その一つがタコニス振動である。タコニス振動は，液体ヘリウム容器内部の低温部 (4.2 K) と室温部をつなぐ細管内で，気柱振動が自発的に発生する現象を指す。この問題は音響理論の非一様温度への拡張のきっかけとなった。Kramers は図 3.19 に示すような階段型温度分布を仮定し，さらに wide tube 近似を適用して流体力学的観点から線形安定性解析*を行った[5]。彼の結果は合理的なものではなかったが，その仕事は Rott に引き継がれた。彼は wide tube 近似という制限を外して，

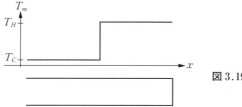

図 3.19　タコニス振動のモデル

---

*　微小な揺らぎについて支配方程式を線形化する。つぎに，その揺らぎの時間発展を $\exp(\sigma t)$ とおいて得られる周波数方程式から $\sigma = \mathrm{Re}\sigma + i\mathrm{Im}\sigma$ を求める。$\mathrm{Re}\sigma$ が正ならばこれを対数的増大率と呼ぶ。このとき，系になんらかの揺らぎがひとたび生じれば，その揺らぎは対数的に増大するので，系は不安定である。逆に $\mathrm{Re}\sigma<0$ のとき，$|\mathrm{Re}\sigma|$ を対数的減衰率と呼ぶ。このとき，系に揺らぎが生じたとしても時間が経過するうちに系は静止状態へと緩和するので系は安定である。安定不安定の限界は $\mathrm{Re}\sigma=0$ で与えられる。$\mathrm{Im}\sigma$ は撹乱の角周波数を与える。

線形安定解析を展開し，理論的に中立安定曲線を提案した[6]。

Rott の理論的な予言は，当時，筑波大学の矢崎らによる注意深い実験によって検証された。矢崎らは一端が開放された細管の代わりに両端を閉じた U 字管を使用し，気柱の安定限界を決定する実験を行った[7]。U 字管を使用することで管内音波の支配パラメータである $\omega\tau_\alpha$ が連続的に変化できるようになった。なぜなら，管内に充填する気体の時間平均圧力 p_m を任意に調整することで，作動流体（ヘリウムガス）の熱拡散係数 α が調整できるからである。また，U 字管を使用したために開口端補正の必要がなく，さらに階段型の温度分布を作るための念入りな工夫も施されている。ある温度比の下で p_m を変化させて $\omega\tau_\alpha$ の値を変化させると，圧力トランスデューサで観測されるタコニス振動の振幅が徐々に低下し，$\omega\tau_\alpha$ が臨界値に達すると振動は停止し安定状態に達する。このようにしてさまざまな温度比 T_H/T_C で臨界値を決定して中立安定曲線を精密に決定した。

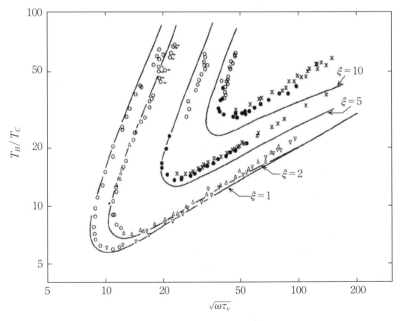

図 3.20 安定中立曲線[7]

彼らの系統的な実験により得られた中立安定曲線を**図3.20**に示す。曲線の内側では不安定であり，気柱は振動状態にある。また，外側では安定であり，気柱は静止状態にある。安定曲線は安定不安定の境界を表す。同時に示された曲線は Rott による理論的予測である。急激な温度勾配の位置に応じて，複数の曲線が描かれている。両対数グラフ上に広がる幅広いパラメータ範囲に渡る実験であり，また 74 という温度比（$T_C=4.2\,\text{K}$, $T_H=300\,\text{K}$）での熱音響自励振動はこの実験のほかには報告例がない。この実験結果は熱音響自励振動に対する Rott 理論の合理性を裏付ける証拠となった。

3.7.2 温度勾配のある気柱共鳴管の Q 値

気柱に与える温度差を大きくして，系がしだいに安定限界に近づくときにどのような変化が生じるのかを，Q 値に注目して行った実験がある。米国の Atchley は，一部に温度勾配を持つ気柱共鳴管を，ピエゾ素子を利用した音響ドライバーで加振し，その際に圧力トランスデューサで観測される圧力を記録して共鳴曲線を描いた[8]。決定した共鳴曲線の半値幅から Q 値を求め，Q 値の逆数 $1/Q$ と温度差の間にちょうど**図3.21**に示すような単純な関係があることを見いだした。$1/Q$ は温度差 ΔT が増加するとともに減少し，安定限界である温度差 ΔT^* でちょうど 0 になることを示している。すなわち，Q 値は温度とともに増加し，安定限界では発散的に大きくなることを意味する。Q 値はエネルギーの緩和時間 τ_E と $Q=\omega_0\tau_E$ の関係があるから（式 (3.7)），ΔT が増加するに従って，振動は止まりにくくなり，ついには振動し続けることになる。

Atchley は，つぎに臨界温度差 ΔT^* 以上で観測される振動の対数的増大率

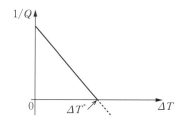

図 3.21　$1/Q$ と温度差 ΔT の関係

を時間発展のデータから求めた[9]。温度差が ΔT^* 以下では**図3.22**(a)のような圧力の指数関数的な振幅減衰が観測されるが ΔT^* 以上では図(b)のような指数関数的な増大が観測される。これはエネルギーの緩和時間 τ_E が負になり，無限に小さい揺らぎからでも有限の振幅に成長することを意味する*。τ_E と Q 値の関係から，臨界温度差以上では図3.21の破線で示すように Q 値が負になるといえる。以上の結果を式(3.1)に基づいて考察してみる。

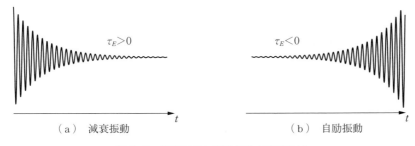

図3.22 減衰振動と自励振動の時間発展

式(3.1)より，$1/Q$ は

$$\frac{1}{Q} = \frac{W}{\omega E}$$

である。$1/Q$ の減少は，気柱振動のエネルギー E を維持するのに必要な仕事 W が ΔT の増加とともに減少することを意味する。さらに ΔT^* 以上で $1/Q$ が負になることは気柱共鳴管に仕事をする必要がなくなると理解することができる。つまり，気柱共鳴管の内部では，エネルギー散逸の代わりに，エネルギー生成が生じる。言い換えれば，気柱管にそった温度勾配は，振動を維持するための音源として機能しうる。これが音響ドライバーがなくても自発的に振動が生じる原因である。

現在では，気柱の自励振動を音源として利用する多様な熱音響エンジンが開発・提案されている。次章では，気柱の自励振動の問題を流体力学から熱力学

---

* 指数関数的な成長を続ければ振幅は時間の経過とともに無限に大きくなるが，現実には一定の値に落ち着く。飽和振幅の値がどのようにして決まるかは音波エンジンにとって重要な研究課題である。

へと視点を転換し，ある種の熱機関として考える基盤を整えることにしよう。

3.8 補足

3.8.1 管路と電気回路のアナロジー

非粘性流体に対する運動方程式（式（2.13））

$$\rho_m \frac{\partial u'}{\partial t} + \frac{\partial p'}{\partial x} = 0$$

を，長さ l の管路（断面積 A）の流体に対する運動方程式として空間的に差分化して表してみる。複素表示を用い，また両端の圧力を p_1 と $p_1+\Delta p_1$ とすると $\Delta p_1 = -i\omega\rho_m l u_1$ と書き換えられる。体積流速変動の複素振幅 $U_1 = Au_1$ を用いると，次式が得られる。

$$\Delta p_1 = -i\omega L U_1, \quad \text{ただし，} L = \rho_m l/A \text{（管路のイナータンス）}$$

一方，連続の方程式（式（2.14））

$$\frac{1}{c_s^2} \frac{\partial p'}{\partial t} + \rho_m \frac{\partial u'}{\partial x} = 0$$

を，両端の体積流速が U_1 と $U_1+\Delta U_1$ であるような長さ l の管路（断面積 A）の流体に対して表すと次式を得る。

$$p_1 = -\frac{\Delta U_1}{i\omega C}, \quad \text{ただし，} C = \frac{Al}{\rho_m c_s^2} = Al K_s$$

C は管路のコンプライアンスと呼ばれる。

図 3.23 に示すように，圧力を交流電圧，体積流速を交流電流に対応させると，イナータンスは直列に接続されたインダクタンス（inductance）に対応し，またコンプライアンスは並列に接続されたキャパシタンス（capacitance）に対応する。このようにすると配管内の音波の問題を，交流回路の問題に帰着することが可能になるので，交流回路に親しみがあれば音波の問題にも取り組みやすくなる[1]。

管路に対する運動方程式と連続の方程式からわかるように，管路は電気回路素子におけるキャパシタンスとしての性質も，インダクタンスとしての性質も

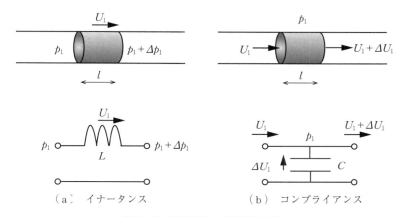

図 3.23 管内音波と交流電気回路

共に備えている。ある管路を考えるとき，どちらの回路素子として取り扱いできるだろうか。この点について，管路に蓄えられたエネルギーの観点から考察してみる。考えている管路（体積 Al）において，圧力変動が p'，体積流速変動が U' であるとして，時間平均化したポテンシャルエネルギーと運動エネルギーの比をとると

$$\frac{\dfrac{Al}{2}K_S\langle p'^2\rangle_t}{\dfrac{Al}{2}\rho_m\langle U'^2\rangle_t}=\frac{K_S}{\rho_m}\left|\frac{p_1}{u_1}\right|^2$$

である。最後の変形では，$U_1=Au_1$ の関係を使用した。上式にさらに式（3.48）を使うと，時間平均化したポテンシャルエネルギーと運動エネルギーの比は複素比音響インピーダンス $z=p_1/u_1$ を用いて

$$\frac{K_S}{\rho_m}\left|\frac{p_1}{u_1}\right|^2=\left|\frac{z}{\rho_m c_S}\right|^2$$

のように簡略化される。つまり，考えている管路における p_1 と u_1 で定まる複素比音響インピーダンスの大きさ $|z|$ が流体の特性インピーダンス $\rho_m c_S$ に比べて十分に大きければ，ポテンシャルエネルギーの寄与が相対的に大きくなるので，その管路はキャパシタンスと見なせる。逆に十分に小さければ，運動エネルギーの寄与が相対的に大きくなるのでインダクタンスと見なせる。

図 3.24 に示すような両端が閉じられた，全長 l，基本周波数 f_0 の一様な断面積 A を持つ気柱共鳴管の等価回路を考える。断熱音速を c_S とするとき波長は c_S/f_0 であるから，この波長の半分と l が等しくなる条件から $f_0 = c_S/(2l)$ となる。このとき，管の両端では圧力振幅が最大，管の中央では流速振幅が最大となる。この振幅分布を基にして，図のように，気柱管を両側の 1/4 の部分がキャパシタンス C，中央の 1/2 の部分がインダクタンス L の導体に対応させると，固有角周波数 $\omega = 2\pi f$ はつぎの条件から求められる。

$$i\omega L + \frac{2}{i\omega C} = 0, \quad \text{ただし，} \quad L = \frac{\rho_m l}{2A}, \quad C = \frac{K_S A l}{4}$$

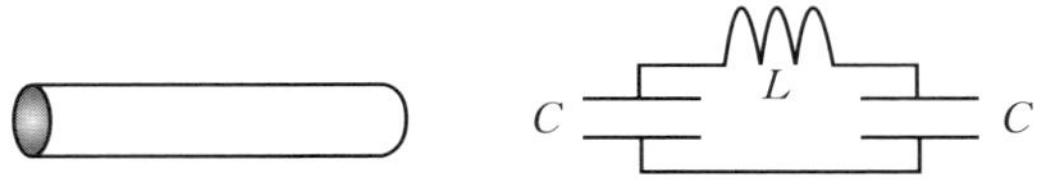

（a）両端を閉じた共鳴管　　（b）等価回路

図 3.24 両端を閉じた共鳴管と等価回路

この条件から得られる基本周波数は $f_0 = 2c_S/(\pi l)$ であり，本来の値 $c_S/(2l)$ と比べると 1.27 倍だけ大きいが，妥当な見積りを与えることがわかる。この原因は空間的に差分化したことにあるので，より厳密には偏微分方程式（波動方程式）に基づく定式化が必要になる。しかし波長に比べて短い管路ではこのような取扱い（集中定数回路）も意味がある。例えば，パルス管冷凍機のパルス管部分やバッファータンクでは，比音響インピーダンスは $\rho_m c_S$ に比べて非常に大きいのが普通である。したがって，これらの流体素子はキャパシタンスで模擬できる。一方，イナータンスチューブではバッファータンクやパルス管に比べて断面積が細いことを反映してかなり流速が大きくなる。そのためインダクタンスで模擬するほうが良い近似になる。

3.8.2　境界条件が与えられたときの音場

3.4 節では，図 3.10 に示したような管の一端を固体平板で閉じた系に対して音場を求める方法を紹介したが，ここでは別の境界条件のもとで音場を決定

する方法を紹介しよう。

音波エンジンの場合，図3.25のように，発電用のコイルが取り付けられた固体ピストンや，パルス管冷凍機に見られるようなオリフィスやバッファータンクが接続されることがある。一端にこれら音響部品を接続したときには，固体平板で閉じた場合と異なり，接続点における流速はもはや0ではなくなる。この場合はこれらの部品に流れ込む体積流速とそのときの圧力を用いて，等価的な音響インピーダンスを考える。断面積Aの配管の終端において，体積流速をV_e，圧力をp_eとすると，断面積変化に由来する流れの乱れを無視すれば，等価的な比音響インピーダンスは$z_e = p_e/(V_e/A)$である。なお，z_eは一般には実数とは限らず複素定数である。

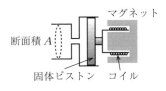
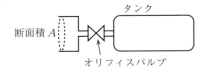

（a）発電用コイルが取り付けられた固体ピストン

（b）オリフィスバルブとタンク

図3.25 発電用コイル，およびオリフィスバルブとタンクが接続された系

この場合の管内音場を求めるために，図3.26のように軸座標の原点$x=0$を管の左端にとり，右端を$x=L$とする。管の圧力振動$p'(x,t) = \mathrm{Re}[p_1(x)e^{i\omega t}]$において，複素圧力振幅$p_1$をつぎのように置く。

$$p_1 = C_+ e^{-ik(x-L)} + C_- e^{ik(x-L)}$$

C_+とC_-は管の端における境界条件によって決まる複素定数であり，kは管内音波の波数である（式(3.89)）。

$$\frac{k}{k_S} = \sqrt{\frac{1+(\gamma-1)\chi_\alpha}{1-\chi_\nu}}$$

図3.26 終端の比音響インピーダンスがz_eの気柱共鳴管

断面平均流速の複素振幅は，式（3.92）の運動方程式から次式となる。

$$u_{1r}(x) = \frac{C_+ e^{-ik(x-L)} - C_- e^{ik(x-L)}}{z}, \quad z = \frac{\omega \rho_m}{k(1-\chi_\nu)}$$

いま，考慮すべき境界条件として右側における比音響インピーダンスに加えて，右端における圧力変動を考え，$p_1(L) = p_e$ とする。すなわち

$$p_e = C_+ + C_-$$

である。右端における断面平均流速 $u_{1r}(L)$ は

$$u_{1r}(L) = \frac{C_+ - C_-}{z}$$

であるから，右端の比音響インピーダンス z_e は

$$z_e = \frac{p_e}{C_+ - C_-} z$$

となる。p_e と z_e に対する方程式より，C_+ と C_- に対して

$$C_+ + C_- = p_e, \quad C_+ - C_- = \frac{p_e}{z_e} z$$

を得る。これを解くと

$$C_+ = \frac{1+\Gamma}{2} p_e, \quad C_- = \frac{1-\Gamma}{2} p_e, \quad \Gamma = \frac{z}{z_e}$$

という結果を得る。右端が固い平板で閉じられているときは $1/z_e = 0$ としてよい（速度振幅 $=0$）ので $\Gamma = 0$ と置ける。このとき，$C_+ = C_- = 1/2$ である。本文ですでに見たようにこれは定在波を与える。また，$z_e = z$ のとき $\Gamma = 1$ であるから $C_+ = 1$，$C_- = 0$ となる。これは $+x$ 方向に向かう進行波に対応し，反射波が生じることなく，すべて吸収される。このほかにも端の閉じ方はいろいろある。パルス管冷凍機では終端の仕方が冷凍能力を最大限に発揮させる音場を実現するための鍵を握る。音場調整に関する詳細は 8 章で検討する。

先の例とほとんど同じであるが，ある点での圧力と流速が与えられる場合の音場の求め方を説明する。簡単のため，$x = 0$ において圧力振動と断面平均流速振動の複素振幅がそれぞれ $p(0)$，$u_{1r}(0)$ と与えられるとする。圧力振動を

$$p_1(x) = C_+ e^{-ikx} + C_- e^{ikx}$$

3.8 補足

と置くと，運動方程式から流速振動がつぎのように表されるのは，これまでどおりである．

$$u_{1r}(x) = \frac{C_+ e^{-ikx} - C_- e^{ikx}}{z}$$

$x=0$ における境界条件を用いると，C_+, C_- に対して次式が得られる．

$$C_+ + C_- = p(0), \quad C_+ - C_- = z u_{1r}(0)$$

C_+, C_- に対して解くと

$$C_+ = \frac{p(0) + z u_{1r}(0)}{2}, \quad C_- = \frac{p(0) - z u_{1r}(0)}{2}$$

が得られる．つまり，圧力変動は

$$p_1(x) = \frac{p(0) + z u_{1r}(0)}{2} e^{-ikx} + \frac{p(0) - z u_{1r}(0)}{2} e^{ikx}$$

$$= \frac{e^{-ikx} + e^{ikx}}{2} p(0) + \frac{e^{-ikx} - e^{ikx}}{2} z u_{1r}(0)$$

すなわち

$$p_1(x) = (\cos kx) p(0) - iz (\sin kx) u_{1r}(0)$$

である．また，断面平均流速振動も同様に書き換えると

$$u_{1r}(x) = \frac{1}{z} \left(\frac{p(0) + z u_{1r}(0)}{2} e^{-ikx} - \frac{p(0) - z u_{1r}(0)}{2} e^{ikx} \right)$$

$$= \frac{e^{-ikx} - e^{ikx}}{2z} p(0) + \frac{e^{-ikx} + e^{ikx}}{2} u_{1r}(0)$$

すなわち

$$u_{1r}(x) = \frac{\sin kx}{iz} p(0) + (\cos kx) u_{1r}(0)$$

である．これらの解は行列の形にまとめることができる．

$$\begin{pmatrix} p(x) \\ u_{1r}(x) \end{pmatrix} = M \begin{pmatrix} p(0) \\ u_{1r}(0) \end{pmatrix}$$

ここで M は，伝達行列（transfer matrix）と呼ばれ，次式のように与えられる．

$$M = \begin{pmatrix} \cos kx & -iz\sin kx \\ (\sin kx)/(iz) & \cos kx \end{pmatrix}$$

9章で紹介するように,伝達行列は異なるタイプの管路(共鳴管や蓄熱器,熱交換器など)を組み合わせて構成される熱音響デバイスの音場を調べるのに役立つ。

3.8.3 無限平板上の流速変動

3.6節では,円管流路の場合に粘性流体の速度変動を議論したが,ここでは**図3.27**に示すような無限平板上の流速変動を検討してみよう。この場合の運動方程式は次式となる。

$$\rho_m \frac{\partial u'}{\partial t} = -\frac{\partial p'}{\partial x} + \mu \frac{\partial^2 u'}{\partial z^2}$$

滑りなし条件を適用すると,平板上($z=0$)で$u'=0$が境界条件となる。

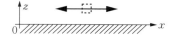

図3.27 平板近傍の流体要素

角周波数ωの定常振動を仮定して複素振幅u_1, p_1を用いると,運動方程式は

$$u_1 + \frac{i\nu}{\omega}\frac{d^2 u_1}{dz^2} = \frac{i}{\omega\rho_m}\frac{dp_1}{dx}$$

のように変形できる。同次方程式の一般解は$\lambda=(1+i)/\delta_\nu$とおいて

$$u_1 = C_1 e^{-\lambda z} + C_2 e^{\lambda z}$$

であるが,$z\to\infty$のときにu_1が有限な値に留まるために$C_2=0$でなければならない。つまり

$$u_1 = C_1 e^{-\lambda z} + \frac{i}{\omega\rho_m}\frac{dp_1}{dx}$$

となる。境界条件を代入して定数C_1を決定すると

$$u_1 = \frac{i}{\omega\rho_m}\frac{dp_1}{dx}(1-e^{-\lambda z}) = \frac{i}{\omega\rho_m}\frac{dp_1}{dx}\left(1-e^{-(1+i)\frac{z}{\delta_\nu}}\right)$$

である。$\Omega = 1 - e^{-(1+i)\frac{z}{\delta_\nu}}$として,$\Omega$の大きさ$|\Omega|$と偏角$\psi=\arg\Omega$を**図3.28**に

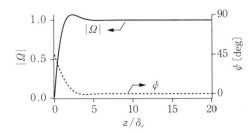

図 3.28 平板上の振動流体の速度分布

示す．$|\Omega|$ は $z/\delta_\nu \approx 1$ で急激に増大したあと，$z/\delta_\nu \approx 2.3$ 近傍で極大値をとる．$z/\delta_\nu > 5$ ではほぼ一定値となる．δ_ν は無限平板上では粘性境界層の厚さ（viscous boundary layer thickness）の意味を持つことがわかる．比較的太い円管では $r/\delta_\nu > 3$ でほぼ一定になったが，これよりやや大きい．

引用・参考文献

1) G. W. Swift : Thermoacoustics - A unifying perspective for some engines and refrigerators -, Acoustical Society of America (2002)
2) 森口繁一，宇田川銈久，一松 信：岩波数学公式 III 特殊関数，岩波書店 (1960)
3) 富永 昭：熱音響工学の基礎，内田老鶴圃 (1998)
4) T. Biwa : Measurement of the Q-value of acoustic resonator, Phys. Rev. E. **72**, 026601 (2005)
5) H. A. Kramers : Vibrations of a gas column, Physica XV, no. 11-12, pp. 971-984 (1949)
6) N. Rott : Damped and thermally driven acoustic oscillations in wide and narrow tubes, ZAMP, **20**, pp. 230-243 (1969)
7) T. Yazaki, A. Tominaga, and Y. Narahara : Experiments on thermally driven acoustic oscillations of gaseous helium, J. Low Temp. Phys., **41**, pp. 45-60 (1980)
8) A. Atchley, H. E. Bass, J. Hofler, and H-T. Lin : Study of a thermoacoustic prime mover below onset of self-oscillation, J. Acoust. Soc. Am., **91**, pp. 734-743 (1992)
9) A. A. Atchley : Analysis of the initial buildup of oscillations in a thermoacoustic prime mover, J. Acoust. Soc. Am., **95**, pp. 1661-1664 (1994)

4 音響学から熱音響学へ

　熱流と仕事流は，熱音響デバイスの中心的物理概念である。熱流と仕事流は，周期的定常音波に対して流体力学のエネルギー方程式を時間平均することで定式化され，さらに空間積分することにより熱力学の第一法則が得られる。熱流と仕事流により，熱音響自励振動をある種の熱機関としてみる根拠が与えられ，また従来型の熱機関の概念図もリニューアルされる。そして新たなエンジンや冷凍機の提案や設計が可能になる。

4.1　Ceperleyの提案

　α型スターリングエンジンは，**図4.1**（a）に示すように二つのピストンと蓄熱器，その両側の熱交換器で構成され，内部には作動気体が充填されている。二つのピストンのうち，低温側にある方を圧縮ピストン，高温側にある方を膨張ピストンと呼ぶことが多い。これを反映して，圧縮ピストンがなす仕事を圧縮仕事，膨張ピストンがなされる仕事を膨張仕事と呼ぶ。この二つのピストンは90°程度の位相差を保って往復動するように調整されている。ピストンの往復運動の結果，作動気体は図（b）に示すように，「圧縮」や「膨張」という過程と，「加熱」や「冷却」という過程を一連の熱力学的過程（-圧縮-加熱-膨張-冷却-）として経験し，スターリングサイクルと呼ばれる熱力学的サイクルを実行する。蓄熱器の内部の流路が十分に細ければ，作動流体は固体壁と良好な熱接触を保ちながらこれらの過程を実行するので，このサイクルは可逆サイクルと見なすことができる。このサイクルから得られる出力仕事の分だけ，

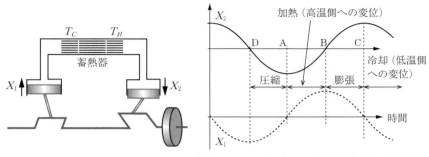

(a) 模式図　　　　(b) 二つのピストンの変位 X_1 と X_2 の時間変化

図 4.1 α 型スターリングエンジン。図（b）中の A〜D の記号は図 4.3（b）の記号 A〜D に対応する。「圧縮」過程のつぎに高温側への「変位」過程，そして「膨張」してから，さらに「変位」するので，圧力変動は変位変動に比べて 90° だけ位相が進んでいる。変位変動に対して流速変動も 90° だけ位相が進んでいるので，圧力変動と流速変動は同位相である。

圧縮仕事よりも膨張仕事のほうが大きくなる。この増加分は軸出力として外部に取り出されることになる。

スターリングエンジンの動作中，蓄熱器の内部では，作動気体の圧力変動と流速変動は同位相で振動する。この位相関係が進行波音波における圧力と流速の位相関係と同じであることに気づいた Ceperley は，ピストンの代わりに進行波音波を用いたエンジン pistonless Stirling engine を提案した[*1,1)]。

スターリングサイクルも進行波音波もどちらも周期的な流体の振動運動を伴う現象であるから，類似性を認めることは直感的には可能である。実際，流体が経験する熱力学的過程に基づいて熱音響振動の発生機構を定性的に説明することも行われてきた[*2]。しかし，温度勾配を通過する進行波音波の音響パワーの増幅作用をスターリングサイクルの結果と見なして定量的な議論を行っ

[*1] Ceperley は，米国スタンフォード大学でマイクロ波に関する研究で学位を取得した。波動という点では音波と電磁波は確かにつながりがあるが，どうしてこのようなことに関心を持つようになったのかは興味深い。

[*2] 例えば，レイリーの教科書にはソンドハウス管の振動メカニズムに関して以下の記述がある。"At the phase of greatest condensation heat is received by the air, and at the phase of greatest rarefaction heat is given up from it, and thus there is a tendency to maintain the vibrations."

たのは Ceperley の功績であろう。Ceperley は自ら提唱した pistonless Stirling engine を実験的に実証するには至らなかったが，その熱力学的な観点からのアプローチは，米国の Wheatley を大いに刺激した。その結果，数理科学的な Rott 理論[2]) は彼により再検討され，現在の熱音響理論が確立された。同じ頃，Wheatley-Swift[3]) とは独立に筑波大の富永[4]) もまた同様の熱音響理論を提示し，非平衡熱力学系の基本的モデルとして論点を整理している。彼らの業績が基盤となって熱音響学の基礎が成立している。熱音響理論について説明する前に，熱機関に関する議論を復習しておこう。

4.2　熱機関の伝統的描像

4.2.1　熱力学の第一法則と第二法則

熱機関は二つの異なる温度の熱浴のもとで初めて動作する。熱浴（heat bath）は仮想的な熱源であり，その温度は一定不変なまま，どれだけの大きさの熱量を出し入れすることも可能である。熱機関には原動機とヒートポンプの 2 種類がある。作動流体が温度 T_H の高温熱浴から熱量 Q_H を受け取ってその一部を出力仕事 W として出力し，残りを温度 T_C の低温熱浴へ熱量 Q_C を吐き出すのが原動機である。一方，入力仕事 W を用いて低温熱浴から熱量 Q_C を汲み出し，高温熱浴に Q_H だけの熱量を吐き出す装置がヒートポンプである。図 4.2 は原動機とヒートポンプを表す概念図*である。

熱力学の第一法則は，熱機関に出入りする熱と仕事に対するエネルギー保存則を意味する。図 4.2 を見ながら流入量と流出量がたがいに等しいという関係式を表すと，原動機とヒートポンプに共通して

$$Q_H = Q_C + W \tag{4.1}$$

を得る。温度 T_H の界面を通じて熱量 Q_H が原動機へ移動するとき，熱浴のエ

---

*　このような概念図は米国では 1950 年以前から使われ，また日本では久保亮五：「大学演習　熱学・統計力学」（裳華房）（1961）ですでに見られる。クラペイロンやクラウジウスが用いた p-V 線図を模式的に表現したようだ。文献 5) には彼らの論文の英訳版が集録されている。

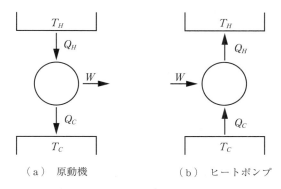

図 4.2 熱機関の概念図。中央の円はエネルギー変換を実行するための「サイクル」を模擬したもの。

ントロピーは Q_H/T_H だけ減少する。この過程が可逆的であれば原動機のエントロピーは Q_H/T_H だけ増加する。一方，温度 T_C の界面を通じて熱量 Q_C が原動機から可逆的に低温熱浴へ流出するとき，原動機のエントロピーは $S_C = Q_C/T_C$ だけ減少する。可逆的に動作する原動機では $S_H = S_C$ が成り立つ。現実の熱機関では，不可逆的な過程を通じてエントロピーは必ず増加する。そのため，不可逆過程による増加分 $\varDelta S$ だけ S_C は S_H よりも大きくなる。これが熱力学の第二法則であり，原動機の場合は

$$\varDelta S = S_C - S_H \geqq 0 \tag{4.2}$$

である。一方，ヒートポンプの場合は

$$\varDelta S = S_H - S_C \geqq 0 \tag{4.3}$$

のようになる。$\varDelta S$ は熱機関のエントロピー生成である。等号は可逆的（reversible）な熱機関のみで成立し，現実の不可逆的（irreversible）な熱機関では $\varDelta S > 0$ となる。

熱力学の第二法則は，熱機関の効率（efficiency）の熱力学的上限を与える。一般に効率は出力と入力の比で与えられ[*]，原動機の場合，効率 η は出力仕事

---

[*] 何を入力と見て何を出力と見るかは問題設定による。ヒートポンプをクーラーとして使用するときには，出力は低温熱浴から吸収する熱量 Q_C となるし，ヒーターとして（暖房機）用いるときには出力は，高温熱浴へ吐き出す熱量 Q_H となる。

W と入力熱量 Q_H の比である。すなわち

$$\eta = \frac{W}{Q_H} \tag{4.4}$$

である。式（4.1）より $W = Q_H - Q_C$ であるので

$$\eta = 1 - \frac{Q_C}{Q_H}$$

と変形できる。また式（4.2）より $Q_C/Q_H \geq T_C/T_H$ なので，効率は

$$\eta \leq 1 - \frac{T_C}{T_H} \tag{4.5}$$

という不等式に従うことがわかる。効率の上限値はカルノー効率（Carnot efficiency）と呼ばれ

$$\eta_{\text{Carnot}} = 1 - \frac{T_C}{T_H} \tag{4.6}$$

である。いかなる原動機もカルノー効率を超えないので，効率をカルノー効率で規格化した比カルノー効率も熱機関の性能評価に用いられる。

ヒートポンプの場合，その効率は通常，成績係数（coefficient of performance, COP）と呼ばれる。ヒートポンプが低温熱浴から吸収する熱量に興味があるとき，つまりクーラー（冷凍機）としてヒートポンプを使用しているときには，成績係数 COP は

$$COP = \frac{Q_C}{W} \tag{4.7}$$

である。熱力学の第一法則と第二法則を適用すると，成績係数にも熱力学的上限が存在することがわかる。すなわち

$$COP_{\text{Carnot}} = \frac{T_C}{T_H - T_C} \tag{4.8}$$

とすると

$$COP \leq COP_{\text{Carnot}} \tag{4.9}$$

である。どのようなヒートポンプの成績係数もこの COP_{Carnot} を超えることはない。

4.2.2 熱力学的サイクル

熱と仕事の間のエネルギー変換を永続的に実行する仕組みが，熱力学的サイクルである．その代表例はカルノーサイクルである．図4.3(a)は可動式固体ピストンによって封じられたシリンダー内の作動流体がカルノーサイクルを実行するときの流体の圧力pと体積Vの関係を示している．A→Bでは作動流体は断熱可逆的に圧縮される．B→Cでは温度T_Hの熱浴によって等温可逆的に加熱されながら膨張する．C→Dでは断熱可逆的に膨張し，D→Aでは温度T_Cの熱浴によって等温可逆的に冷却されながら圧縮される．どの熱力学的過程も可逆過程なので，一切のエントロピー生成はなくカルノー効率が実現する．

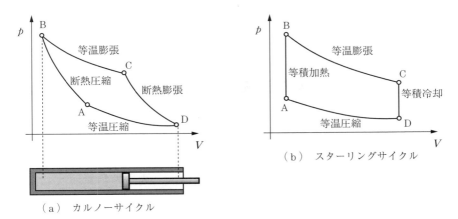

図 4.3 カルノーサイクルのp-V線図(a)と，スターリングサイクルのp-V線図(b)．スターリングサイクルのA→BとC→Dの過程は気体が温度勾配のある蓄熱器を変位する結果として実現される加熱過程と冷却過程である．文献6)にならってこれらの過程を等積過程で近似してある．

カルノーサイクルに含まれる二つの断熱可逆的な圧縮，膨張の過程を等温圧縮と等温膨張という等温可逆過程に置き換えたのが図(b)に示すスターリングサイクルである*(次ページ)．したがって，スターリングサイクルもカルノーサイクルと同様に，可逆的サイクルであり，二つの代表温度T_HとT_Cで定まるカルノー効率を実現する．現実のサイクルでは多かれ少なかれ不可逆過程を

含むが，1周期後には状態量がもとの状態に戻ることに変わりはない。そのため，作動流体の内部エネルギー U の変化

$$dU = TdS - pdV \tag{4.10}$$

を 1 周期にわたって積分すると

$$\oint dU = 0$$

である。つまり

$$\oint TdS = \oint pdV \tag{4.11}$$

である。左辺は作動流体が1周期当りに吸収した熱量であり，右辺は作動流体が1周期当りにした仕事量である。したがって，式（4.11）は熱と仕事の相互変換を表し，出力仕事 W は次式で与えられる。

$$W = \oint pdV$$

4.3　熱機関を理解するための新しい概念

　熱機関を記述する基本方程式は熱力学の第一法則と第二法則である。関係する物理量は，Q_H，Q_C と W，また T_H，T_C という熱機関とその外側との界面で定義される時間によらない物理量であり，熱機関の内部構造については直接的には記述しない。この意味で熱機関はある種のブラックボックスであり，その状態を指定する圧力や温度は空間変数を持たない。いわば巨視的な説明が行われるのみである。

　この熱力学の立場から，タコニス振動に代表される熱音響自励振動を考えて

---

*（前ページ）スターリングサイクルにおいては，A→B と C→D の過程は等積過程として近似されることが多い。等積過程であるかどうかは可逆サイクルとは無関係であって，可逆的に加熱／冷却されるかどうかが本質的である。おそらく解析的取扱いのために採用された近似と思われる。計算機がまだ発達していなかった時代には，仕方のないことであったろう。可逆的な加熱／冷却を実現するうえでスターリングエンジンにおいて蓄熱器の果たす役割は大きい。なぜなら，蓄熱器の狭い流路を通過することで流体は局所的に等温状態を実現するからである。

みよう。温度差を与えたことで，気柱振動が開始して音が聞こえ始めるので確かに動き出したという臨場感はある。しかし，加熱した結果として音が発生したからといって，気柱の自励振動を「原動機（エンジン）」と呼ぶことができるだろうか。

両端を固体平板で閉じた気柱共鳴管や両端を接続したループ管を熱力学的な系と見なして考える。系の体積は時間的に変化しない（$dV=0$）ために，式(4.11)の右辺は0になる。言い換えれば，これらの系ではエネルギー変換は起こらず，また出力仕事も0である。したがって，この立場では熱機関と見て議論することはできそうにない。より本質的な問題は，熱力学は平衡状態を前提としてその状態間の関係を議論することにあるだろう。例えば，図4.2を描くときには，圧力 p は系を通じて一様でなければならない*。しかし，気柱の自励振動では腹や節があることからわかるように圧力は空間的に変動するので，共鳴管内は平衡状態にはない。巨視的な視点で確立された熱力学のままでは熱音響自励振動をエンジンとして見なして議論するのは問題がある。

タコニス振動の記述に成功したRott理論では，温度，圧力や流速などの物理量は局所平衡の仮定のもとで流体力学の基礎方程式に基づいて議論され，時間と空間の関数として微視的に記述される。管内音波の伝搬定数はもとより，実験によりその妥当性が実証されたタコニス振動の安定曲線はRott理論の成果である。またMerkli-Thomannは気柱振動による気柱管の温度低下という観測結果をやはりRott理論を用いて説明することに成功している。ところが，タコニス振動は音波エンジンの原型であり，またMerkli-Thomannの実験は音波クーラーの原型であるにも関わらず，そのいずれからも直接的には応用デバイスは生まれなかった。流体力学的議論からはエンジンやエネルギー変換というイメージが生まれてこなかったのは，流体力学ではエネルギー流を熱と仕事にあらわに区別して取り扱わないからだろう。熱力学でエネルギー変換が考察の対象となるのはエネルギー移動の形態として熱と仕事を明瞭に区別するか

---

* 状態量として p や V が定まるようにピストンは準静的に変位することが暗黙の了解として求められる。

らである。

　巨視的な熱力学と微視的な流体力学をむすびつけるために，Wheatleyと富永がそれぞれ独立に提唱したのが仕事流 $\tilde{I}$ と熱流 $\tilde{Q}$ という二つのエネルギー流である。あとで示すように，仕事流 $\tilde{I}$ と熱流 $\tilde{Q}$ は流体力学的概念であるエネルギー流を時間平均することで得られる。そして，図 4.4 に示すように，$d(\tilde{I}+\tilde{Q})/dx=0$ と $d\tilde{s}/dx \geq 0$ を空間的に積分することで，熱力学の第一法則と第二法則が得られる（エントロピー流 $\tilde{s}$ についても後述）。つまり流体力学による議論を時間的には粗視化し，また熱力学による議論を空間的には微視化することによって見いだされた2種類のエネルギー流が，仕事流と熱流である。音波エンジンでは熱流から仕事流へのエネルギー変換が起こり，音波クーラーでは仕事流から熱流へのエネルギー変換が起こる。熱音響自励振動や音波による冷却作用がある種の熱機関と呼べるのは，それらが熱流と仕事流の間の相互エネルギー変換の結果だからである。

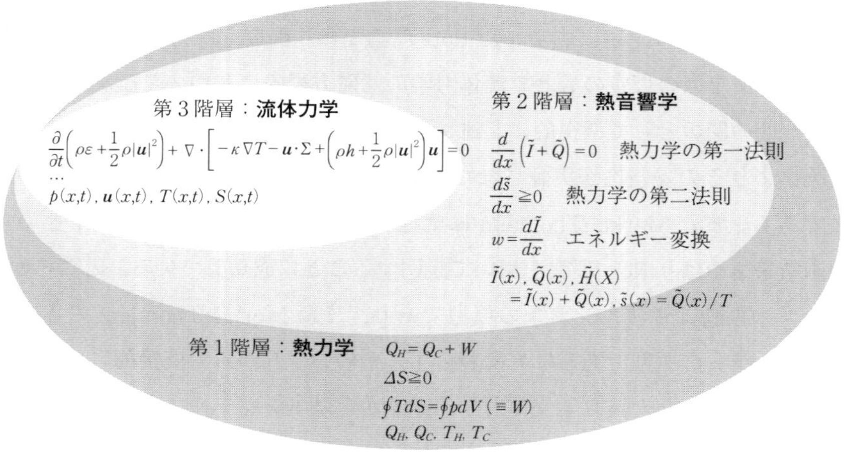

第3階層：**流体力学**
$$\frac{\partial}{\partial t}\left(\rho\varepsilon+\frac{1}{2}\rho|\boldsymbol{u}|^2\right)+\nabla\cdot\left[-\kappa\nabla T-\boldsymbol{u}\cdot\Sigma+\left(\rho h+\frac{1}{2}\rho|\boldsymbol{u}|^2\right)\boldsymbol{u}\right]=0$$
…
$p(x,t), \boldsymbol{u}(x,t), T(x,t), S(x,t)$

第2階層：**熱音響学**
$\dfrac{d}{dx}(\tilde{I}+\tilde{Q})=0$　熱力学の第一法則
$\dfrac{d\tilde{s}}{dx}\geq 0$　熱力学の第二法則
$w=\dfrac{d\tilde{I}}{dx}$　エネルギー変換
$\tilde{I}(x), \tilde{Q}(x), \tilde{H}(X)$
　$=\tilde{I}(x)+\tilde{Q}(x), \tilde{s}(x)=\tilde{Q}(x)/T$

第1階層：**熱力学**
$Q_H=Q_C+W$
$\Delta S\geq 0$
$\oint TdS=\oint pdV(\equiv W)$
Q_H, Q_C, T_H, T_C

図 4.4　熱音響学の階層構造

　図 4.4 に示すように，熱音響学は流体力学と熱力学の中間の階層に位置付けられる。熱力学の第一法則と第二法則で記述される熱力学の階層が最も巨視的な第1階層である。そして流体力学の基礎方程式で記述される階層が最も微視

的な第3階層である。この二つの階層の間に位置するのが仕事流と熱流で記述された第2階層である。いわば，仕事流と熱流は流体力学によるダイナミクスの議論と熱力学によるエネルギー変換の議論をつなぐ「はしご」の役割を果たす物理概念である。

4.4 定常的振動流場のエネルギー流束密度

4.4.1 エンタルピー流束密度，仕事流束密度と熱流束密度

流体力学の基礎方程式の一つであるエネルギー方程式（エネルギー保存則）はつぎのように表される[7]。

$$\frac{\partial}{\partial t}\left(\rho\varepsilon+\frac{1}{2}\rho|\boldsymbol{u}|^2\right)+\nabla\cdot\left[-\kappa\nabla T-\boldsymbol{u}\cdot\Sigma+\left(\rho h+\frac{1}{2}\rho|\boldsymbol{u}|^2\right)\boldsymbol{u}\right]=0 \quad (4.12)$$

左辺第1項の括弧の中身がエネルギー密度を，第2項の角括弧の中身がエネルギー流束密度を表す。ε と h は単位質量当りの流体の内部エネルギーとエンタルピーであり，Σ は粘性応力テンソルを表す。

定常振動する流れでは，エネルギー密度は1周期後にはもとに戻る。したがって，その時間変化は時間平均をとると0になる。その結果，エネルギー方程式は

$$\nabla\cdot\left\langle -\kappa\nabla T-\boldsymbol{u}\cdot\Sigma+\left(\rho h+\frac{1}{2}\rho|\boldsymbol{u}|^2\right)\boldsymbol{u}\right\rangle_t=0 \quad (4.13)$$

となる。記号 $\langle\ \rangle_t$ は時間平均をとる演算を表す。比較的遅い流れを考えるとき，エネルギー流束密度に含まれる粘性応力テンソルや運動エネルギーに由来する項は無視できる。熱伝導率 κ を時間に依存しない定数と見なせば，$\langle -\kappa\nabla T\rangle_t=-\kappa\nabla T_m$ なので，熱伝導に由来する項は流体の振動運動には直接関係がない。したがって，流体の振動運動に直接的に関連するエネルギー流束密度はつぎのエンタルピー流束密度に帰着する。

$$\langle \rho h\boldsymbol{u}\rangle_t=\langle(\rho_m+\rho')(h_m+h')\boldsymbol{u}'\rangle_t$$

右辺に含まれる h_m は流体のエンタルピーの時間平均であり，h' はそこからの

ずれを表す。エンタルピー流束密度は軸方向成分と動径方向成分に分けて考えることができる。このうち，興味があるのは軸方向成分であり，速度 u' の軸方向成分 u' を用いて $\langle (\rho_m+\rho')(h_m+h')u' \rangle_t$ と表される。その断面平均[*1]は

$$\langle \langle (\rho_m+\rho')(h_m+h')u' \rangle \rangle$$

である。これを展開すると

$$\langle \langle (\rho_m+\rho')(h_m+h')u' \rangle \rangle = h_m \langle \langle (\rho_m+\rho')u' \rangle \rangle + \rho_m \langle \langle h'u' \rangle \rangle + \langle \langle \rho'h'u' \rangle \rangle$$

を得る。第1項の $\langle \langle (\rho_m+\rho')u' \rangle \rangle$ は，断面平均および時間平均をした質量流束密度であり，定常流れが存在しない場合には0である。第3項は，振動量に関する3次の項を含むから時間平均演算の結果，0になる。結果的に管内音波における軸方向のエンタルピー流束密度（enthalpy flux density） H は次式で表すことができる。

$$H = \rho_m \langle \langle h'u' \rangle \rangle \tag{4.14}$$

H の流れの向きは符号で与えられる。もし正なら $+x$ 方向への流れを表し，もし負ならば $-x$ 方向への流れを表す。

エンタルピー変動を表す h' は，圧力変動 p' とエントロピー変動 S' でつぎのように展開できる[*2]。

$$h' = \frac{1}{\rho_m} p' + T_m S' \tag{4.15}$$

式 (4.15) を式 (4.14) に代入するとただちに次式を得る。

$$H = I + Q \tag{4.16}$$

ただし

[*1] 時間と空間を変数に持つ物理量 $X=X(t,x,r)$ に対して，その時間平均を $\langle X \rangle_t$，半径 r_0 の円管流路の場合の断面平均を $\langle X \rangle_r$ とすると，それぞれ

$$\langle X \rangle_t = f\int_0^{1/f} X\, dt, \quad \langle X \rangle_r = \frac{1}{\pi r_0^2}\int_0^{r_0} 2\pi r X\, dr$$

である。時間 t と動径座標 r はたがいに独立な変数であるから，平均操作はどちらを先に行ってもよい。つまり $\langle \langle X \rangle \rangle = \langle \langle X \rangle_t \rangle_r = \langle \langle X \rangle_r \rangle_t$ である。$\langle \langle X \rangle \rangle$ は軸座標 x だけに依存する。x と r を変数に持つ変動量どうしの積 XY に対しては，一般には $\langle \langle XY \rangle \rangle \neq \langle \langle X \rangle_t \langle Y \rangle_t \rangle_r$ であることに注意しよう。

[*2] 通常の熱力学の教科書に登場する表記では，$dh = TdS + pdV$ である。変化量が微小であれば式 (4.15) で近似的に表される。

$$I = \langle\langle p'u' \rangle\rangle \tag{4.17}$$

$$Q = \rho_m T_m \langle\langle S'u' \rangle\rangle \tag{4.18}$$

である。I は軸方向の仕事流束密度 (work flux density) であり，Q が軸方向の熱流束密度 (heat flux density) である。

音響学の分野では仕事流束密度 $I = \langle\langle p'u' \rangle\rangle$ は音響強度 (acoustic intensity もしくは sound intensity) と呼ばれる。I は，音波の伝搬方向に垂直な単位断面積を通過する音響パワーを表し，断熱音波でも存在するエネルギー流束密度なので比較的なじみ深い。熱流束密度 $Q = \rho_m T_m \langle\langle S'u' \rangle\rangle$ はつぎのように表される。

$$Q = T_m s \tag{4.19}$$

ここで

$$s = \rho_m \langle\langle S'u' \rangle\rangle \tag{4.20}$$

は流体の振動運動による軸方向のエントロピー流束密度 (entropy flux density) である。自由空間中の断熱音波では流体のエントロピー変動は $S'=0$ を満たすからただちに $s=0$ および $Q=0$ が成立する。つまり，Q は管内音波に特有のエネルギー流束密度である。一方，$S' \neq 0$ ならば定常的な質量流がたとえゼロでも Q は有限になる可能性がある。この詳細なメカニズムは後述するが，Q は熱音響現象の研究とともにその重要性が認識されるようになったことを指摘しておきたい。

4.4.2 熱流と仕事流

軸方向に流れる全エネルギー流は仕事流 (work flow) $\tilde{I}$ と熱流 (heat flow) $\tilde{Q}$ の和であり

$$\tilde{H} = \tilde{I} + \tilde{Q} \tag{4.21}$$

と表される。管の断面積において流体が占める面積を A とすると

$$\tilde{I} = AI \tag{4.22}$$

$$\tilde{Q} = AQ \tag{4.23}$$

である。特に，軸方向の温度勾配によって生じる単純な熱伝導による熱流 $\tilde{Q}_\kappa$

を考慮に入れる必要がある場合には

$$\widetilde{Q} = AQ + \widetilde{Q}_\kappa \tag{4.23'}$$

となる。

　管壁が剛体壁で構成され，しかも外界とは断熱されているとすると，エネルギー保存則から，軸方向の全エネルギー流は一定となる。すなわち

$$\frac{d\widetilde{H}}{dx} = 0 \tag{4.24}$$

である。式（4.21）を用いて書き換えると

$$\frac{d\widetilde{I}}{dx} + \frac{d\widetilde{Q}}{dx} = 0 \tag{4.25}$$

である。式（4.25）は仕事流 $\widetilde{I}$ の増減が熱流 $\widetilde{Q}$ の増減で補償されること，つまり仕事流 $\widetilde{I}$ と熱流 $\widetilde{Q}$ の間の相互変換を表している。したがって

$$w = \frac{dI}{dx} \tag{4.26}$$

は単位体積当りのエネルギー変換の大きさを与える。w は仕事源（work source）と呼ばれ，流体の振動ダイナミクスで決まる。もちろん $w=0$ ならエネルギー変換が起こらないことを意味する。どのような条件やメカニズムでエネルギー変換が起こるのかという問題は6章で詳述する。

　ある断面を通過する熱流 $\widetilde{Q}$ とその断面の時間平均温度 T_m の比

$$\widetilde{s} = \frac{\widetilde{Q}}{T_m} \tag{4.27}$$

はエントロピー流（entropy flow）である。

　熱力学の第二法則はエントロピー流に対して

$$\frac{d\widetilde{s}}{dx} \geq 0 \tag{4.28}$$

と表現される。これはエントロピー流が流れの下流に行くに従って増大することを意味する。次式で定まる σ_s は単位体積当りのエントロピー生成（entropy production）であり，非負である。

$$\sigma_S = \frac{ds}{dx} \geq 0 \tag{4.29}$$

4.4.3 熱流と仕事流を使った熱機関の概念図

図 4.2 に示した模式的な熱機関を,エネルギー流で描いたのが**図 4.5** である。図 4.5 は原動機のイメージを示している。高温熱浴と低温熱浴の間に位置するのが原動機であり,そこを熱流 $\tilde{Q}$ と仕事流 $\tilde{I}$ が流れている様子が描かれている。

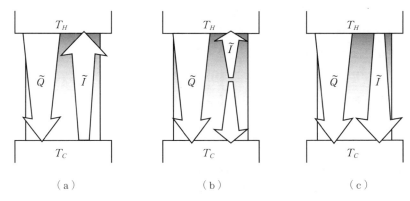

図 4.5 エネルギー流に基づく原動機のイメージ

$\tilde{Q}$ と $\tilde{I}$ の相互変換の結果として仕事流が増大するのが原動機であるが,流れの方向性を考慮するとその増え方に応じて三つのタイプに分類できる。図(a)では,低温側から高温側へと流れる仕事流 $\tilde{I}$ の流量が増大する。また,図(b)では,仕事流 $\tilde{I}$ は原動機からわき出しており,高温側と低温側からそれぞれ流れ出る。図(c)のタイプは,まだ見つかっていないが,熱力学の第一法則や第二法則に抵触するわけではないので,今後,発見される可能性はある。どのタイプにおいても,熱流は高温側から低温側へ向かい,$\tilde{I}$ の増加量の分だけその流量が減少している。熱機関は $\tilde{s} = \tilde{Q}/T_m$ で定まるエントロピー流の流路でもある。

熱力学の第一法則は,出力仕事 W と熱量 Q_H,Q_C の間の関係式として

$W=Q_H-Q_C$ で与えられた。これに対応する表現は式 (4.25) を原動機の低温側から高温側へかけて積分することで得られる。すなわち，以下のように $\varDelta\tilde{I}$ と $\varDelta\tilde{Q}$ を約束すると

$$\varDelta\tilde{I}=\int_C^H \frac{d\tilde{I}}{dx}dx, \quad \varDelta\tilde{Q}=\int_C^H \frac{d\tilde{Q}}{dx}dx$$

これらの間には

$$\varDelta\tilde{I}+\varDelta\tilde{Q}=0 \tag{4.30}$$

が成立する。出力仕事 W に対応するのが仕事流の増加量 $\varDelta\tilde{I}$ である。図 4.5 に示すいずれの原動機でも $\varDelta\tilde{I}>0$ である。また，Q_C-Q_H に対応するのが $\varDelta\tilde{Q}$ で，$\varDelta\tilde{Q}<0$ は熱流の流量が減少することを表している。

図 4.6 にはエネルギー流を用いたヒートポンプ（冷凍機）の概念図を示している。ヒートポンプでは熱流は低温側から高温側へと向かう。これもやはり流れのパターンにより三つに分類される。この場合も熱流と仕事流を用いた熱力学の第一法則の表現 $\varDelta\tilde{I}+\varDelta\tilde{Q}=0$ が成立する。

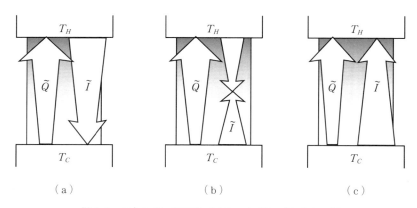

図 4.6 エネルギー流に基づくヒートポンプのイメージ

4.5 エネルギー流線図

4.5.1 エネルギー流線図の描き方

仕事流 $\tilde{I}$ と熱流 $\tilde{Q}$ は時間と流路断面に関する積分演算をして得られるエネ

ルギー流だから，t と r に依存せず，軸座標 x だけに依存する。このことを利用すると，$\tilde{I}$ と $\tilde{Q}$ をエネルギー流線図（energy flow diagram）に図示することができる。ニネルギー流線図では横軸に軸座標 x をとり，縦軸に流れの流量をとる。流量が正のときは $+x$ 方向への流れを，負のときには $-x$ 方向への流れを表す。エネルギー流の傾きが正の場合は，流れの向きによらず，その流れの下流に行くに従って流量が増大することを表す。また傾きが負の場合には，流れの下流に行くに従って流量が減少することを表す。図 4.7 に示すように，ある点の左右でエネルギー流の符号が異なる場合，図（a）のように傾きが正のときにはわき出し（source）を表し，図（b）のように傾きが負のときには吸込み（sink）を表す。

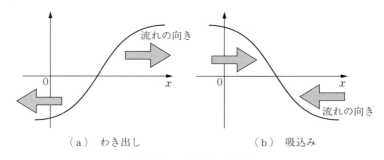

図 4.7　エネルギー流線図

4.5.2　エネルギー流線図による熱機関の図示

図 4.5 に示した 3 種類の原動機に対応する音波エンジンのエネルギー流線図を図 4.8 に示す。音波エンジンの特に蓄熱器，高温熱交換器と低温熱交換器，およびこれに接続された配管部分に注目し，軸座標 x の向きを低温側から高温側へ向けてとることにする。蓄熱器部分（$b \leq x \leq c$）は周囲から熱的に遮断されているとし，その両端に置かれた高温熱交換器（$c < x \leq d$）では熱量 Q_H を吸収し，低温熱交換器（$a \leq x < b$）では熱量 Q_C を放出するとする。また，熱交換器の両側の配管部分（$x < a$ および $x > d$）では断熱的（$\omega \tau_\alpha \gg 1$）であって，この領域では熱流 $\tilde{Q}$ は存在しない。

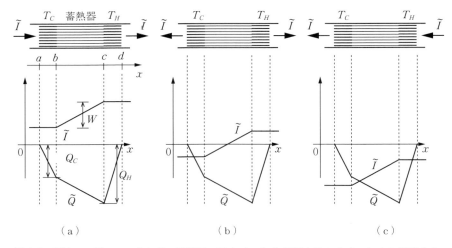

図 4.8 音波エンジンのエネルギー流線図。図 (a)〜(c) は図 4.5 の (a)〜(c) に対応する。

図 4.8 で $\tilde{I}$ の流れの向きは異なるが,それぞれ流れの下流に行くとともに流量が増大することには変わりない。また,いずれの場合も熱流 $\tilde{Q}$ は高温側から低温側に流れるから $-x$ 方向の流れであり,負の側に示している。高温熱交換器部分において $d\tilde{Q}/dx>0$ が成立する。これは,外界から吸熱することを意味する。そのため高温熱交換器全体での $\tilde{Q}$ の増加量

$$\int_c^d \frac{d\tilde{Q}}{dx}dx = \tilde{Q}|_d - \tilde{Q}|_c = -\tilde{Q}|_c$$

が蓄熱器に対する入力熱量 Q_H である。また,低温熱交換器部分で $d\tilde{Q}/dx<0$ となるのは,外界への放熱が起こるからである。蓄熱器低温端における $\tilde{Q}$ の減少量

$$\int_a^b -\frac{d\tilde{Q}}{dx}dx = \tilde{Q}|_a - \tilde{Q}|_b = -\tilde{Q}|_b$$

が蓄熱器からの排出熱量 Q_C を表す。蓄熱器領域で $d\tilde{Q}/dx<0$ となるのはこの領域でエネルギー変換が起こるからであり,$\tilde{Q}$ の減少の分だけ $\tilde{I}$ は増加する。$\tilde{I}$ の増加量

$$\int_b^c \frac{d\tilde{I}}{dx}dx = \tilde{I}|_c - \tilde{I}|_b$$

4.5 エネルギー流線図

はエネルギー変換の大きさ（出力仕事）W を表す。エネルギー流保存則を表す式 (4.25) を蓄熱器領域で積分すると

$$\tilde{I}|_c - \tilde{I}|_b + \tilde{Q}|_c - \tilde{Q}|_b = 0$$

であるが，これを変形すると $W = Q_H - Q_C$ となり，式 (4.1) の熱力学の第一法則に帰着することが理解できよう。

エネルギー流線図と同様にしてエントロピー流線図を描いたのが**図 4.9** である。エントロピー流 $\tilde{s}$ は熱流 $\tilde{Q}$ と同じ向きなのでやはり負の側に図示している。現実の系では式 (4.29) より $d\tilde{s}/dx > 0$ であるから，図でもそのように描いている。

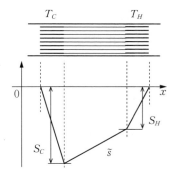

図 4.9 音波エンジンのエントロピー流線図

式 (4.29) を蓄熱器領域で積分すると

$$\int_b^c \frac{d\tilde{s}}{dx} dx = \tilde{s}|_c - \tilde{s}|_b \geq 0$$

である。これが式 (4.2) の熱力学の第二法則

$$S_C - S_H \geq 0 \tag{4.31}$$

に対応する。

エネルギー流を使うことで仕事源 $w = dI/dx$ を通じて熱機関のどこでどれだけエネルギー変換が起きるかを記述できるし，単位長さ当りのエントロピー生成 $d\tilde{s}/dx$ を通じてどこでどれだけのエントロピー生成が生じるかを記述することができるようになった。熱機関を空間的に分解して理解することは効率向上にも役立つはずである。エネルギー流線図やエントロピー流線図は，熱機関

をより詳しく記述するためのツールである。

4.5.3 理想的蓄熱器のエネルギー流線図

カルノー効率が実現されるような，理想的な原動機やヒートポンプとして機能する蓄熱器のエネルギー流線図を**図 4.10** にそれぞれ示した。一切の不可逆過程がないので，$d\tilde{s}/dx=0$ である。そのため図では $\tilde{s}$ は水平線として描いてある。熱流 $\tilde{Q}=T_m\tilde{s}$ は温度 T_m に比例するので，低温側に対して高温側における流量は温度比倍だけ大きい。また，その流れの方向は $\tilde{s}$ と同じく負である。蓄熱器では熱流 $\tilde{Q}$ の空間変化に対応して，仕事流 $\tilde{I}$ は高温側へ向けてその流量が増大する。蓄熱器を仕事流の増幅器とみると，低温側から流入した仕事流 $\tilde{I}$ が入力で，高温側から流出する仕事流 $\tilde{I}$ が出力となるが，熱機関の意味では，先に述べたように高温端における仕事流 $\tilde{I}_H$ と低温端における仕事流 $\tilde{I}_C$ の差 $\Delta\tilde{I}=\tilde{I}_H-\tilde{I}_C$ が出力仕事を表す。エネルギー変換や効率を議論するときに注目すべきは $\Delta\tilde{I}$ であって，$\tilde{I}_H$ ではないことに注意しよう。図 4.10 で $\tilde{H}=0$，すなわち $\tilde{I}+\tilde{Q}=0$ となるように $\tilde{I}$ と $\tilde{Q}$ を描いてあるのは，次ページに示す議論の結果を先取りしたためである。

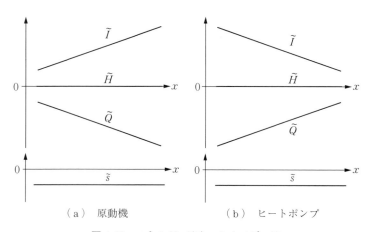

（a）原動機　　　　（b）ヒートポンプ

図 4.10　エネルギー流とエントロピー流

4.5 エネルギー流線図

　理想的ヒートポンプに対するエネルギー流線図が図 4.10（b）である。やはり $\tilde{S}<0$ となるように x 軸の向きをとった。低温側から高温側へ熱輸送するのがヒートポンプであるから温度勾配は負である。エントロピー流 $\tilde{S}$ の流量が一定なので，$\tilde{Q}$ は下流，すなわち高温側に流れるに従ってその流量は増大し，ちょうど温度比倍だけ大きくなる。これに対応して，$\tilde{I}$ はその流量が減少する。$\tilde{I}$ の減少量がこのヒートポンプの入力仕事を表す。

　さて，蓄熱器でのエンタルピー流 $\tilde{H}$ が 0 になる理由を考えるには，蓄熱器内部の振動流体が経験する熱力学的過程を考える必要がある。エントロピー生成が無視できるような理想的な蓄熱器では，粘性によるエネルギー散逸は無視でき，しかも流体と管壁の熱交換は等温可逆的に行われる。したがって，単純熱伝導による熱流も無視できる。簡単のために，作動流体は理想気体であると仮定すると，エンタルピー振動 h' は定圧比熱 C_p と温度振動 T' を用いて $h'=C_p T'$ と表される。したがって，エンタルピー流 $\tilde{H}$ は

$$\tilde{H}=A\rho_m C_p \langle\langle T'u' \rangle\rangle \tag{4.32}$$

である。

　理想的蓄熱器では，流体は固体壁と良好な熱接触を保つ一方で，固体壁は流体に対して（連続的な温度分布を持った）熱浴として振る舞う。したがってある位置 x で観測される流体の温度変動はつねに $T'=0$ を満足する[*]。$T'=0$ を式（4.32）に代入すると，ただちに $\tilde{H}=0$ が得られるから，理想的蓄熱器では，$\tilde{I}$ と $\tilde{Q}$ はエネルギー流線図において上下に対称的に位置することになる。言い換えれば

$$\tilde{I}=-\tilde{Q} \tag{4.33}$$

である。つまり，理想気体を用いる理想的熱機関においては，仕事流 $\tilde{I}$ と熱流 $\tilde{Q}$ はたがいにその流量が同じで，またその流れの方向は逆である。

---

[*] 流体要素の気持ちになって考えると，変位に伴って徐々に変化する周囲の固体壁の温度と，つねに自らの温度を等しく保つことを意味する。

4.6 エネルギー流の具体例

ここでは身近な系を対象にして，より具体的に $\widetilde{Q}$ や $\widetilde{I}$ のエネルギー流線図を考えてみる。なお，$\widetilde{H}$, $\widetilde{Q}$ と $\widetilde{I}$ のうちで測定技術が確立しているのは $\widetilde{I}$ だけである。$\widetilde{H}$ と $\widetilde{Q}$ に関する測定技術を確立することは熱音響学の急務である。

4.6.1 単純熱伝導

x 軸方向を向いた一様な棒状の固体が周囲から熱的に絶縁されているとし，そのエネルギー流線図を描いたのが図 4.11 である。

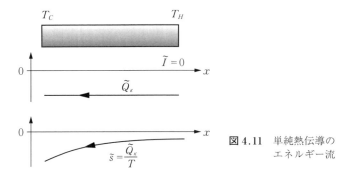

図 4.11 単純熱伝導のエネルギー流

単純な熱伝導現象では熱流 $\widetilde{Q}_\kappa$ は有限であるが，仕事流 $\widetilde{I}$ は 0 なので，熱力学の第一法則は次式で表される。

$$\frac{d\widetilde{Q}_\kappa}{dx}=0 \tag{4.34}$$

つまり，$\widetilde{Q}_\kappa$ は水平線で示される。フーリエの熱伝導の法則から，固体の熱伝導率 κ，断面積 A_κ と軸方向の温度勾配 dT/dx を用いると熱流束密度 $\widetilde{Q}_\kappa$ は

$$\widetilde{Q}_\kappa = -\kappa A_\kappa \frac{dT}{dx} \tag{4.35}$$

である。熱伝導は不可逆的な現象であるから，熱力学の第二法則よりエントロピー生成は非負である。温度 T の断面を通過するエントロピー流は $\widetilde{s} = \widetilde{Q}_\kappa / T$

と表されることを用いると，$d\tilde{s}/dx$ は

$$\frac{d\tilde{s}}{dx}=\frac{d}{dx}\left(\frac{\tilde{Q}_\kappa}{T}\right)=\frac{1}{T}\frac{d\tilde{Q}_\kappa}{dx}-\frac{\tilde{Q}_\kappa}{T^2}\frac{dT}{dx}=\kappa A_\kappa\left(\frac{1}{T}\frac{dT}{dx}\right)^2 \tag{4.36}$$

のように変形される。$d\tilde{s}/dx \geqq 0$ でなければならないので，$\kappa > 0$ は熱力学の第二法則の結果である。

4.6.2 断 熱 音 波

粘性や熱伝導によるエネルギー散逸が無視できるような比較的太い管内の音波を考える（$\omega\tau_\nu, \omega\tau_\alpha \gg 1$）。内部の流体は断熱的であるからエントロピー変動は近似的に $S=0$ としてよい。そのため管内音波による熱流 $\tilde{Q}$ が生じないから存在するのは仕事流 $\tilde{I}$ のみである。エネルギー散逸が無視できるときは

$$\frac{d\tilde{I}}{dx}=0 \tag{4.37}$$

が成り立つので，図 4.12 に示すように $\tilde{I}$ は大きさ一定のまま流れることになる。つまり，比較的太い管は音響パワーの輸送機能を担う。1 章で紹介した音波エンジンや音波クーラーにおいて，共鳴管やループ管部分を比較的太い管で作るのは，なるべく $\omega\tau_\alpha \gg 1$ という条件に近づけて，優れた音響パワー輸送管として用いるためである。

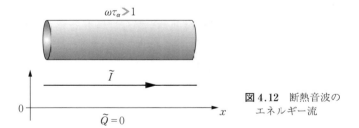

図 4.12　断熱音波のエネルギー流

4.6.3　温度勾配のある共鳴管

図 4.13 に示すような内径 40 mm，長さ 1.47 m の共鳴管に，多数の正方形の穴を備えた多孔体（stack）を挿入した系について紹介する。内部には大気

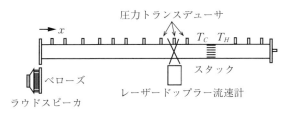

図 4.13 実験装置

圧（およそ 100 kPa）の空気が封入されている。また，多孔体は流速振幅が最大となる位置よりも閉端に近づけた位置にある。多孔体の両側には熱交換器が備えられており，一端を室温 $T_C = 296$ K に保ったまま，反対側の温度 T_H を上昇させて，多孔体の軸方向に温度勾配をつけることが可能である。この系では多孔体両端の温度差が 191 K 以上になると，気柱の基本振動モードに相当する 120.5 Hz で自励振動が開始する。実験では温度差の増加による自励振動の発生を仕事流束密度（音響強度）I の計測を通じて調べている。

系の温度が一様な場合に気柱振動を発生させるには，音響ドライバーが必要である。そこで，図 4.13 の装置の一端の固体平板をベローズ付きのラウドスピーカで構成した音響ドライバーで置き換え，基本振動モードの周波数で気柱を強制的に振動させた。温度が一様でないときも，この音響ドライバーを用いて気柱振動の振幅を調整し，いつでも閉端での音圧振幅を 2.5×10^3 Pa で一定に保った。定常的な温度勾配を保ったまま，管内の圧力変動 p' と軸方向の流速変動 u' をそれぞれ小型圧力トランスデューサとレーザードップラー流速計で測定し，$I = \langle\langle p'u' \rangle\rangle$ を決定した結果をまとめたのが**図 4.14** である。

多孔体の温度が一様で，その温度比 T_H/T_C が 1 のとき，I は共鳴管全体で正であるので，I はつねに右側に向かう。最も上流に位置するのが音響ドライバーであるから，I の供給源は音響ドライバーである。左端での I の値に共鳴管断面積を掛けた値が音響ドライバーの供給する音響パワーである。これだけの音響パワー供給がなければ，閉端での音圧振幅を 2.5×10^3 Pa に保つことはできない。音響ドライバーから流れ出た I は流れの下流に行くに従ってその流量が減少し，右端で 0 になる。単位長さ当りの I の減少量は共鳴管内と多孔体

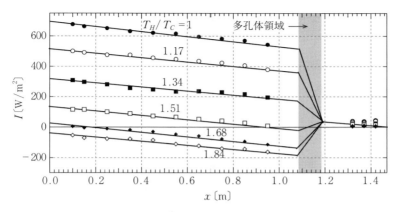

図 4.14 温度勾配がある共鳴管内における仕事流束密度の分布

領域で散逸される単位体積当りのエネルギー散逸の大きさを表す．多孔体領域でエネルギー散逸が大きいのは，粘性散逸が大きいからである．

$T_H/T_C > 1$ になるとドライバーから供給される I が減少した．共鳴管領域での I の傾きは変化していないので，この結果は多孔体内での I の傾きが負から正へと転じたためだと考えられる．つまり，温度勾配のある多孔体は，十分な温度差があれば音響パワーを供給するエネルギー源として機能することを示している．温度勾配のある多孔体内で I が増加するメカニズムについては 6 章で議論する．なお，T_H/T_C が 1.51 や 1.68 では多孔体内での音響パワー生成の大きさは共鳴管全体をカバーするには不十分であるが，1.84 では共鳴管の左端から左向きに流れ出すほどの大きさとなる．つまり，これだけの温度比があれば，気柱振動を維持するだけでなく，外部へ音響パワー供給することができるようになる．

このような実験結果から，温度勾配を持つ多孔体を備えた気柱共鳴管で自励振動が生じるのは，多孔体が音源として機能するからであると理解することができる*．

＊ 図 3.21 に示した熱音響自励振動系の Q 値の温度依存性が，この実験結果をもとに再現できるか考えてみてほしい．

4.6.4 共鳴管型音波エンジンとループ管型音波エンジン

ループ管型音波エンジンを報告した論文の中で矢崎ら[11]は，図 4.15 (a) のようにループ管の適切な場所にしきり板を挿入して両端を閉じた共鳴管型音波エンジンを作成し，このエンジンについて仕事流と安定中立曲線に関する比較実験を行った。

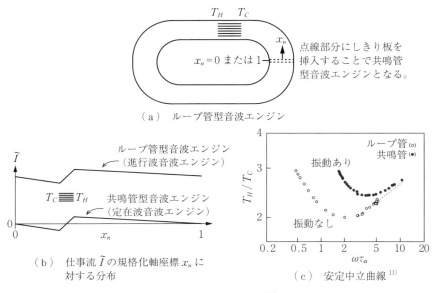

(a) ループ管型音波エンジン

(b) 仕事流 $\tilde{I}$ の規格化軸座標 x_n に対する分布

(c) 安定中立曲線[11]

図 4.15 音波エンジン[11]

仕事流の計測結果を模式的に示したのが図 (b) である。ループ管型音波エンジンの場合には，スタックを低温部から高温部へ向かう $\tilde{I}$ が観測されている。これに対して，しきり板を挿入して得られる共鳴管型音波エンジンの場合，図 4.14 から容易に想像されるように温度勾配のあるスタックの両端から流れ出る $\tilde{I}$ が得られた。このような流れのパターンを持つエンジンは，それぞれ進行波音波エンジンと定在波音波エンジンと呼ばれ，図 4.5 (a) と (b) のタイプに対応している。すなわち，$\tilde{I}$ の増幅器として動作するタイプの原動機は進行波音波エンジン（traveling-wave engine）であり，仕事流の発生源として動作するタイプの原動機は定在波音波エンジン（standing-wave engine）

である.命名の由来は圧力と流速の位相関係にあるが,位相関係と仕事流の流れのパターンの関係は 6 章で議論する.

図 4.10 に示したように,理想的な原動機では $\tilde{I}$ の増幅が起こる.この意味でループ管型音波エンジンのほうが共鳴管型音波エンジンよりも優れた性能を発揮することが想像できる.同じ論文の中で二つのエンジンの安定中立曲線が図 4.15(c)のように実験的に示されている.ループ管型音波エンジンのほうが共鳴管型音波エンジンよりもより低い温度比で発振し始める傾向があることがわかる.これも潜在的な能力の高さを示唆する結果である.

4.6.5 スターリングエンジン

スターリングエンジンは,高温と低温の熱交換器に挟まれた蓄熱器と,その両側の対向ピストンで構成され,内部には作動気体が充填されている.二つのピストンは同じ周波数で振動運動するが,およそ 90°の位相差を持つように調整されている.この位相差の役割をエネルギー流の観点から調べてみよう.

試作したスターリングエンジンは,**図 4.16** に示すように固体ピストンの代わりに,ラウドスピーカを長さ 0.5 m の透明アクリル円管の両端に接続した構造をなしている.一対の熱交換器で挟み込んだ長さ 20 mm の蓄熱器を円管に入れれば図 4.1 に示したスターリングエンジンと同等になるが,位相差によ

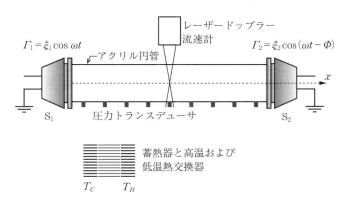

図 4.16 モデルスターリングエンジン

る音場の変化を調べるために,円管のみを接続した状態とした。二つのラウドスピーカはパワーアンプを介して2チャネルの発振器から同じ角周波数 ω で,位相差 Φ を持った電圧信号を発生させて駆動した。そのため,左側のラウドスピーカの変位変動を $\Gamma_1 = \xi_1 \cos \omega t$ とするとき,右側のラウドスピーカの変位変動は $\Gamma_2 = \xi_2 \cos(\omega t - \Phi)$ である。駆動周波数である40 Hzはガラス管に封入された気柱の共鳴周波数と比べてかなり低い。ラウドスピーカ変位振幅を $\xi_1 = \xi_2$ に保ったまま,位相差 Φ を 0°,180°,および 90° とし,内部の I を計測した。

図 4.17 と**図 4.18** は,全長で規格化した軸座標に対して図示した仕事流束密度 I である。ラウドスピーカ間の位相差 Φ が 0° および 180° のときは,90° のときと比較して仕事流束密度 I が著しく小さい。言い換えれば $\Phi = 90°$ の価値は一方向に流れるなるべく大きな I を作り出すことにある。I の傾きは小さいながらも負であった。これはエネルギー散逸が有限であることを意味する。圧力から見た流速の位相 ϕ に着目すると,Φ が 0°,180° のときには ϕ が ±90°

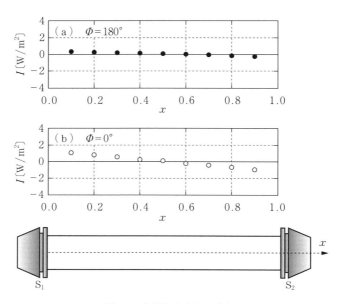

図 4.17 仕事流束密度の分布

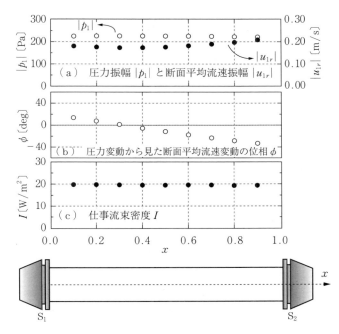

図 4.18 両端のドライバーの位相差が $\varPhi=90°$ の場合

に近かったのに対して，$\varPhi=90°$ のときには ϕ は小さく，特に円管の中間点では ϕ は 0 であった．これは Ceperley が指摘した進行波音波の位相関係と同じである．

　$\varPhi=90°$ のときの音場に，正の温度勾配を持つ蓄熱器を挿入した結果が**図 4.19** である．熱交換器を使って蓄熱器高温端温度 T_H と低温端温度 T_C はそれぞれ $T_H=564\,\mathrm{K}$ と $T_C=293\,\mathrm{K}$ とした．蓄熱器には一辺が $2r_0=0.8\,\mathrm{mm}$ の正方形の穴を多数備えた多孔体を使用した．平均温度における $\omega\tau_\alpha$ は 0.9 である．仕事流束密度は蓄熱器低温端に比べて高温端で増加した．スターリングエンジンは模式図 4.5（a）のタイプの原動機であることを意味する．蓄熱器における I の増加量 $\varDelta I=13.1\,\mathrm{W/m^2}$ はエネルギー変換の大きさを与える．エネルギー変換を実行する場所という意味で，スターリングエンジンにおいて熱機関として機能するのは蓄熱器である．その両側の部分は仕事流束密度の輸送管で

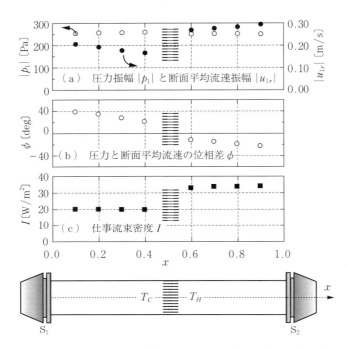

図 4.19 両端のドライバーの位相差が $\Phi=90°$ の場合。温度差のある蓄熱器が挿入されているために I の増幅が実現されている。

あり,またピストンは仕事流束密度供給源と吸収源として機能する。蓄熱器領域では圧力と流速が同位相なので,$w=0.7\,\mathrm{kW/m^3}$ だけの仕事源は Ceperley が指摘したように音波によるスターリングサイクルの結果である。

この結果をもとにして,**図 4.20**(a)の α 型スターリングエンジンと,図(b)のループ管型音波エンジンを比べてみよう。スターリングエンジンの低温部にある圧縮ピストンがなす圧縮仕事は,仕事流の形で管内を通過し,低温側から蓄熱器に流入する。蓄熱器で増幅された仕事流は高温部にある膨張ピストンで膨張仕事として受け取られる。膨張仕事の一部が軸出力であり,その残りが圧縮仕事である。言い換えれば機械的なリンク機構を介して,膨張仕事の一部は圧縮ピストンにフィードバックされていると見ることができる。一方,ループ管型音波エンジンでは,低温部から蓄熱器に流れ込む仕事流が温度勾配

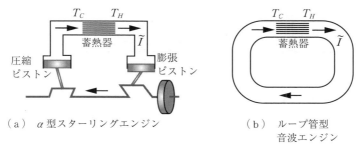

図 4.20

によって増幅され，高温部から流れ出る．この仕事流はループ管を通って低温部にやはりフィードバックされる．

スターリングエンジンとループ管型音波エンジンの違いは，仕事流のフィードバック機構に機械的な機構を用いるか音波を用いるかである．蓄熱器の前後の限られた領域だけを見れば音場はよく似ているから，蓄熱器内部の流体要素の圧力変動や流速変動も二つのエンジンで同等である．そのため，どちらのエンジンも同じ熱力学的サイクルを通じて熱流から仕事流へのエネルギー変換に寄与する．このことは 6 章であらためて述べる．

4.7　熱音響デバイスの概念設計

仕事流 $\tilde{I}$ と熱流 $\tilde{Q}$ の導入により蓄熱器のエネルギー流の詳細な記述が可能になった．そのためにエンジンの理解や設計，そして新しいエンジンの提案が容易になる．以下で，熱音響デバイスの解析と概念設計を試みよう．

4.7.1　パルス管冷凍機と音波クーラー

オリフィス型パルス管冷凍機はベーシック型パルス管冷凍機に比べて高い冷凍能力を示す．その理由をエネルギー流線図に基づいて考えてみる．

理想的な蓄熱器を仮定したときのベーシック型の仕事流 $\tilde{I}$ を図 4.21（a）に示す．ベーシック型では蓄熱器低温端での仕事流 $\tilde{I}_C$ は小さい．理想的蓄熱器

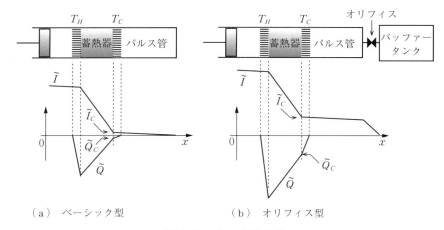

図 4.21　パルス管冷凍機

では $\tilde{Q}+\tilde{I}=0$ であるから，低温端での熱流の流量の大きさは $|\tilde{Q}_C|=|\tilde{I}_C|$ であり，やはり小さい。

つぎに，オリフィス型について見てみよう。オリフィス（細孔）やその両端の比較的太いパイプとの界面のダイナミクスは一般には複雑であるが，ここでは，単に「抵抗 R」として振る舞うとする。オリフィスを介してパルス管とバッファーを往復する流体により，パルス管部分に比べて大きなエネルギー散逸が生じる。したがって，図 (b) に示すように蓄熱器低温端の仕事流 $\tilde{I}_C$ はベーシック型の場合に比べて増大し，冷凍能力も増加する。これがベーシック型に比べてオリフィス型の冷凍能力が増大する理由である。しかし，この冷凍能力の増大は，オリフィスにおけるエネルギー散逸のおかげだから，必ずしも冷凍機としての効率が高いわけではない。

成績係数 COP を冷凍能力と冷凍機に供給すべき仕事流の流量の比とすると，いまの場合，$COP=|\tilde{Q}_C/\tilde{I}_H|$ である。理想的蓄熱器では $|\tilde{I}_C/\tilde{I}_H|=T_C/T_H$ と $\tilde{Q}_C+\tilde{I}_C=0$ が成り立つことから

$$COP=\frac{T_C}{T_H} \tag{4.38}$$

である。理想的な蓄熱器を用いているにも関わらず，成績係数が $COP_{\text{Carnot}}=$

$T_C/(T_H-T_C)$ よりも小さいのはオリフィスにおけるエネルギー散逸に頼って冷凍能力を向上させたからである。

この問題を解決するには，蓄熱器低温端から流れ出した仕事流を蓄熱器高温側へフィードバックすればよい。そのためには**図 4.22** に示すような，ループ上の配管パーツが必要となる。ループ管のエネルギー散逸が無視できる場合には，音源で供給すべき仕事流は $\tilde{I}_H - \tilde{I}_C$ でよい。したがって，成績係数は $COP = |\tilde{Q}_C/\tilde{I}_H|$ ではなくて

$$COP = \left|\frac{\tilde{Q}_C}{\tilde{I}_H - \tilde{I}_C}\right|$$

となる。理想的蓄熱器では，$\tilde{I}_H + \tilde{Q}_H = \tilde{I}_C + \tilde{Q}_C$ が成り立つので，フィードバックを有する冷凍機では，理想的には COP_{Carnot} が実現可能である[9),10)]。

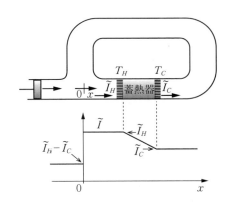

図 4.22 ループ管付きパルス管冷凍機

フィードバックがないときと，あるときの理想的な COP の比は

$$\frac{T_C/T_H}{T_C/(T_H-T_C)} = 1 - \frac{T_C}{T_H} \tag{4.39}$$

である。温度比 T_C/T_H が小さければこの比は 1 に近く，フィードバックの有無は大きな問題にならない。しかし，T_C/T_H が 1 に近いとき，この比は 1 を大きく下回る。つまり，フィードバックを使わない限り，COP_{Carnot} からの低下は本質的に避けられない。

例えば，$T_C = 253 \text{ K} (=-20°C)$，$T_H = 300 \text{ K} (=27°C)$ の場合，$T_C/T_H = 0.84$

なので,フィードバックがなければ,たとえ蓄熱器は理想的であったとしても COP は COP_{Carnot} の 16% にまで低下する。

4.7.2 熱駆動型音波クーラー

2002 年に提案された pistonless Stirling cooler は,図 4.23(a)に示すように,一つのループ管内に原動機蓄熱器と,冷凍機蓄熱器を備えており,まったく可動部を必要とせずに外部から加熱することで冷却機能を発現する。このタイプの装置を熱駆動型音波クーラーという。二つの蓄熱器はそれぞれ二つの代表温度を持つが,原動機低温端温度と冷凍機高温端温度をともに T_R(多くの場合,T_R は室温)とし,原動機蓄熱器の高温端温度を T_H,冷凍機蓄熱器低温端温度を T_C とする($T_C < T_R < T_H$)。どちらの蓄熱器も理想的であるとして熱駆動型音波クーラーの効率を考える。

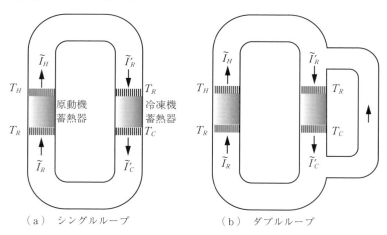

図 4.23　熱駆動型音波クーラー

原動機蓄熱器低温端と高温端の仕事流を $\tilde{I}_R$ と $\tilde{I}_H$ とすると,$|\tilde{I}_H/\tilde{I}_R| = T_H/T_R$ である。また,冷凍機蓄熱器低温端と高温端の仕事流を $\tilde{I}'_C$,$\tilde{I}'_R$ とすると $|\tilde{I}'_C/\tilde{I}'_R| = T_C/T_R$ である。そこで,熱駆動型音波クーラーの効率を

$$\varepsilon = \left|\frac{\tilde{Q}'_C}{\tilde{Q}_H}\right| \tag{4.40}$$

と表すと，二つの蓄熱器がともに理想的ならば

$$\varepsilon = \frac{\tilde{I}'_C}{\tilde{I}_H} = \frac{\frac{T_C}{T_R}\tilde{I}'_R}{\frac{T_H}{T_R}\tilde{I}_R} = \frac{T_C}{T_H}\frac{\tilde{I}'_R}{\tilde{I}_R} \tag{4.41}$$

である。$\tilde{I}_R$ と $\tilde{I}'_R$ の関係は，ループ管内でどれだけエネルギー散逸しながら仕事流が原動機蓄熱器から冷凍機蓄熱器へ，また冷凍機蓄熱器から原動機蓄熱器へと輸送されるかで決まる。ループ管におけるエネルギー散逸がないとすると，原動機蓄熱器から流れ出す仕事流 $\tilde{I}_H$ と冷凍機蓄熱器に流入する仕事流 $\tilde{I}_R$ はたがいに等しい。すなわち

$$\tilde{I}'_R = \tilde{I}_H = \frac{T_H}{T_R}\tilde{I}_R \tag{4.42}$$

である。一方，冷凍機蓄熱器から流れ出る仕事流 $\tilde{I}'_C = (T_C/T_R)\tilde{I}'_R$ と原動機蓄熱器に流入する仕事流 $\tilde{I}_R$ もたがいに等しい。すなわち

$$\tilde{I}'_R = \frac{T_R}{T_C}\tilde{I}_R \tag{4.43}$$

が成立する。式（4.42）と式（4.43）がともに成り立つには，原動機蓄熱器と冷凍機蓄熱器のそれぞれの温度比が等しいときだけである。このとき，熱駆動型音波クーラーの効率 ε は

$$\varepsilon = \frac{T_R}{T_H} = \frac{T_C}{T_R} \tag{4.44}$$

となる。温度比がたがいに等しくないときには，連続的な仕事流分布が実現できないという問題が生じる。連続的な仕事流分布を実現するためにはループ管領域で適当なエネルギー散逸を起こすようなパーツを挿入して仕事流の調整を行う必要がある。しかし，図（b）に示すように，原動機蓄熱器と冷凍機蓄熱器がそれぞれ別のループに存在すれば，仕事流のフィードバックが機能し，温度比に制限をつけなくても理想的なループ管と理想的蓄熱器で構成される熱駆動型音波クーラーは成立する[10]。このときの効率 ε は理想的原動機のカルノー効率と理想的冷凍機の成績係数の積 $\varepsilon_{\text{Carnot}}$ に等しい。

$$\varepsilon = \varepsilon_{\mathrm{Carnot}} = \frac{T_H - T_R}{T_H} \frac{T_C}{T_R - T_C} \tag{4.45}$$

4.7.3 直列配列蓄熱器を持つ熱音響エンジン

理想的な蓄熱器は，仕事流の増幅器として機能する．流入する仕事流を $\tilde{I}_{in}$，流出する仕事流を $\tilde{I}_{out}$ とすると，増幅率 $G = |\tilde{I}_{out}/\tilde{I}_{in}|$ は蓄熱器両端の温度 T_H および T_C の比で与えられ

$$G = \frac{T_H}{T_C} \tag{4.46}$$

である．したがって，n 個の蓄熱器を両端温度を共通にして配列すると，増幅率は

$$G = \left(\frac{T_H}{T_C}\right)^n \tag{4.47}$$

である．$T_H = 400$ K，$T_C = 300$ K のとき（$T_H/T_C = 1.33$），$n = 10$ とすると $G = 17$ となる．もし，一つの蓄熱器でこれだけの増幅率を実現しようとすると，$T_C = 300$ K のとき $T_H = 5100$ K という非現実的な高温が必要になる．**図 4.24** に示す装置のように 3 段構成の装置では，温度比 2 で全体の増幅率 8 が可能である．蓄熱器を直列に配列すると小さな温度比で大きな増幅率が得られるという利点がある[12),13)]．

増幅率が大きければ，原動機としての出力仕事 $\Delta \tilde{I} = \tilde{I}_{out} - \tilde{I}_{in}$ も小さな温度比で容易に大きくできる．**図 4.25** に示した装置では，ループ管内に蓄熱器を 5 個収納している．その結果，$n = 1$ のときには 225℃ であった動作開始温度差が，$n = 5$ のときには 51℃ にまで低下する[14)]．莫大ではあるが，温度が低いために利用しにくかった排熱の回収に利用するには蓄熱器の直列配列が有効である．長谷川らは枝管とループからなる装置を作成し，精力的に応用研究を行っている[15)]．また de Blok もループ上の装置において，四つの蓄熱器を対称的に配置することで動作温度差を低下することに成功している[16)]．

エネルギー流を使った熱機関のイメージを紹介し，熱機関の詳細な記述や新しいデザインにも役立つことを示した．次章では熱流と仕事流を音波に対して

4.7 熱音響デバイスの概念設計　127

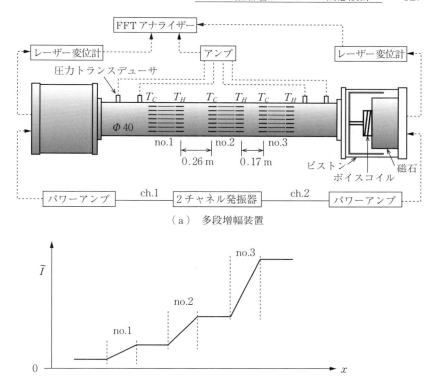

（a）多段増幅装置

（b）仕事流 $\tilde{I}$

図 4.24　音響パワーの多段増幅装置とその仕事流 $\tilde{I}$

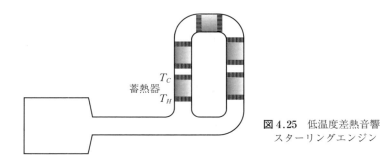

図 4.25　低温度差熱音響スターリングエンジン

定式化するのに必要な音響変数に関する流体力学的議論を行い，6章ではこれを基にして，熱音響デバイスの具体的な設計や理解に必要となるエネルギー流やエネルギー変換のメカニズムに関するより具体的な議論を行う。

4.8 補　　　　足

エネルギー流に基づく自然現象の分類

熱流 $\widetilde{Q}$ とエントロピー流 $\tilde{s}$ は $\widetilde{Q}=T_m\tilde{s}$ の関係にあるので

$$\frac{d\widetilde{Q}}{dx}=\tilde{s}\frac{dT_m}{dx}+T_m\frac{d\tilde{s}}{dx}$$

である。式（4.25）の熱力学の第一法則に代入して，さらに $T_m \geqq 0$ に注意して熱力学の第二法則を適用すると

$$\frac{d\widetilde{I}}{dx}+\tilde{s}\frac{dT_m}{dx}\leqq 0$$

を得る。富永にならって $d\widetilde{I}/dx$ と $\tilde{s}(dT_m/dx)$ で張られる2次元平面を考えよう[8]。この平面上で $d\widetilde{I}/dx+\tilde{s}(dT_m/dx)>0$ を満足する領域は第二法則に反するので自然界には存在しない。現実には $d\widetilde{I}/dx+\tilde{s}(dT_m/dx)\leqq 0$ であるので，図 **4.26** 中の直線 $d\widetilde{I}/dx+\tilde{s}(dT_m/dx)=0$ はあの世とこの世を区別する意味で三途の川である。

エントロピー生成のない理想的な熱機関は $d\widetilde{I}/dx+\tilde{s}(dT_m/dx)=0$ で与えら

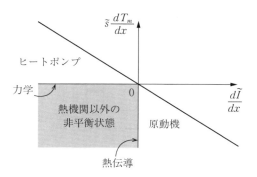

図 4.26　エネルギー流に基づく自然現象の分類

れる直線上のどこかに位置する。通常の力学の問題では，一様温度の場合を取り扱うので，$dT_m/dx=0$ である。そのため力学で扱う問題はこの平面上の第2象限と第3象限の境界線上に限られる。散逸のない力学では，三途の川とこの境界線の交点である原点のみが問題の対象となる。熱力学的平衡状態を相手にする熱力学では，熱平衡と力学的平衡の二つが成り立つので $dT_m/dx=0$ であり，しかも $d\tilde{I}/dx=0$ である。したがって，平衡熱力学も原点のみを対象とする。また，エネルギー変換が関与しない熱伝導の問題は縦軸の上に限られる。原動機やヒートポンプは原点でも軸上でもなく，この2次元平面上で原動機は第4象限，ヒートポンプは第2象限に位置する。またドリームパイプは第3象限に位置する。$d\tilde{I}/dx+\tilde{s}(dT_m/dx)=0$ で与えられる直線との間の距離が理想的熱機関からのずれを表す目安である。

引用・参考文献

1) P. H. Ceperley：Pistonless Stirling engine-traveling wave heat engine, J. Acoust. Soc. Am., **66**, pp. 1508-1513, (1979), Gain and efficiency of a short traveling wave heat engine, J. Acoust. Soc. Am., **77**, pp. 1239-1244 (1985), Gain and efficiency of a traveling wave heat engine, J. Acoust. Soc. Am., **72**, pp. 1688-1694 (1982)
2) N. Rott：Damped and thermally driven acoustic oscillations in wide and narrow tubes, ZAMP, **20**, pp. 230-243 (1969), Thermally driven acoustic oscillations. Part II: stability limit for helium, ZAMP, **24**, pp. 54-72 (1973), The influence of heat conduction on acoustic streaming, ZAMP, **25**, pp. 417-421 (1974), The heating effect connected with non-linear oscillations in a resonance tube, ZAMP, **25**, pp. 619-634 (1974), Thermally driven acoustic oscillations, Part III: Second-order heat flux, ZAMP, **26**, pp. 43-49 (1975), N. Rott and G. Zouzoulas：Thermally driven acoustic oscillations, Part IV: Tubes with variable cross-section, ZAMP, **27**, pp. 197-224 (1976), N. Rott：Thermoacoustics, Advances in applied mechanics, **20**, pp. 135-175 (1980)
3) J. Wheatley, T. Hofler, G. W. Swift, and A. Migliori：Understanding some simple phenomena in thermoacoustics with applications to acoustical heat engines, Am. J. Phys., **53**, pp. 147-162 (1984)
4) A. Tominaga：Thermodynamic aspects of thermoacoustic theory, Cryogenics, **35**, pp. 427-440 (1995)

5) Carnot, Clapeyron, Clausius の論文の英訳は文献 Reflections on the motive power of fire / by Sadi Carnot and other papers on the second law of thermodynamics / by É. Clapeyron and R. Clausius ; edited with an introduction by E. Mendoza, Dover, 1960 にある。
6) I. Urieli and D. M. Berchowitz：Sitrling Cycle Engine Analysis, Adam Hilger Ltd., (Bristol) (1984)
7) 流体力学のテキストは多くあるが，例えば巽 友正著：流体力学（新物理学シリーズ），（培風館）や神部 勉著：流体力学，（裳華房）を参照してほしい。
8) 富永 昭：誕生と変遷に学ぶ熱力学の基礎，内田老鶴圃 (2003)
9) G. W. Swift, D. L. Gardner, and S. Backhaus：Acoustic recovery of lost power in pulse tube refrigerators, J. Acoust. Soc. Am., **105**, pp. 711-724 (1999)
10) 上田祐樹，琵琶哲志：パルス管冷凍機と熱駆動熱音響冷凍機の効率，低温工学，**41**, 2, pp. 73-80 (2006)
11) T. Yazaki, A. Iwata, T. Maekawa, and A. Tominaga：Traveling wave thermoacoustic engine in a looped tube, Phys. Rev. Lett., **81**, pp. 3128-3131 (1998)
12) D. L. Gardner and G. W. Swift：A cascade thermoacoustic engine, J. Acoust. Soc. Am., **114**, pp. 1905-1919 (2003)
13) 琵琶哲志，高尾 景：複数蓄熱器による音響パワー増幅，低温工学，**47**, 1, pp. 42-46 (2012)
14) T. Biwa, D. Hasegawa, and T. Yazaki：Low temperature differential thermoacoustic Stirling engine, Appl. Phys. Lett., **97**, 034102 (2010)
15) S. Hasegawa, T. Yazaguchi, and Y. Oshinoya：A thermoacoustic refrigerator driven by a low temperature-differential, high-efficiency multistage thermoacoustic engine, Applied Thermal Engineering, **58**, pp. 394-399 (2013)
16) K. De Blok：Novel 4-stage traveling wave thermoacoustic power generator. In Proceedings of ASME 2010 3rd joint US-European fluids engineering summer meeting and 8th international conference on nanochannels, microchannels and minichannels, FEDSM2010-ICNMM2010, Montreal, Canada; August 2-4, (2010). オランダ Aster 社 HP (http://www.aster-thermoacoustics.com) にも情報がある。

管内音波の基礎方程式とその解

　流体力学の基礎方程式に従う管内音波の変動量を，オイラー系の記述からラグランジュ的な記述に変換することにより，無数の流体要素がそれぞれ熱機関として機能することが明らかになる。また，流体力学の基礎方程式の解を用いて温度が一様な管内音波の伝搬定数を導出することもできる。熱音響デバイスを記述する基礎として流体力学が果たす役割は大きい。

5.1　流体力学の基礎方程式の線形化

　流体に対する質量保存則，運動量保存則，エネルギー保存則からそれぞれ，連続の方程式，運動方程式とエネルギー方程式が得られる。これら基礎方程式の導出方法は熱輸送の一般式を含めて本章末に示す。その結果を書き出すと，連続の方程式に

$$\frac{\partial \rho}{\partial t}+\mathrm{div}(\rho \boldsymbol{u})=0 \tag{5.1}$$

である。また，運動方程式（非圧縮性のナビエストークス方程式）は

$$\rho\left(\frac{\partial \boldsymbol{u}}{\partial t}+(\boldsymbol{u}\cdot\nabla)\boldsymbol{u}\right)=-\nabla p+\mu \Delta \boldsymbol{u} \tag{5.2}$$

である。ただし，μ は流体の粘性係数である。

　熱輸送の一般式は

$$\rho T\left(\frac{\partial S}{\partial t}+(\boldsymbol{u}\cdot\nabla)S\right)=\kappa \Delta T+\Phi \tag{5.3}$$

である。なお，κ は流体の熱伝導率，Φ は散逸関数を表す。比較的小振幅の振

動流を扱う以下の議論では，μ と κ は（一般には温度の関数として変化するが）定数として取り扱う。

　熱音響デバイスを記述しやすいように，流体力学の基礎方程式を二つの近似を導入して変形する。一つは線形近似であり，振動量に関する2次以上の非線形項を無視する。これによりさまざまな計算が簡単になるだけでなく，重ね合わせの原理が使えるようになるので，任意波形の場合の問題の見通しも楽になる。もう一つは長波長近似である。これは流路径が波長に比べて十分短いと見なす近似であり，圧力変動は流路軸方向に伝搬する平面波で記述される。

　2章では温度が一様な円管流路の場合を紹介した。管壁の温度が一様なら，時間平均密度 ρ_m と時間平均エントロピー S_m は定数となるが，ここでは円管流路の軸方向に一様でない温度分布 $T_m(x)$ が存在する場合を考える。この場合，ρ_m と S_m は x 依存性を持ち，$\rho_m = \rho_m(x)$ および $S_m = S_m(x)$ である。粘性と熱伝導の寄与により，密度変動 ρ'，エントロピー変動 S' は x に依存するだけでなく r にも依存する。したがって，密度とエントロピーはそれぞれ

$$\rho(x,r,t) = \rho_m(x) + \rho'(x,r,t), \quad S(x,r,t) = S_m(x) + S'(x,r,t)$$

と表される。流速 u の時間平均値は0とする。すなわち，流速 u の x 軸方向成分を u とすると

$$u(x,r,t) = u'(x,r,t)$$

である。なお，圧力変動は長波長近似により

$$p(x,t) = p_m + p'(x,t)$$

である。

　式 (5.1)〜(5.3) に示した基礎方程式はたいへんに複雑であるが，変動量が微小であると仮定すると，大幅に簡略化することができる。変動量 X', Y' に関する1次の項に対して2次以上の項（積 $X'Y'$ など）をより小さな変動量として無視することができるからである。例として連続の方程式を考えよう。時間的平均値と変動量を用いて式 (5.1) を書き換えると

$$\frac{\partial(\rho_m + \rho')}{\partial t} + \frac{\partial}{\partial x}\{(\rho_m + \rho')u'\} = 0$$

である。変動量に関する1次の項のみを残すと，つぎの方程式を得る。

$$\frac{\partial \rho'}{\partial t} + \frac{\partial(\rho_m u')}{\partial x} = 0$$

さらに変形すると

$$\frac{\partial \rho'}{\partial t} + u'\frac{d\rho_m}{dx} + \rho_m \frac{\partial u'}{\partial x} = 0 \tag{5.4}$$

となる。これが線形化した連続の方程式である。

運動方程式の x 軸方向成分に関しても同様の手続きのもとで次式を得る。

$$\rho_m \frac{\partial u'}{\partial t} = -\frac{\partial p'}{\partial x} + \mu \Delta_\perp u' \tag{5.5}$$

これが線形化した運動方程式である。なお，記号 $\Delta_\perp$ は断面内のラプラス演算子であり，円筒座標ではつぎのように与えられる*。

$$\Delta_\perp = \frac{\partial^2}{\partial r^2} + \frac{1}{r}\frac{\partial}{\partial r} \tag{5.6}$$

線形化した熱輸送の一般式は以下のとおりである。

$$\rho_m T_m \left(\frac{\partial S'}{\partial t} + \frac{dS_m}{dx}u'\right) = \kappa \Delta_\perp T' \tag{5.7}$$

線形近似を用いる利点は，基礎方程式が数学的に簡単になるだけではない。これにより「重ね合わせの原理」が適用できるようになるのも利点である。このおかげで，仕事源やエネルギー流束密度をいくつかの基本成分に分解できることを6章で示す。線形化は熱音響自励振動の発生メカニズムを理解するためのきわめて重要な手法である。

線形近似は，変動量が微小であるときにのみ正当化されるが，その適用範囲は決して狭くないことを指摘しておこう。過去の研究を見ると線形近似が妥当でなくなるような「大振幅」の目安は，圧力振幅では平均圧力の10%である。これ以上の音圧振幅の管内音波を励起しようとすると，波形ひずみや衝撃波形

---

* 軸方向の代表長さである波長に比べて，動径方向の代表長さである境界層厚さが短いので

$$\frac{\partial^2 X'}{\partial x^2} \ll \Delta_\perp X'$$

が成り立つので，$\Delta u'$ は $\Delta_\perp u'$ で近似できる。

成などの非線形音響現象が卓越するようになる。平均圧力の10%の音圧は，大気圧空気の場合には，およそ10 kPaとなる。進行波音波の場合はその音響強度は61 kW/m²に達し，直径10 cmの管では480 Wになる。平均圧力が高ければ，線形近似が妥当な音圧や音響強度の範囲はより広くなる。微小振動であってもかなり大きなパワーも扱えることが想像できるだろう。

5.2 オイラー的記述とラグランジュ的記述

流体の運動を記述する方法には二つある。一つは，空間に固定した座標系を使用する方法であり，もう一つは注目する流体要素とともに移動する座標系を使用する方法である。前者はオイラー系，後者はラグランジュ系と呼ばれる。一般にはオイラー系で記述するほうが数学的には簡単である。場の理論として体系化された電磁気学や流体力学ではもっぱらオイラー系を使用する。一方，熱力学はある流体要素についてその状態量の変化や相互関係を議論するので，ラグランジュ系で記述しているといえる。したがって，熱力学的物理概念であるエネルギー変換はラグランジュ系で記述したほうがわかりやすい。ここで両者の関係を整理しておこう。

流体に関するある状態量 $X(x,t)$ を考え，空間座標 x と時刻 t に関して変動するとする。図5.1のように時刻 t において位置 $x=a$ にいた流体要素に注目して，この流体要素にのって状態量 X を観測しよう。ラグランジュ系で観測

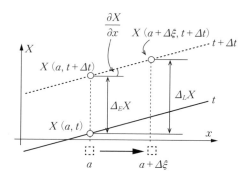

図5.1 時刻 t（実線）と時刻 $t+\Delta t$（破線）における状態量 X。オイラー系における変化量は $\Delta_E X$，ラグランジュ系における変化量は $\Delta_L X$ である。

する $X=X(t)$ は時間のみの関数であるが,ここでは特に初期位置 a をパラメータとして明示して $X(t;a)$ と表すことにする*。一方,オイラー系での表記は $X(a,t)$ である。

状態量 X は時間とともに変化するが,その変化量を $x=a$ の位置にいる観測者が観測するのがオイラー系での変化量 $\Delta_E X$ である。時刻 t と $t+\Delta t$ の間の変化量は $\Delta_E X=X(a,t+\Delta t)-X(a,t)$ である。

流体要素とともに移動する観測者が観測する変化量がラグランジュ系での変化量 $\Delta_L X$ である。注目する流体要素が時間 Δt の間に a から $a+\Delta\xi$ まで移動するとき,$\Delta_L X=X(a+\Delta\xi,t+\Delta t)-X(a,t)$ 表される。したがって,$\Delta_L X$ と $\Delta_E X$ の間には

$$\Delta_L X=\Delta_E X+X(a+\Delta\xi,t+\Delta t)-X(a,t+\Delta t)$$

という関係がある。右辺に登場する $\Delta\xi$ が小さいとして $X(a+\Delta\xi,t+\Delta t)$ を展開すると

$$X(a+\Delta\xi,t+\Delta t)$$
$$=X(a,t+\Delta t)+\Delta\xi\frac{\partial X(a,t+\Delta t)}{\partial x}+\frac{1}{2}(\Delta\xi)^2\frac{\partial^2 X(a,t+\Delta t)}{\partial x^2}+\cdots$$

である。2次以上の項を無視すると,線形近似の範囲で

$$\Delta_L X=\Delta_E X+\Delta\xi\frac{\partial X(a,t+\Delta t)}{\partial x}$$

を得る。

図 5.1 に示しているように,右辺の第 1 項は場の時間的変化の寄与を表し,第 2 項は空間的に変化する場の中で流体が変位することによる寄与を表している。両辺を時間 Δt で割ると

$$\frac{\Delta_L X}{\Delta t}=\frac{\Delta_E X}{\Delta t}+\frac{\Delta\xi}{\Delta t}\frac{\partial X(a,t+\Delta t)}{\partial x}$$

となる。$\Delta\xi$ に加えて Δt も十分に小さいとすると,ラグランジュ系での時間微分は

---

* a は流体要素を識別するためのラベルである。

$$\frac{dX(t;a)}{dt} = \frac{\partial X(a,t)}{\partial t} + u\frac{\partial X(a,t)}{\partial x}$$

である。この微分演算

$$\frac{d}{dt} = \frac{\partial}{\partial t} + u\frac{\partial}{\partial x} \tag{5.8}$$

はラグランジュ微分や物質微分と呼ばれる。状態量 X' が時間的平均値 X_m とその周りの変動量 X' の和として $X = X_m + X'$ と表されるとき，線形近似の範囲内で変動量 X' のラグランジュ微分は

$$\frac{dX'}{dt} = \frac{\partial X'}{\partial t} + \frac{dX_m}{dx}u' \tag{5.9}$$

となる。

$x=a$ の周りで振動する流体要素に対しては，いつでも式（5.9）が使えることを確認しておこう。ある時刻 t において流体要素が $x=a+\Delta\xi$ にいたとすると，変動量 X' の時間変化は

$$\frac{dX'(t)}{dt} = \frac{\partial X'(a+\Delta\xi,t)}{\partial t} + \frac{dX_m(a+\Delta\xi)}{dx}u'(a+\Delta\xi)$$

であるが，右辺の第1項と第2項をそれぞれ $\Delta\xi$ に関して展開し，線形近似をとると

$$\frac{\partial X'(a+\Delta\xi,t)}{\partial t} = \frac{\partial X'(a,t)}{\partial t} + \Delta\xi\frac{\partial^2 X'(a,t)}{\partial t\partial x} + \cdots \approx \frac{\partial X'(a,t)}{\partial t}$$

$$\frac{dX_m(a+\Delta\xi)}{dx}u'(a+\Delta\xi)$$
$$= \left[\frac{dX_m(a)}{dx} + \Delta\xi\frac{d^2X_m}{dx^2} + \cdots\right] \times \left[u'(a) + \Delta\xi\frac{\partial u'(a)}{\partial x} + \cdots\right]$$
$$\approx \frac{dX_m(a)}{dx}u'(a)$$

となるから，式（5.9）は $x=a$ の周りで振動する流体要素に関していつでも使えることになる。これは流体要素の変位振幅の範囲で粗視化して，この範囲では $\partial X'/\partial x$ や dX_m/dx が一定とすることに対応する。式（5.9）の両辺を時間で積分すればわかるように，ラグランジュ的変動量はオイラー的変動量と流

体要素の変位変動 ξ' を用いて
$$X' + \frac{dX_m}{dx}\xi'$$
で与えられる。

dX_m/dx がゼロでない場合には，オイラー的変動量とラグランジュ的変動量はたがいに異なる。流路に温度勾配 dT_m/dx があるときには温度 $T_m(x)$ に加えて，エントロピー $S_m(x)$ や密度 $\rho_m(x)$ も x に依存するので注意する必要がある。

5.3 エネルギー流束密度と仕事源のラグランジュ的表現

次式で表されるエネルギー流束密度である仕事流束密度 I，熱流束密度 Q と仕事源 w
$$I = \langle\langle p'u' \rangle\rangle, \quad Q = \rho_m T_m \langle\langle S'u' \rangle\rangle, \quad w = \frac{dI}{dx}$$
は，オイラー系の物理量として4章で導入された。ここでは，それぞれをラグランジュ系で書き換えてみよう。

5.3.1 仕事流束密度

仕事流束密度 I に含まれる圧力変動 p' について考えると，時間平均圧力 p_m が $dp_m/dx = 0$ を満足するので，オイラー系とラグランジュ系で p' は共通である。したがって，仕事流束密度はラグランジュ系でも表現は同じになる。すなわち
$$I = \langle\langle p'u' \rangle\rangle$$
である。ラグランジュ系で考えるとき，p' と u' は注目する流体要素の圧力と流速である。

5.3.2 熱流束密度

熱流束密度 Q にはエントロピー変動 S' が含まれる。時間平均エントロピー

S_m の勾配 dS_m/dx がゼロでない場合は，S' はオイラー系とラグランジュ系で異なる。オイラー的エントロピー変動を，対応するラグランジュ的エントロピー変動で書き換えると，熱流束密度 Q は

$$Q = \rho_m T_m \left\langle\!\!\left\langle \left(S' - \frac{dS_m}{dx}\xi'\right)u' \right\rangle\!\!\right\rangle$$

$$= \rho_m T_m \langle\!\langle S'u' \rangle\!\rangle - \rho_m T_m \frac{dS_m}{dx}\langle\!\langle \xi'u' \rangle\!\rangle$$

である。最右辺第2項に含まれる $\langle\!\langle \xi'u' \rangle\!\rangle$ において $u' = d\xi'/dt$ であることに注意して，断面平均よりも先に時間平均を実行すると

$$\langle \xi'u' \rangle_t = f\int_0^{1/f} \xi'u'dt = 0$$

となる*。つまり，熱流束密度 Q は

$$Q = \rho_m T_m \langle\!\langle S'u' \rangle\!\rangle$$

であり，オイラー系とラグランジュ系で同じ表現となる。ラグランジュ系で考えるとき S' は注目する流体要素のエントロピー変動であり，ρ_m と T_m はそれぞれ，流体要素の時間平均密度と時間平均温度である。

5.3.3 仕　事　源

仕事源 w に含まれる p' と u' はオイラー系とラグランジュ系で共通であるから，そのまま注目する流体要素の圧力変動と流速変動だと見てよい。ここでは，ラグランジュ的な観点で w を吟味してみよう。$w = dI/dx$ だから，次式が成り立つ。

$$w = \left\langle\!\!\left\langle \frac{\partial p'}{\partial x} u' \right\rangle\!\!\right\rangle + \left\langle\!\!\left\langle p' \frac{\partial u'}{\partial x} \right\rangle\!\!\right\rangle \tag{5.10}$$

式 (5.10) の右辺第1項に運動方程式を代入すると

---

* 基本周波数を f とする定常状態では振動量 X' の時間平均は，$\langle X' \rangle_t = f\int_0^{1/f} X'dt$ である。したがって，$\langle \xi'u' \rangle_t = f\int_0^{1/f} \xi'\frac{d\xi'}{dt}dt = f[\xi'\xi']_0^{1/f} - f\int_0^{1/f} \xi'\frac{d\xi'}{dt}dt$，つまり $2f\int_0^{1/f} \xi'\frac{d\xi'}{dt}dt = f[\xi'\xi']_0^{1/f} = 0$ となる（変位変動 $\xi'(t)$ は周期 $1/f$ を持つので，$\xi'(1/f) = \xi'(0)$ が成り立つ）。

5.3 エネルギー流束密度と仕事源のラグランジュ的表現

$$\left\langle\left\langle \frac{\partial p'}{\partial x} u' \right\rangle\right\rangle = \left\langle\left\langle \left(-\rho_m \frac{\partial u'}{\partial t} + \mu \Delta_\perp u'\right) u' \right\rangle\right\rangle = \left\langle\left\langle (\mu \Delta_\perp u') u' \right\rangle\right\rangle$$

である。変形では $\langle\langle (\partial u'/\partial t) u' \rangle\rangle = 0$ となることを使った。ラグランジュ的な記述では，$\mu \Delta_\perp u'$ は単位体積の流体要素に働く粘性による抵抗力を表すから，流速との積 $(\mu \Delta_\perp u') u'$ は粘性に抗して運動することによる単位体積，単位時間当りの瞬時の散逸エネルギーを表す。つまり，3章ですでに示したとおり

$$W_\nu = \langle\langle (\mu \Delta_\perp u') u' \rangle\rangle$$

は粘性による単位時間，単位体積当りの散逸エネルギーを表す。

式 (5.10) の右辺の第2項については連続の方程式を利用する。式 (5.4) の連続の方程式を，ラグランジュ的密度変動を用いて書き換えると

$$\frac{\partial u'}{\partial x} = -\frac{1}{\rho_m} \frac{d\rho'}{dt} \tag{5.11}$$

である。これを式 (5.10) 右辺の第2項に代入すると

$$\left\langle\left\langle p' \frac{\partial u'}{\partial x} \right\rangle\right\rangle = -\frac{1}{\rho_m} \left\langle\left\langle p' \frac{d\rho'}{dt} \right\rangle\right\rangle$$

となる。ここで，密度 $\rho = \rho_m + \rho'$ と体積 $V = V_m + V'$ が逆数の関係にあることを用いて変形すると，線形近似を適用することにより

$$\left\langle\left\langle p' \frac{\partial u'}{\partial x} \right\rangle\right\rangle = \rho_m \left\langle\left\langle p' \frac{dV'}{dt} \right\rangle\right\rangle$$

を得る。つまり

$$w = \rho_m \left\langle\left\langle p' \frac{dV'}{dt} \right\rangle\right\rangle + W_\nu \tag{5.12}$$

である。4章で示したエネルギー変換に対する熱力学的表現

$$W = \oint p dV$$

に対応するのが式 (5.12) である。熱力学では，シリンダー内の流体をひとまとめにして考えるが，式 (5.12) は，流体要素がそれぞれ微小な熱機関として機能することを表している。図 **5.2** に示すような，熱境界層の厚さ程度の流路径を持つ蓄熱器の内部で往復運動する流体要素をイメージしてほしい。注目する流体要素ごとに，経験する熱力学的サイクルは一般には異なる。これが4章

140   5. 管内音波の基礎方程式とその解

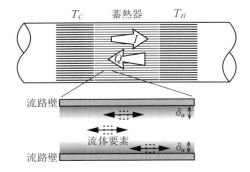

図5.2 蓄熱器中の流体要素

で議論した w の空間的変化の熱力学的意味である。

体積変動 V' を圧力 p' とエントロピー S' で展開すると

$$\frac{dV'}{dt} = \left(\frac{\partial V}{\partial p}\right)_S \frac{dp'}{dt} + \left(\frac{\partial V}{\partial S}\right)_p \frac{dS'}{dt}$$

である。ここで

$$\left\langle p'\frac{dp'}{dt}\right\rangle_t = 0$$

であることに注意すると

$$\rho_m \left\langle\!\left\langle p'\frac{dV'}{dt}\right\rangle\!\right\rangle = \rho_m \left(\frac{\partial V}{\partial S}\right)_p \left\langle\!\left\langle p'\frac{dS'}{dt}\right\rangle\!\right\rangle$$

である。したがって，仕事源に寄与するのは，断熱的圧力変化に由来する流体要素の体積変動 $(\partial V/\partial p)_S p'$ ではなくて，等圧的エントロピー変化に由来する体積変動 $(\partial V/\partial S)_p S'$ である。このことは圧力変動という力学的作用と加熱・冷却による体積変動という熱的作用があって初めて，流体要素はエネルギー変換を実行することを意味している。以上をまとめると，仕事源 $w = dI/dx$ は次式のように表される。

$$w = \rho_m \left(\frac{\partial V}{\partial S}\right)_p \left\langle\!\left\langle p'\frac{dS'}{dt}\right\rangle\!\right\rangle + W_\nu \tag{5.13}$$

5.4 エントロピー変動に対する方程式

ラグランジュ的エントロピー変動を用いた熱流束密度 Q と仕事源 w の表現を得たので，ここでは，p' および u' と S' の関係を求める。そのためにオイラー的エントロピー変動として S' を熱輸送の一般式に基づいて決定する。線形化した熱輸送の一般式（式 (5.7)）を再度示すと

$$\rho_m T_m \left(\frac{\partial S'}{\partial t} + \frac{dS_m}{dx} u' \right) = \kappa \Delta_\perp T'$$

である。右辺の T' を圧力変動 p' とエントロピー変動 S' で展開すると

$$T' = \left(\frac{\partial T}{\partial p} \right)_S p' + \left(\frac{\partial T}{\partial S} \right)_p S'$$

を得る。さらに，平面圧力波では $\Delta_\perp p' = 0$ であることを用いると

$$\rho_m T_m \left(\frac{\partial S'}{\partial t} + \frac{dS_m}{dx} u' \right) = \kappa \left(\frac{\partial T}{\partial S} \right)_p \Delta_\perp S$$

となる。ここで熱力学的関係式

$$\left(\frac{\partial T}{\partial S} \right)_p = \frac{T_m}{C_p}$$

を利用すると，エントロピー変動 S' はつぎの方程式を満たすことがわかる。

$$\frac{\partial S'}{\partial t} + \frac{dS_m}{dx} u' = \alpha \Delta_\perp S' \tag{5.14}$$

ここで，$\alpha = \kappa/(\rho_m C_p)$ は流体の熱拡散係数である。

熱輸送の一般式 (5.14) に登場する変動量 S' および u' が角周波数 ω で定常振動するとして，複素振幅を用いた複素表示を導入する。エントロピー変動 S' の複素振幅を S_1 とすると

$$i\omega S_1 + \frac{dS_m}{dx} u_1 = \alpha \Delta_\perp S_1$$

つまり

$$S_1 = \frac{\alpha}{i\omega} \Delta_\perp S_1 - \frac{dS_m}{dx} \frac{u_1}{i\omega} \tag{5.15}$$

を得る。式 (3.83) に示すとおり，u_1 は断面平均流速 $u_{1r} = \langle u_1 \rangle_r$ を用いて

$$u_1 = \frac{1-f_\nu}{1-\chi_\nu} u_{1r}$$

と表される。エントロピー勾配 dS_m/dx を圧力と温度で

$$\frac{dS_m}{dx} = \left(\frac{\partial S}{\partial p}\right)_T \frac{dp_m}{dx} + \left(\frac{\partial S}{\partial T}\right)_p \frac{dT_m}{dx}$$

と展開し，$dp_m/dx = 0$ を用いると

$$\frac{dS_m}{dx} = \left(\frac{\partial S}{\partial T}\right)_p \frac{dT_m}{dx}$$

となる。したがって，S_1 に対する方程式として次式を得る。

$$S_1 = \frac{\alpha}{i\omega} \Delta_\perp S_1 - \left(\frac{\partial S}{\partial T}\right)_p \frac{dT_m}{dx} \frac{1-f_\nu}{1-\chi_\nu} \frac{u_{1r}}{i\omega} \tag{5.16}$$

なお，S_1 が満足すべき境界条件は

$$S_1|_{r=r_0} = \left(\frac{\partial S}{\partial p}\right)_T p_1|_{r=r_0} + \left(\frac{\partial S}{\partial T}\right)_p T_1|_{r=r_0}$$

である。圧力変動 p_1 が断面内で一様であること，また管壁に接する位置では流体の温度がつねに固体壁の温度に等しく，$T_1|_{r=r_0} = 0$ となることを用いると簡略化されて

$$S_1|_{r=r_0} = S_1(r_0) = \left(\frac{\partial S}{\partial p}\right)_T p_1 \tag{5.17}$$

となる。$S_1(r_0)$ は等温的エントロピー変動を意味する。

5.5 温度勾配がないときのエントロピー変動

温度勾配がないときに，式 (5.16) は

$$S_1 = \frac{\alpha}{i\omega} \Delta_\perp S_1 \tag{5.18}$$

となる。f_α を r に依存する適当な関数として，解を以下のように置く。

$$S_1 = f_\alpha(r) S_1(r_0) \tag{5.19}$$

これを代入すると

$$f_\alpha = \frac{\alpha}{i\omega} \Delta_\perp f_\alpha$$

を得る。この方程式は3章で導入した関数 f_ν に関する方程式と同形の方程式である。このため，f_α の一般解は f_ν と同様にして，0次のベッセル関数 J_0 と0次のノイマン関数 N_0 で与えられる。

式 (5.17) の境界条件と中心で解が滑らかに接続される条件を f_α に対する境界条件として表すと

$$f_\alpha|_{r=r_0} = 1, \quad \left.\frac{\partial f_\alpha}{\partial r}\right|_{r=0} = 0$$

であり，これもまた f_ν に対する境界条件と同様である。そのため，解は容易に得られて

$$f_\alpha = \frac{J_0\left(iY_\alpha \dfrac{r}{r_0}\right)}{J_0(iY_\alpha)} \tag{5.20}$$

$$Y_\alpha = (1+i)\sqrt{\omega\tau_\alpha} \tag{5.21}$$

である。ここで $\omega\tau_\alpha$ は

$$\omega\tau_\alpha = \omega \frac{r_0^2}{2\alpha} \tag{5.22}$$

で定まる無次元数であり，流体のエントロピー変動を支配するパラメータである。2章で導入した $\omega\tau_\alpha$ の数学的根拠はここにある。なお，この場合 $dT_m/dx = 0$ であるから，オイラー的エントロピー変動はラグランジュ的エントロピー変動と区別がない。

5.5.1 エントロピー変動の動径分布

エントロピー変動の複素振幅 $S_1(r) = f_\alpha(r) S_1(r_0)$ を図示しよう。$\omega\tau_\alpha$ が 100, 10, 1, 0.1 の四つの場合について図 5.3 に示す。$S_1(r) = f_\alpha(r) S_1(r_0)$ であるから，$|f_\alpha(r)|$ は壁と接する流体要素のエントロピー変動 $S_1(r_0)$ に対する振幅比を表し，その位相角 $\arg f_\alpha(r)$ は $S_1(r_0)$ に対する位相の進みを表す。

まず，$\omega\tau_\alpha$ が比較的大きい場合（$\omega\tau_\alpha = 100$）に注目しよう。$r = r_0$ では $|f_\alpha| =$

144   5. 管内音波の基礎方程式とその解

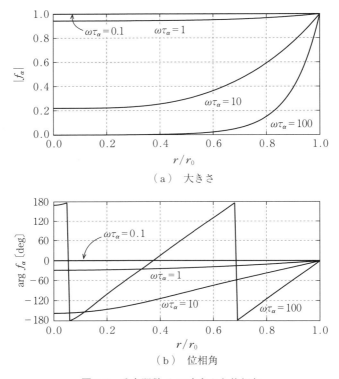

(a) 大きさ

(b) 位相角

図 5.3 分布関数 f_α の大きさと位相角

1, $\arg f_\alpha(r) = 0$ である。つまり,この位置の流体要素は等温的エントロピー変動を経験する。壁から $\delta_\alpha (=0.1r_0)$ 程度だけ離れると $|f_\alpha|$ は急激に減少し,$3\delta_\alpha$ ほど離れた位置では $|f_\alpha| \sim 0$ となる。つまり壁から離れるとともに壁との熱接触の効果は薄れ,$3\delta_\alpha$ だけ離れると流体の振動運動は断熱的になる。$\omega\tau_\alpha = 10$ では熱境界層の影響は流路中心にまで及ぶ。$\omega\tau_\alpha = 1$ では中心部で $|f_\alpha| = 0.94$ になり,$\omega\tau_\alpha = 0.1$ では流路断面全体でほぼ $|f_\alpha| = 1$ が達成される。つまりこの場合は流体の振動運動は等温的である。

f_α の位相角は壁から中心に向かうとともに単調に減少する。これは熱交換には有限の時間を要することを意味し,中心部ほど位相が遅れる。$\omega\tau_\alpha = 0.1$ では管壁位置に対する中心での位相遅れは小さいが,これは瞬時に流体と音波

5.5 温度勾配がないときのエントロピー変動   145

の熱交換が行われる結果である。一方，$1<\omega\tau_\alpha<10$ では位相遅れが顕著である。動径方向に隣り合う流体要素の間に生じる温度差により熱伝導がつねに起こるので，流体は不可逆的プロセスを経験しながら振動運動することになる。

以上の結果を，より直接的に表現したのが**図 5.4** であり，一定時間間隔ごと

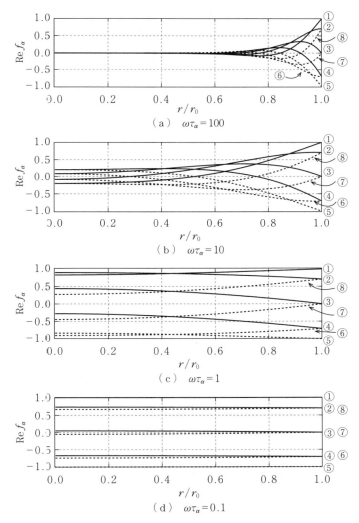

図 5.4 管内音波のエントロピー変動。時間とともに①→②→…→⑧の順に変化する。

のエントロピー変動の動径分布を表している．$\omega\tau_\alpha$ の値が大きいと，エントロピー変動は壁面近傍に限られるのに対して，$\omega\tau_\alpha$ の値が小さいと等温的なエントロピー変動が断面内で一様に起こることが見て取れるだろう．

5.5.2 断面平均エントロピー変動

圧力変動は r に依存せず，非粘性流体の仮定の下では，流速も変位も r に依存しないが，エントロピー変動は f_α を通して r に依存する．考察の対象が剛体壁で囲まれた管内流体なので，断面平均をとって1次元化しよう．これにより同じ軸座標位置を中心にして振動運動する流体要素をひとまとめにして，仮想的に円板状の流体要素を考えればよいことになる．エントロピー変動の管断面に関する平均を以下のように表す．

$$\langle S_1 \rangle_r = \chi_\alpha S_1(r_0) \tag{5.23}$$

ここで，$\chi_\alpha = \langle f_\alpha \rangle_r$ は f_α の断面平均を表す．f_α は f_ν と同形の関数であるから，式 (3.84) が適用できて，χ_α は次式で与えられる．

$$\chi_\alpha = \frac{2J_1(iY_\alpha)}{iY_\alpha J_0(iY_\alpha)} \quad \text{ただし} \, Y_\alpha = (1+i)\sqrt{\omega\tau_\alpha} \tag{5.24}$$

ここで J_1 は1次のベッセル関数である．f_α が複素量だから，χ_α も複素量であり，実部と虚部を持つ．つまり

$$\chi_\alpha = \chi'_\alpha + i\chi''_\alpha \tag{5.25}$$

である．

図 5.5 はフェーザで表示した等温的エントロピー変動 $S_1(r_0)$ と断面平均エントロピー変動 $\langle S_1 \rangle_r$ を表す．

図 5.6 に示すように実部 χ'_α と虚部 χ''_α は無次元量 $\omega\tau_\alpha$ の関数として表示することができる．$\omega\tau_\alpha \ll 1$ の領域では，$\chi'_\alpha \approx 1$, $\chi''_\alpha \approx 0$ であり，χ_α はほとんど1に等しくなる．一方で $\omega\tau_\alpha \gg 1$ の領域では $\chi'_\alpha \approx 0$, $\chi''_\alpha \approx 0$ であり，χ_α は0に漸近する．これらはそれぞれ等温的過程と断熱的過程に近づくことを意味する．両者の遷移領域では，$\mathrm{Im}\chi_\alpha = \chi''_\alpha$ の大きさは最も大きい．虚数 i は位相角を $\pi/2$ だけ進める演算を表すが，χ''_α の符号が負であるので，実質的には断面平

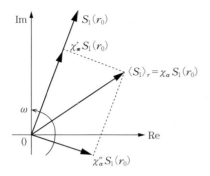

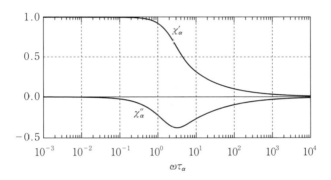

図 5.5 等温的エントロピー変動 $S_1(r_0)$ と断面平均エントロピー変動 $\langle S_1 \rangle_r$ のフェーザ表示

図 5.6 実部 χ'_α と虚部 χ''_α の $\omega\tau_\alpha$ 依存性

均エントロピー変動 $\langle S_1 \rangle_r$ は $S_1(r_0)$ に対して位相が遅れる。つまり，この遷移領域では熱交換過程における時間遅れという不可逆性が最も強く現れる。実部 χ'_α は等温的な熱交換の測度を与え，虚部 χ''_α は不可逆的な熱交換の測度を与えるといえる。

5.6 温度勾配があるときのエントロピー変動

温度勾配があるときの流体のエントロピー変動を考える。流体の粘性は一般には無視できないが，簡単のためにはじめに非粘性流体の場合を議論し，そのあとで粘性流体の場合を示す。

5.6.1 非粘性流体の場合

非粘性流体の場合,S_1 の満たす方程式は式 (5.16) が簡略化されて

$$S_1 = \frac{\alpha}{i\omega}\Delta_\perp S_1 - \left(\frac{\partial S}{\partial T}\right)_p \frac{dT_m}{dx}\frac{u_1}{i\omega} \tag{5.26}$$

である。この解を適当な定数 C_1, C_2 を用いて

$$S_1 = f_\alpha S_1(r_0) + (C_1 f_\alpha + C_2)\left(\frac{\partial S}{\partial T}\right)_p \frac{dT_m}{dx}\frac{u_1}{i\omega}$$

と仮定する。u_1 が r に依存しないことに注意して式 (5.26) に代入すると

$$C_2 = -1$$

となることがわかる。また $r = r_0$ における境界条件 (式 (5.17)) から

$$C_1 = 1$$

である。したがって,非粘性流体の場合のオイラー的エントロピー変動は

$$S_1 = f_\alpha S_1(r_0) + (f_\alpha - 1)\left(\frac{\partial S}{\partial T}\right)_p \frac{dT_m}{dx}\frac{u_1}{i\omega} \tag{5.27}$$

となる。ラグランジュ的エントロピー変動に変換するためには,これに流体要素が変位変動することによる寄与

$$\frac{dS_m}{dx}\xi_1 = \left(\frac{\partial S}{\partial T}\right)_p \frac{dT_m}{dx}\xi_1$$

を加えればよい。式 (5.27) に含まれる $u_1/(i\omega)$ が流体要素の変位変動 ξ_1 に等しいことに注意すると

$$S_{1L} = S_1(r_0) + \left(\frac{\partial S}{\partial T}\right)_p \frac{dT_m}{dx}\xi_1 \tag{5.28}$$

として,ラグランジュ的エントロピー変動は

$$S_1 = f_\alpha S_{1L} \tag{5.29}$$

である。

図 5.7 を見ながら,式 (5.28) の右辺を吟味しよう。右辺の第 1 項 $S_1(r_0) = (\partial S/\partial p)_T p_1$ は等温的圧力変動に由来するエントロピー変動成分を表す。多くの流体では $(\partial S/\partial p)_T < 0$ なので,このエントロピー変動成分は圧力変動と逆位相である。つまり圧力変動が増加するとき,エントロピーは減少する。この

5.6 温度勾配があるときのエントロピー変動

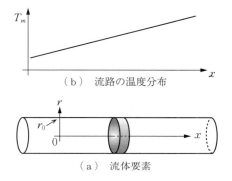

図5.7 断面平均した流体要素と流路の温度分布

エントロピー減少は周囲の壁に対する放熱を表す。逆に圧力が低下するときにはエントロピーは増加するが，これは壁からの吸熱を表す。

一方，式 (5.28) の右辺の第2項は温度勾配の中を変位することに由来するエントロピー変動成分である。$(\partial S/\partial T)_p > 0$ であるから，温度勾配 dT_m/dx が正なら変位変動と同位相であり，高温側へ移動することで流体要素のエントロピーは増加し，逆に低温側に移動するとエントロピーは低下する。このエントロピー変動もやはり周囲の壁との熱交換の結果である。

式 (5.29) に現れる f_α は温度勾配がないときのエントロピー変動にも登場した因子であり，熱交換の相手である固体壁の存在が，断面内にどのような影響を及ぼすかを表している。断面平均したエントロピー変動は，f_α の断面平均である χ_α を用いて

$$\langle S_1 \rangle_r = \chi_\alpha S_{1L} \tag{5.30}$$

で表される。

5.6.2 粘性流体の場合

粘性流体の場合のオイラー的エントロピー変動 S_1 を，r に依存する未知の関数 c を使ってつぎのように置く。

$$S_1 = \left(\frac{\partial S}{\partial p}\right)_T f_\alpha p_1 + \left(\frac{\partial S}{\partial T}\right)_p \frac{dT_m}{dx} c \frac{u_{1r}}{i\omega} \tag{5.31}$$

$r = r_0$ では $S_1(r_0) = (\partial S/\partial p)_T p_1$ が成立しなければならないので

$$c(r_0)=0 \tag{5.32}$$

である。式 (5.31) を式 (5.16) に代入し，$f_\alpha=\alpha\Delta_\perp f_\alpha/(i\omega)$ を使って整理すると，c が満足すべき方程式がつぎのように得られる。

$$c=\frac{\alpha}{i\omega}\Delta_\perp c-\frac{1-f_\nu}{1-\chi_\nu} \tag{5.33}$$

ここで，関数 c が関数 f_ν と f_α を使って表されると仮定し，さらに式 (5.32) の条件を自動的に満足するように，適当な定数 C_1 と C_2 を用いて

$$c=C_1(1-f_\alpha)+C_2(1-f_\nu)$$

とする。これを式 (5.33) に代入すると，つぎの関係式を得る。

$$C_1+C_2+\frac{1}{1-\chi_\nu}=f_\nu\left[\left(1-\frac{\alpha}{\nu}\right)C_2+\frac{1}{1-\chi_\nu}\right]$$

上式において，左辺は r に依存しない定数であり，右辺は関数を通して f_ν に依存する。任意の r について成立するためには

$$C_1+C_2+\frac{1}{1-\chi_\nu}=0, \quad \left(1-\frac{\alpha}{\nu}\right)C_2+\frac{1}{1-\chi_\nu}=0$$

でなければならない。この 2 式を C_1 と C_2 に関して解くと

$$C_1=-\frac{1}{(1-\chi_\nu)(1-\sigma)}, \quad C_2=\frac{\sigma}{(1-\chi_\nu)(1-\sigma)}$$

を得る。ここで

$$\sigma=\frac{\nu}{\alpha}$$

は流体のプラントル数である。以上より

$$c=\frac{(f_\alpha-1)-\sigma(f_\nu-1)}{(1-\chi_\nu)(1-\sigma)} \tag{5.34}$$

となる。これより，断面平均したオイラー的エントロピー変動の複素振幅は

$$\langle S_1\rangle_r=\left(\frac{\partial S}{\partial p}\right)_T\chi_\alpha p_1+\left(\frac{\partial S}{\partial T}\right)_p\frac{dT_m}{dx}\langle c\rangle_r\frac{u_{1r}}{i\omega} \tag{5.35}$$

となる。断面平均流速振幅 u_{1r} を，断面平均された流体要素の変位振幅 $\xi_{1r}=u_{1r}/(i\omega)$ で書き換え，さらに 5.2 節の結果を用いると，式 (5.31) からラグランジュ的エントロピー変動がつぎのように得られる。

$$S_1 = \left(\frac{\partial S}{\partial p}\right)_T f_\alpha p_1 + \left(\frac{\partial S}{\partial T}\right)_p \frac{dT_m}{dx} b \xi_{1r} \tag{5.36}$$

である。なお，b は

$$b = \frac{f_\alpha - f_\nu}{(1-\chi_\nu)(1-\sigma)} \tag{5.37}$$

である。ラグランジュ的エントロピー変動の断面平均は式（5.36）に対して断面平均を実行することでつぎのように得られる。

$$\langle S_1 \rangle_r = \left(\frac{\partial S}{\partial p}\right)_T \chi_\alpha p_1 + \left(\frac{\partial S}{\partial T}\right)_p \frac{dT_m}{dx} \langle b \rangle_r \xi_{1r} \tag{5.38}$$

ここで

$$\langle b \rangle_r = \frac{\chi_\alpha - \chi_\nu}{(1-\chi_\nu)(1-\sigma)} \tag{5.39}$$

である。なお，b と c の間には

$$b = c + \frac{1-f_\nu}{1-\chi_\nu} \tag{5.40}$$

$$\langle b \rangle_r = \langle c \rangle_r + 1 \tag{5.41}$$

の関係式が成り立つ．

5.7 温度変動と密度変動

管内音波のエントロピー変動を導出したので，これを用いて温度変動 T_1 と密度変動 ρ_1 を導出してみよう．

5.7.1 温 度 変 動

温度変動 T' を圧力変動 p' とエントロピー振動 S' で展開すると，$T' = (\partial T/\partial p)_S p' + (\partial T/\partial S)_p S'$ であるから，それぞれの振動量の複素振幅の間にはつぎの関係式が成り立つ．

$$T_1 = \left(\frac{\partial T}{\partial p}\right)_S p_1 + \left(\frac{\partial T}{\partial S}\right)_p S_1$$

上式に式（5.31）のオイラー的エントロピー変動を代入すると

$$T_1 = \left(\frac{\partial T}{\partial p}\right)_S p_1 + \left(\frac{\partial T}{\partial S}\right)_p \left[\left(\frac{\partial S}{\partial p}\right)_T f_\alpha p_1 + \left(\frac{\partial S}{\partial T}\right)_p \frac{dT_m}{dx} c \frac{u_{1r}}{i\omega}\right]$$

となる。ここで偏導関数に関する公式*

$$\left(\frac{\partial T}{\partial S}\right)_p \left(\frac{\partial S}{\partial p}\right)_T = -\left(\frac{\partial T}{\partial p}\right)_S$$

を使うと、オイラー的温度変動がつぎのように得られる。

$$T_1 = \left(\frac{\partial T}{\partial p}\right)_S (1-f_\alpha) p_1 + \frac{dT_m}{dx} c \frac{u_{1r}}{i\omega} \tag{5.42}$$

これからラグランジュ的温度変動はつぎのように得られる。

$$T_1 = \left(\frac{\partial T}{\partial p}\right)_S (1-f_\alpha) p_1 + \frac{dT_m}{dx} b \xi_{1r} \tag{5.43}$$

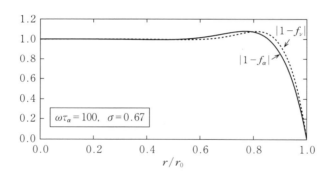

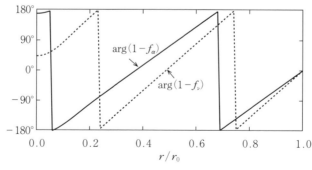

図 5.8 $\omega\tau_\alpha = 100$, $\sigma = 0.67$ の場合の関数 $1-f_\alpha$ と $1-f_\nu$ の比較

---

* 6章に偏導関数に関する公式をまとめてある。

温度勾配がないとき $(dT_m/dx=0)$ には，温度変動は

$$T_1 = \left(\frac{\partial T}{\partial p}\right)_S (1-f_\alpha) p_1$$

で与えられ，r 依存性は関数 $1-f_\alpha$ によって決まることに注意しよう。粘性流体の速度変動は

$$u_1 = \frac{1-f_\nu}{1-\chi_\nu} u_{1r}$$

であるから，特にプラントル数 σ が 1 の場合には，T_1 と u_1 の r 依存性は等しくなる。$\sigma<1$ の場合，u_1 よりも T_1 により強く壁の影響が現れる。$\omega\tau_\alpha=100$，$\sigma=0.67$ の場合に関数 $1-f_\alpha$ と $1-f_\nu$ を比較したのが**図 5.8** である。熱境界層のほうが粘性境界層に比べてやや厚いことがわかるだろう。

5.7.2 密度変動

得られた温度変動（式 (5.42)）を用いて，密度変動 ρ' の複素振幅 ρ_1 を求めてみよう。密度変動 ρ' を圧力変動 p' と温度変動 T' で展開すると，$\rho' = (\partial\rho/\partial p)_T p' + (\partial\rho/\partial T)_p T'$ であるから，それぞれの変動量の複素振幅の間の関係式は

$$\rho_1 = \left(\frac{\partial \rho}{\partial p}\right)_T p_1 + \left(\frac{\partial \rho}{\partial T}\right)_p T_1$$

である。上式右辺第 2 項に式 (5.42) のオイラー的温度振動 T_1 を代入すると次式を得る。

$$\rho_1 = \left(\frac{\partial \rho}{\partial p}\right)_T p_1 + \left(\frac{\partial \rho}{\partial T}\right)_p \left[\left(\frac{\partial T}{\partial p}\right)_S (1-f_\alpha) p_1 + \frac{dT_m}{dx} c \frac{u_{1r}}{i\omega}\right] \quad (5.44)$$

ここで，偏導関数に関する関係式

$$\left(\frac{\partial \rho}{\partial T}\right)_p \left(\frac{\partial T}{\partial p}\right)_S = \left(\frac{\partial \rho}{\partial p}\right)_S - \left(\frac{\partial \rho}{\partial p}\right)_T$$

および，つぎの物理量

$$\text{等温圧縮率}: K_T = \frac{1}{\rho_m}\left(\frac{\partial \rho}{\partial p}\right)_T$$

断熱圧縮率：$K_S = \dfrac{1}{\rho_m}\left(\dfrac{\partial \rho}{\partial p}\right)_S$

熱膨張率：$\beta = -\dfrac{1}{\rho_m}\left(\dfrac{\partial \rho}{\partial T}\right)_p$

を使うと，式が簡略化されて，オイラー的密度変動に対する複素振幅は

$$\rho_1 = \rho_m[K_S + (K_T - K_S)f_\alpha]p_1 - \rho_m\beta\frac{dT_m}{dx}c\frac{u_{1r}}{i\omega} \tag{5.45}$$

となる。したがって，断面平均密度変動 $\langle \rho_1 \rangle_r$ は以下のとおりである。

$$\langle \rho_1 \rangle_r = \rho_m K_E p_1 - \rho_m\beta\frac{dT_m}{dx}\langle c\rangle_r \frac{u_{1r}}{i\omega} \tag{5.46}$$

ここで K_E は有効的圧縮率の意味を持ち

$$K_E = K_S + (K_T - K_S)\chi_\alpha \tag{5.47}$$

で与えられる。ラグランジュ的密度変動に対しても同様にして以下の結果が得られる。

$$\rho_1 = \rho_m[K_S + (K_T - K_S)f_\alpha]p_1 - \rho_m\beta\frac{dT_m}{dx}b\xi_{1r} \tag{5.48}$$

$$\langle \rho_1 \rangle_r = \rho_m K_E p_1 - \rho_m\beta_E\frac{dT_m}{dx}\xi_{1r} \tag{5.49}$$

ここで，β_E は有効的熱膨張率の意味を持ち，図 5.7 に示した $\langle b \rangle_r$ を用いて次式で与えられる。

$$\beta_E = \beta \langle b \rangle_r \tag{5.50}$$

ラグランジュ的密度変動を用いて表した連続の方程式（式 (5.11)）の断面平均をとると

$$\frac{\partial \langle u' \rangle_r}{\partial x} = -\frac{1}{\rho_m}\frac{d\langle \rho' \rangle_r}{dt} \tag{5.51}$$

で与えられる。複素表示で書き換えると同時に，式 (5.49) を代入すると

$$\frac{du_{1r}}{dx} = -i\omega K_E p_1 + \beta_E\frac{dT_m}{dx}u_{1r} \tag{5.52}$$

を得る。この式は熱輸送の一般式を考慮した連続の方程式である。

5.8 管内音波の波動方程式

　熱輸送の一般式を考慮した連続の方程式（式（5.52））と3章で求めた断面平均流速に対する運動方程式（式（3.82））

$$u_{1r} = \frac{i}{\omega \rho_m} \frac{dp_1}{dx}(1-\chi_\nu)$$

から u_{1r} を消去すると次式を得る。

$$K_E p_1 - \frac{\beta_E}{\omega^2 \rho_m} \frac{dT_m}{dx} \frac{dp_1}{dx}(1-\chi_\nu) + \frac{1}{\omega^2} \frac{d}{dx}\left[\frac{(1-\chi_\nu)}{\rho_m}\frac{dp_1}{dx}\right] = 0 \qquad (5.53)$$

これが管内音波に対する波動方程式である。温度が一様な管内の波動方程式は，第2項を消去してつぎのように得られる。

$$p_1 + \frac{(1-\chi_\nu)}{\omega^2 \rho_m K_E}\frac{d^2 p_1}{dx^2} = 0 \qquad (5.54)$$

式（5.54）の解としてつぎの形のものを考える。

$$e^{-ikx} = e^{\mathrm{Im}[k]x} e^{-\mathrm{Re}[k]x}$$

k は波数であり，$\omega/\mathrm{Re}[k]$ は位相速度を，$-\mathrm{Im}[k]$ は減衰定数を表す。実際に波動方程式に代入すると

$$k^2 = \frac{\omega^2 \rho_m K_E}{1-\chi_\nu} \qquad (5.55)$$

を得る。

　断熱音波の位相速度 c_S と波数 k_S

$$c_S = \sqrt{\left(\frac{\partial \rho}{\partial p}\right)_S} = \sqrt{\frac{1}{\rho_m K_S}}, \quad k_S = \frac{\omega}{c_S}$$

を使うと

$$\frac{k}{k_S} = \sqrt{\frac{\cdot + (K_T/K_S - 1)\chi_\alpha}{1-\chi_\nu}} \qquad (5.56)$$

である。$K_T/K_S = \gamma$（γ は比熱比）なので*

　＊　式（6.89）を参照すること。

$$\frac{k}{k_S} = \sqrt{\frac{1+(\gamma-1)\chi_\alpha}{1-\chi_\nu}} \tag{5.57}$$

が成立する。なお伝搬定数 $\Gamma = ik/k_S$ は

$$\Gamma = \sqrt{-\frac{1+(\gamma-1)\chi_\alpha}{1-\chi_\nu}}$$

である。2章で登場した管内音波の波数や伝搬定数はこのようにして求められる。

式 (5.57) の漸近式を求めておこう。3章には χ_ν の漸近式を示した。χ_ν と χ_α の関数形は似ているから、両者の漸近式はまとめて

$$\chi_j = \begin{cases} 1 - \dfrac{1}{12}(\omega\tau_j)^2 - i\dfrac{\omega\tau_j}{4} & (\omega\tau_j \ll \pi) \\ \sqrt{\dfrac{2}{\omega\tau_j}} e^{-i\frac{\pi}{4}} & (\omega\tau_j \gg \pi) \end{cases} \quad (j = \alpha, \nu)$$

と表すことができる。なお、$\omega\tau_\nu = \omega\tau_\alpha/\sigma$ であって、プラントル数 σ は通常の気体では1程度だから、$\omega\tau_\alpha$ と $\omega\tau_\nu$ も同程度の値である。$\omega\tau_\alpha, \omega\tau_\nu \ll \pi$ のときは、$\chi_j (j=\alpha, \nu)$ の漸近式を利用すると

$$\frac{k}{k_S} \approx \sqrt{\frac{1+(\gamma-1)\left[1-\dfrac{1}{12}(\omega\tau_\alpha)^2 - i\dfrac{\omega\tau_\alpha}{4}\right]}{1-\left[1-\dfrac{1}{12}(\omega\tau_\nu)^2 - i\dfrac{\omega\tau_\nu}{4}\right]}}$$

であるが、$\omega\tau_\alpha, \omega\tau_\nu \ll \pi$ に注意すると、さらに簡略化されて

$$\frac{k}{k_S} \approx \sqrt{\frac{\gamma}{i\dfrac{\omega\tau_\nu}{4}}} = (1-i)\sqrt{\frac{2\gamma\sigma}{\omega\tau_\alpha}}$$

となる。

また、$\omega\tau_\alpha, \omega\tau_\nu \gg \pi$ のときは、$\chi_j (j=\alpha, \nu)$ が1より十分に小さいことに注意すると

$$\frac{k}{k_S} = \sqrt{\frac{1}{1-\chi_\nu}}\sqrt{1+(\gamma-1)\chi_\alpha} \approx \left(1+\frac{\chi_\nu}{2}\right)\left(1+\frac{(\gamma-1)\chi_\alpha}{2}\right)$$

$$\approx 1 + \frac{1}{2}[(\gamma-1)\chi_\alpha + \chi_\nu]$$

である。ここで $\chi_j (j=\alpha, \nu)$ の漸近式を利用すると

$$\frac{k}{k_S} \approx 1 + \frac{1}{2}\left[(\gamma-1)\sqrt{\frac{2}{\omega\tau_\alpha}}e^{-i\frac{\pi}{4}} + \sqrt{\frac{2}{\omega\tau_\nu}}e^{-i\frac{\pi}{4}}\right]$$
$$= 1 + \frac{(1-i)(\gamma-1+\sqrt{\sigma})}{2\sqrt{\omega\tau_\alpha}}$$

となる．

5.9 補足：流体力学の基礎方程式の導出

5.9.1 保 存 則

流体力学[1]の基礎方程式を，質量保存則，運動量保存則，エネルギー保存則に基づいて示す．なお，位置座標 $\boldsymbol{x}=(x,y,z)=(x_1,y_2,z_3)$ と時間 t の関数として，速度場 $\boldsymbol{u}(\boldsymbol{x},t)=(u(\boldsymbol{x},t),v(\boldsymbol{x},t),w(\boldsymbol{x},t))=(u_1(\boldsymbol{x},t),u_2(\boldsymbol{x},t),u_3(\boldsymbol{x},t))$，圧力場 $p(\boldsymbol{x},t)$，密度場 $\rho(\boldsymbol{x},t)$ などを記述する．

空間に固定された閉曲面 S で囲まれた体積 V の領域に対して，保存則は積分形では

$$\frac{\partial}{\partial t}\iiint_V [\cdots]dV + \iint_S (\cdots)_n dS = 0$$

と表される．$[\cdots]$ に入るのは単位体積当りの状態量（密度，運動量，エネルギー）であり，$(\cdots)_n$ に入るのは対応する移動量である．添え字 n は面要素 dS の外向き法線ベクトル $\boldsymbol{n}$ の方向（閉曲面の内側から外側へ向かう向き）の成分を表し，$(\cdots)_n$ は dS を通って領域の外へ流れ出す単位時間当りの流量を与える．第1項は領域に含まれる状態量の単位時間当りの増加量であり，第2項はこの領域から同じ時間に流れ出す移動量を表すのでこの等式は保存則を表している．ガウスの法則を用いると面積分を体積積分に変形することができる．すなわち，体積 V を囲む閉曲面を S とし，S 上の各点での外向き法線ベクトルを $\boldsymbol{n}=(n_1,n_2,n_3)$ とする微分可能なベクトル $\boldsymbol{A}=(A_1,A_2,A_3)$ に対してガウスの定理は

$$\iint_S \boldsymbol{A}\cdot\boldsymbol{n}\,dS = \iiint_V \mathrm{div}\boldsymbol{A}\,dV$$

である。これを適用すると，微分形の保存則

$$\frac{\partial}{\partial t}[\cdots] + \frac{\partial}{\partial x_k}(\cdots)_k = 0$$

が得られる。第2項は

$$\sum_{k=1}^{3} \frac{\partial}{\partial x_k}(\cdots)_k$$

の意味であるが，和記号を省略している。一つの項の中に同じ添え字が二度現れた場合にはその添え字に1, 2, 3を代入して和を取るものとする。なお，この記法のもとでは，ガウスの定理は

$$\iint_S A_j n_j dS = \iiint_V \frac{\partial A_j}{\partial x_j} dV$$

である。

3章では断熱音波の音響エネルギー密度と音響強度が上に示した微分形の保存則を満たすことを見たことを思い出そう。以下で，本文中において天下り的に導入した基礎方程式の導出方法を示す。

5.9.2 連続の方程式

質量保存則は，図5.9に示す領域 V，表面 S において

$$\frac{\partial}{\partial t} \iiint_V \rho dV + \iint_S \rho u_n dS = 0$$

と表される。ただし，$u_n = \boldsymbol{u} \cdot \boldsymbol{n}$ は流速 $\boldsymbol{u}$ の $\boldsymbol{n}$ 方向の成分である。第1項は領域に含まれる質量の単位時間当りの増加量であり，第2項はこの領域から同じ時間に流れ出す質量を表す。ガウスの定理を用いて変形すると，つぎの連続の方程式

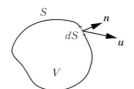

図5.9 領域 V，表面 S と法線 $\boldsymbol{n}$，流速 $\boldsymbol{u}$

$$\frac{\partial \rho}{\partial t} + \mathrm{div}(\rho \boldsymbol{u}) = 0$$

が得られる。

5.9.3 運動方程式（ナビエ-ストークス方程式）

運動量保存則は，重力などの体積力を無視するとき，図 5.10 に示す領域 V，表面 S において

$$\frac{\partial}{\partial t}\iiint_V \rho \boldsymbol{u} dV + \iint_S \rho \boldsymbol{u} u_n dS + \iint_S (-\boldsymbol{p}_n) dS = 0$$

と表される。ただし，$\boldsymbol{p}_n$ は領域の外側が内側に及ぼす応力ベクトルであり，応力テンソル $\boldsymbol{P} = \{p_{ij}\}$ を使って，$\boldsymbol{p}_n = \boldsymbol{P} \cdot \boldsymbol{n} = p_{ij} n_j$ で与えられる。第 1 項は領域に含まれる運動量の単位時間当りの増加量を表す。第 2 項は運動量の流出を表し，第 3 項は応力による寄与を表す。第 2 項と第 3 項をまとめて得られる $(\rho \boldsymbol{u} u_n - \boldsymbol{p}_n)$ は領域から流れ出る単位時間，単位面積当りの運動量の流れである。i 成分について表すと

$$\frac{\partial}{\partial t}\iiint_V \rho u_i dV + \iint_S (\rho u_i u_j n_j - p_{ij} n_j) dS = 0$$

となる。

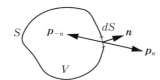

図 5.10　領域 V，表面 S と法線 $\boldsymbol{n}$，応力 $\boldsymbol{p}_n$

ガウスの定理より

$$\iint_S \rho u_i u_j n_j dS = \iiint_V \frac{\partial}{\partial x_j}(\rho u_i u_j) dV, \quad \iint_S p_{ij} n_j dS = \iiint_V \frac{\partial p_{ij}}{\partial x_j} dV$$

であるから

$$\frac{\partial (\rho u_i)}{\partial t} + \frac{\partial}{\partial x_j}(\rho u_i u_j) - \frac{\partial p_{ij}}{\partial x_j} = 0$$

を得る。連続の方程式を書き換えると

$$\frac{\partial \rho}{\partial t}+u_j\frac{\partial \rho}{\partial x_j}+\rho\frac{\partial u_j}{\partial x_j}=0 \tag{5.58}$$

であるから,これを用いてさらに整理すると次式が得られる.

$$\rho\left(\frac{\partial u_i}{\partial t}+u_j\frac{\partial u_i}{\partial x_j}\right)-\frac{\partial p_{ij}}{\partial x_j}=0 \tag{5.59}$$

ニュートン流体の場合,応力テンソルはつぎのように表される.

$$p_{ij}=-p\delta_{ij}+\lambda(\mathrm{div}\boldsymbol{u})\delta_{ij}+2\mu e_{ij}$$

ただし,δ_{ij} はクロネッカーのデルタであり,二つの添え字が同じとき 1,異なるとき 0 を与える.また,μ は粘性率で λ は第 2 粘性率である.e_{ij} は変形速度テンソルであり

$$e_{ij}=\frac{1}{2}\left(\frac{\partial u_i}{\partial x_j}+\frac{\partial u_j}{\partial x_i}\right)$$

である.運動方程式(式 (5.59))に含まれる項 $\partial p_{ij}/\partial x_j$ に応力テンソルの表式を代入すると,$D=\mathrm{div}\boldsymbol{u}$ として

$$\frac{\partial p_{ij}}{\partial x_j}=-\delta_{ij}\frac{\partial p}{\partial x_j}+\lambda\delta_{ij}\frac{\partial D}{\partial x_j}+\mu\frac{\partial}{\partial x_j}\left(\frac{\partial u_i}{\partial x_j}+\frac{\partial u_j}{\partial x_i}\right)$$

である.ここで

$$\delta_{ij}\frac{\partial}{\partial x_j}=\frac{\partial}{\partial x_i}$$

$$\frac{\partial^2}{\partial x_j\partial x_j}=\frac{\partial^2}{\partial x^2}+\frac{\partial^2}{\partial y^2}+\frac{\partial^2}{\partial z^2}(=\varDelta)$$

$$\frac{\partial}{\partial x_j}\left(\frac{\partial u_j}{\partial x_i}\right)=\frac{\partial}{\partial x_i}\left(\frac{\partial u_j}{\partial x_j}\right)=\frac{\partial D}{\partial x_i}$$

なので

$$\frac{\partial p_{ij}}{\partial x_j}=\frac{\partial p}{\partial x_i}+(\lambda+\mu)\frac{\partial D}{\partial x_i}+\mu\varDelta\boldsymbol{u}=-\nabla p+(\lambda+\mu)\nabla D+\mu\varDelta\boldsymbol{u}$$

である.したがって,つぎの方程式(ナビエ-ストークス方程式)を得る.

$$\rho\left(\frac{\partial \boldsymbol{u}}{\partial t}+(\boldsymbol{u}\cdot\nabla)\boldsymbol{u}\right)=-\nabla p+\mu\varDelta\boldsymbol{u}+(\lambda+\mu)\nabla D$$

多くの場合,圧縮性の効果は無視できるほど小さく($D=0$)

$$\rho\left(\frac{\partial \boldsymbol{u}}{\partial t}+(\boldsymbol{u}\cdot\nabla)\boldsymbol{u}\right)=-\nabla p+\mu\Delta\boldsymbol{u}$$

となる。ラグランジュ微分を用いて表すと

$$\rho\frac{d\boldsymbol{u}}{dt}=-\nabla p+\mu\Delta\boldsymbol{u} \tag{5.60}$$

となる。

5.9.4 エネルギー方程式

閉曲面 S で囲まれた流体に対するエネルギー保存則を考える。領域内の全エネルギーの単位時間当りの増加は、流体の内部エネルギーを U として

$$\frac{\partial}{\partial t}\iiint_V \rho\left(\frac{1}{2}|\boldsymbol{u}|^2+U\right)dV$$

である。同じ時間における流体の移動に伴う全エネルギーの流出量は

$$\iint_S \rho\left(\frac{1}{2}|\boldsymbol{u}|^2+U\right)u_n dS$$

であり、また、熱伝導による熱量の流出量は $\boldsymbol{\theta}=-\kappa\nabla T$ として

$$\iint_S \boldsymbol{\theta}\cdot\boldsymbol{n}\,dS$$

である。また、面 S において応力を通じて外側がなす仕事は

$$\iint_S -\boldsymbol{p}_n\cdot\boldsymbol{u}\,dS=-\iint_S (\boldsymbol{P}\cdot\boldsymbol{n})\cdot\boldsymbol{u}\,dS$$

である。したがって、エネルギー保存則はつぎのように表される。

$$\frac{\partial}{\partial t}\iiint_V \rho\left(\frac{1}{2}|\boldsymbol{u}|^2+U\right)dV+\iint_S \rho\left(\frac{1}{2}|\boldsymbol{u}|^2+U\right)u_n dS$$
$$+\iint_S \boldsymbol{\theta}\cdot\boldsymbol{n}\,dS-\iint_S (\boldsymbol{P}\cdot\boldsymbol{n})\cdot\boldsymbol{u}\,dS=0$$

ガウスの定理を用いると

$$\iint_S \theta_j n_j dS=\iiint_V \frac{\partial \theta_j}{\partial x_j}dV, \quad \iint_S p_{ij}n_j u_i dS=\iiint_V \frac{\partial}{\partial x_j}(p_{ij}u_i)dV$$

であるから

$$\frac{\partial}{\partial t}\left[\rho\left(\frac{1}{2}|\boldsymbol{u}|^2+U\right)\right]+\frac{\partial}{\partial x_j}\left[-p_{ij}u_i+\rho\left(\frac{1}{2}|\boldsymbol{u}|^2+U\right)u_j+\theta_j\right]=0 \tag{5.61}$$

である。この方程式はエネルギー方程式と呼ばれる。ニュートン流体に対する応力テンソル $p_{ij}=-p\delta_{ij}+\lambda D\delta_{ij}+2\mu e_{ij}$ を簡単のために $p_{ij}=-p\delta_{ij}+\Sigma_{ij}$ と表し，さらに流体のエンタルピー H が $H=U+p/\rho$, すなわち，$\rho H=\rho U+p$ であることに注意すると

$$\frac{\partial}{\partial t}\left[\rho\left(\frac{1}{2}|\boldsymbol{u}|^2+U\right)\right]+\frac{\partial}{\partial x_j}\left[\rho H u_j+\frac{1}{2}\rho|\boldsymbol{u}|^2 u_j-\Sigma_{ij}u_i+\theta_j\right]=0$$

となる。エネルギー流束は第2項の括弧の中身であって

$$\rho H\boldsymbol{u}+\frac{1}{2}\rho|\boldsymbol{u}|^2\boldsymbol{u}-\boldsymbol{u}\cdot\boldsymbol{\Sigma}+\boldsymbol{\theta}$$

である。流体の振動運動に関するのは第1, 2, 3項であるが比較的遅い流れでは第1項だけ考えればよい。エンタルピー流束 $\rho H\boldsymbol{u}$ をエネルギー流束として見る根拠はここにある。

さて，式（5.61）の左辺第1項を連続の方程式（式（5.58））を利用して書き換えると

$$\frac{\partial}{\partial t}\left[\rho\left(\frac{1}{2}|\boldsymbol{u}|^2+U\right)\right]$$
$$=\rho\frac{\partial}{\partial t}\left(\frac{1}{2}|\boldsymbol{u}|^2+U\right)+\rho u_j\frac{\partial}{\partial x_j}\left(\frac{1}{2}|\boldsymbol{u}|^2+U\right)-\frac{\partial}{\partial x_j}\left[\rho\left(\frac{1}{2}|\boldsymbol{u}|^2+U\right)u_j\right]$$
$$=\rho\frac{d}{dt}\left(\frac{1}{2}|\boldsymbol{u}|^2+U\right)-\frac{\partial}{\partial x_j}\left[\rho\left(\frac{1}{2}|\boldsymbol{u}|^2+U\right)u_j\right]$$

であるので，式（5.61）はつぎのように簡略化される。

$$\frac{d}{dt}\left(\frac{1}{2}|\boldsymbol{u}|^2+U\right)=\frac{1}{\rho}\frac{\partial}{\partial x_j}[p_{ij}u_i-\theta_j] \tag{5.62}$$

また式（5.59）より

$$\frac{d}{dt}\left(\frac{1}{2}|\boldsymbol{u}|^2\right)=\frac{1}{\rho}\frac{\partial p_{ij}}{\partial x_j}u_i \tag{5.63}$$

なので，式（5.62）と式（5.63）の両辺の差をとって

$$\frac{dU}{dt}=\frac{1}{\rho}p_{ij}\frac{\partial u_i}{\partial x_j}-\frac{1}{\rho}\frac{\partial \theta_j}{\partial x_j}$$

となる。ニュートン流体に対する応力テンソルの表式 $p_{ij}=-p\delta_{ij}+\lambda D\delta_{ij}+$

5.9 補足：流体力学の基礎方程式の導出

$2\mu e_{ij}$ を用いると

$$p_{ij}\frac{\partial u_i}{\partial x_j} = -pD + \lambda D \delta_{ij}\frac{\partial u_i}{\partial x_j} + 2\mu e_{ij}\frac{\partial u_i}{\partial x_j} = -pD + \lambda D^2 + 2\mu e_{ij}^2$$

である。ここで，次式の散逸関数

$$\Phi = \lambda D^2 + 2\mu e_{ij}^2$$

を用いると，dU/dt に対して次式を得る。

$$\frac{dU}{dt} = -\frac{p}{\rho}D + \frac{\Phi}{\rho} - \frac{1}{\rho}\frac{\partial \theta_j}{\partial x_j} \tag{5.64}$$

熱力学的関係式

$$TdS = dU + pd\left(\frac{1}{\rho}\right)$$

を書き換えると，dU/dt は

$$\frac{dU}{dt} = T\frac{dS}{dt} - p\frac{d}{dt}\left(\frac{1}{\rho}\right) = T\frac{dS}{dt} + \frac{p}{\rho^2}\frac{d\rho}{dt}$$

であるから，式 (5.64) より

$$T\frac{dS}{dt} + \frac{p}{\rho^2}\frac{d\rho}{dt} = -\frac{p}{\rho}D + \frac{\Phi}{\rho} - \frac{1}{\rho}\frac{\partial \theta_j}{\partial x_j} \tag{5.65}$$

である。$D = \mathrm{div}\,\boldsymbol{u}$ を用いて連続の方程式（式 (5.58)）が

$$\frac{d\rho}{dt} = -\rho D$$

となることを用いると，式 (5.65) から熱輸送の一般式と呼ばれる次式が得られる。

$$T\frac{dS}{dt} = -\frac{1}{\rho}\frac{\partial \theta_j}{\partial x_j} + \frac{\Phi}{\rho}$$

なお

$$\theta_j = -\kappa\frac{\partial T}{\partial x_j}$$

を利用すると，熱輸送の一般式はつぎのように表される。

$$\rho T\left(\frac{\partial S}{\partial t} + (\boldsymbol{u}\cdot\nabla)S\right) = \kappa\Delta T + \Phi$$

引用・参考文献

1) 巽 友正著：流体力学（新物理学シリーズ），培風館（1995）

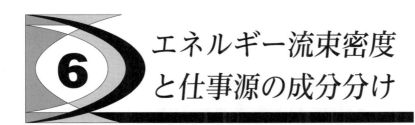
エネルギー流束密度と仕事源の成分分け

　熱流束密度，仕事流束密度と仕事源は流体要素の圧力変動と変位変動と直接的に結びついている。その結びつきは，圧力変動を変位変動と同位相の振動成分と $\pi/2$ だけ位相がずれた振動成分に分けることで理解しやすくなる。非粘性流体の場合には各成分の役割を図示化して表すことができる。その結果はより一般的な粘性流体の場合のエネルギー変換とエネルギー輸送の物理的機構を理解するのに役に立つ。

6.1　非粘性流体の仕事流束密度，熱流束密度と仕事源

　5.3 節で示したように，流体要素の圧力変動 p'，流速変動 u' とエントロピー変動 S' を用いて仕事流束密度 I，熱流束密度 Q と仕事源 w はつぎのように表される。

$$I=\langle\langle p'u'\rangle\rangle, \quad Q=\rho_m T_m\langle\langle S'u'\rangle\rangle$$

$$w=\rho_m\left(\frac{\partial V}{\partial S}\right)_p\left\langle\left\langle p'\frac{dS'}{dt}\right\rangle\right\rangle+W_\nu, \quad W_\nu=\langle\langle(\mu\Delta_\perp u')u'\rangle\rangle$$

非粘性流体の場合，u' や流体要素の変位変動 $\xi'=u'/(i\omega)$ は r に依存しない。その結果，I，Q と w に含まれる断面平均の演算が簡略化される。すなわち非粘性流体に対して

$$I=\langle p'u'\rangle_t=\frac{\omega}{2\pi}\oint p'd\xi' \tag{6.1}$$

$$Q=\rho_m T_m\langle\langle S'\rangle_r u'\rangle_t=\frac{\omega}{2\pi}\rho_m T_m\oint\langle S'\rangle_r d\xi' \tag{6.2}$$

$$w = \rho_m \left(\frac{\partial V}{\partial S}\right)_p \left\langle p' \frac{d\langle S'\rangle_r}{dt}\right\rangle_t = \frac{\omega}{2\pi} \rho_m \left(\frac{\partial V}{\partial S}\right)_p \oint p' d\langle S'\rangle_r \tag{6.3}$$

である。ただし，$\langle S'\rangle_r$ は非粘性流体の断面平均エントロピー変動である。なお，非粘性流体では仕事源のうち，粘性による散逸を表す W_ν は0となる。

式 (6.1)～(6.3) はいずれも変動量 Y' の X' に関する周積分 $\oint Y' dX'$ を含んでいる。この周積分は，**図 6.1** に示すような X' に対して Y' を描いたときの閉曲線（リサジューの図形）で囲まれる符号付き面積を意味している。変動量が共通の周波数で単振動しているとき，この閉曲線は一般には楕円を描き，その傾きや周回方向は X' と Y' の位相関係に依存する。周回方向が時計回りのときには面積の符号は正，反時計回りのときには符号は負である。このことに注意して，流体要素の圧力 p'，エントロピー $\langle S'\rangle_r$ と変位 ξ' をたがいに直交する軸にとった3次元空間を考えてみる。

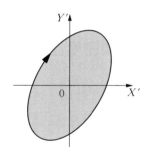

図 6.1 Y'-X' 線図。楕円の符号付き面積 $\oint Y' dX'$ に周波数を掛けた量が Y' と dX'/dt の積の時間平均を与える。面積の符号は時計回りなら正，反時計回りなら負である。回転方向は Y' と X' の位相関係によって決まる。90°だけ Y' の位相が進んでいる場合には，Y' が最大になったあとで X' が最大になる。このことを意識すれば回転方向を間違えることはないだろう。

図 6.2 は，周期的定常状態にある流体要素が p'-$\langle S'\rangle_r$-ξ' 空間に描く楕円軌道* を示している。この軌道を $\langle S'\rangle_r$-ξ' 平面上へ射影して得られる楕円が囲む符号付き面積に周波数（$=\omega/(2\pi)$）を掛けると，この流体が輸送するエントロピー流束密度 s の向きと大きさが得られ，さらに平均温度を掛けることで熱流束密度 Q が与えられる。また，p'-ξ' 平面上への射影が描く楕円軌道の面積と周波数から仕事流束密度 I が与えられる。熱流束密度 Q と仕事流束密度 I の相互変換を表す仕事源 w は p'-$\langle S'\rangle_r$ 平面上の射影によって与えられる。

---

* 富永の教科書「熱音響工学の基礎」[3] の表紙にも使われた模式図であるから見覚えのある方もおられるだろう。

6.1 非粘性流体の仕事流束密度，熱流束密度と仕事源

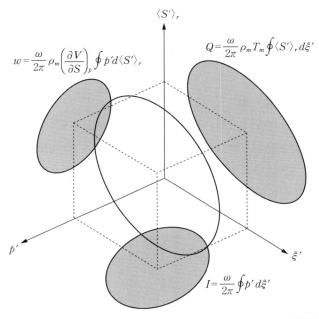

図6.2 p'-$\langle S'\rangle_r$-ξ' 空間において流体要素が描く軌跡とその射影

三つの変動量の振幅が重要なことはいうまでもない。エントロピー変動 $\langle S'\rangle_r$ が 0 ならば，エントロピー流束密度 s も熱流束密度 Q も存在せず，また仕事源 w も 0 であり，有限なのは仕事流束密度 I のみである。これは断熱音波に相当する。圧力変動 p' が 0 ならば I と w は 0 であり，存在するのは Q のみである。変位 ξ' が 0 ならば I も Q も 0 であるが，w は有限となる可能性がある。変動量の位相関係も重要である。二つの変動量の間の位相関係が同位相もしくは逆位相ならば，この二つの変動量が張る平面上へ射影した軌跡は線分となって，囲む面積は 0 となるからである。

このような図示化の方法を用いると，エネルギー流束密度とその相互変換のメカニズムを直感的に理解できるようになる。以下では井上[1] * にならって仕事流束密度，熱流束密度と仕事源を流体要素の振動ダイナミクスに基づいて

---

* 井上の解説論文のおかげで熱音響理論がわかるようになったという人は多い。

理解することを試みよう。

6.2 圧力,変位,断面平均エントロピー変動の実関数表示

6.2.1 圧 力 変 動

　正の温度勾配を持つ円管内を振動運動する流体要素を考え，これに関するラグランジュ的変動量を三角関数で表示する。変動量の位相関係は，変位変動 ξ' を基準にして考えることにする。つまり，変位変動の複素振幅を実数として扱う。つまり $\xi' = \mathrm{Re}[\xi_1 e^{i\omega t}]$ の実関数表示は

$$\xi' = |\xi_1| \cos \omega t \tag{6.4}$$

である。圧力変動 p' は変位変動 ξ' より θ だけ位相角が進んでいるとする。つまり $p' = \mathrm{Re}[p_1 e^{i\omega t}]$ は

$$p' = |p_1| \cos(\omega t + \theta) \tag{6.5}$$

であり

$$p' = |p_1| \cos\theta \cos\omega t + |p_1| \sin\theta \cos\left(\omega t + \frac{\pi}{2}\right) \tag{6.6}$$

のように変形できる。

　変位変動と同位相の圧力変動成分の振幅が $|p_1|\cos\theta$ であり，変位変動より $\pi/2$ だけ位相が進んだ圧力変動成分の振幅が $|p_1|\sin\theta$ である。エネルギー散逸を無視した共鳴管に形成される定在波音波では，3.4節で見たように流体要素の流速変動と圧力変動の位相差は $\pm\pi/2$ であるから，変位変動と圧力変動の位相差は 0 もしくは π である。このことにちなんで，$|p_1|\cos\theta\cos\omega t$ を圧力変動の定在波成分（standing wave component）と呼ぶ。また，進行波音波では位相差が $\pi/2$ もしくは $-\pi/2$ であることにちなんで，$|p_1|\sin\theta\cos(\omega t + \pi/2)$ を圧力変動の進行波成分（traveling wave component もしくは progressive wave component）と呼ぶ。

　$\theta = \pi/3$ の場合の複素圧力振幅 p_1 と複素変位振幅 ξ_1 のフェーザ表示を図 6.3 (a) に示す。p_1 を ξ_1 とそれに直交する方向に分解したときの成分がそれぞれ

6.2 圧力,変位,断面平均エントロピー変動の実関数表示

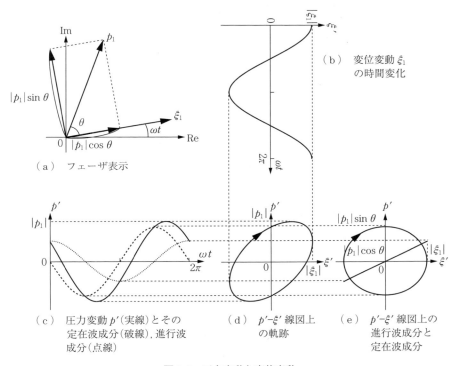

図 6.3 圧力変動と変位変動

$|p_1|\cos\theta$ と $|p_1|\sin\theta$ である。また,変位変動と圧力変動の時間発展を図 (b), (c) に示している。図 (d) は変位変動 ξ' と圧力変動 p' を(時間 t を媒介変数として)組み合わせて得られた p'-ξ' 線図である。図 (e) には圧力変動の定在波成分と進行波成分のそれぞれが描く p'-ξ' 線図を示している。

p'-ξ' 線図は流体要素ごとに考える。そのため,同じ実験装置でも場所が異なれば異なる p'-ξ' 線図となることに注意しよう。一端が平板で閉じられた気柱共鳴管の音場は 3.4 節で紹介した。その場合の p'-ξ' 線図と,これに対応するフェーザ表示を**図 6.4** に示す。気柱共鳴管では p'-ξ' 線図は線分となるが,圧力の腹の近く(A および D)では縦長になるのに対して,節の近く(B および C)では横長になる。また線分の傾きの正負は,圧力の最大値が流体要素の平均位置よりも右側にあるか左側にあるかによって変化する。**図 6.5** には,

170   6. エネルギー流束密度と仕事源の成分分け

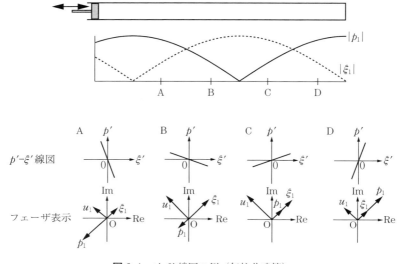

図 6.4 p'-ξ' 線図の例（気柱共鳴管）

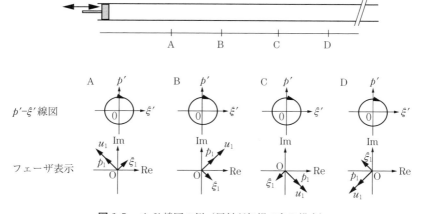

図 6.5 p'-ξ' 線図の例（反射が無視できる場合）

$+x$ 方向の進行波音波が生じる場合について示した。この場合，p'-ξ' 線図はどの場所でも同じで，時計方向に周回する楕円となる。もし，$-x$ 方向に進む進行波の場合には楕円の周回方向が逆になる。

6.2.2 断面平均エントロピー変動

流体要素に関するラグランジュ的エントロピー変動の断面平均

$$\langle S' \rangle_r = \mathrm{Re}[\langle S_1 \rangle_r e^{i\omega t}]$$

の複素振幅は非粘性流体の場合

$$\langle S_1 \rangle_r = \chi_\alpha S_{1L}$$

と書ける（式 (5.30)）。なお，S_{1L} は壁面に接しながら振動運動する流体要素のエントロピー変動を表し，式 (5.17) と式 (5.28) からわかるように

$$S_{1L} = \left(\frac{\partial S}{\partial p}\right)_T p_1 + \left(\frac{\partial S}{\partial T}\right)_p \frac{dT_m}{dx} \xi_1$$

である。右辺第1項は等温的圧力変動によるエントロピー変動成分を表し，第2項は壁と等温状態を保ちながら温度勾配中を変位するときの等圧的温度変動によるエントロピー変動成分を表す。断面平均エントロピー変動 $\langle S' \rangle_r$ は

$$\langle S' \rangle_r = \mathrm{Re}\left[\left(\frac{\partial S}{\partial p}\right)_T \chi_\alpha p_1 e^{i\omega t}\right] + \mathrm{Re}\left[\left(\frac{\partial S}{\partial T}\right)_p \frac{dT_m}{dx} \chi_\alpha \xi_1 e^{i\omega t}\right] \tag{6.7}$$

である。このように，$\langle S' \rangle_r$ は複素振幅が $\chi_\alpha p_1$ に比例する変動成分と $\chi_\alpha \xi_1$ に比例する変動成分の二つの成分の和で表される。ここで，χ_α を実部 χ'_α と虚部 χ''_α に分けて $\chi_\alpha = \chi'_\alpha + i\chi''_\alpha$ と表記すると，式 (6.7) の右辺の第1項，すなわち圧力変動に由来するエントロピー変動成分は

$$\mathrm{Re}\left[\left(\frac{\partial S}{\partial p}\right)_T \chi_\alpha p_1 e^{i\omega t}\right]$$

$$= \left(\frac{\partial S}{\partial p}\right)_T |p_1| \left[\chi'_\alpha \cos(\omega t + \theta) + \chi''_\alpha \cos\left(\omega t + \frac{\pi}{2} + \theta\right)\right] \tag{6.8}$$

であり，圧力変動 p' と同位相の成分と，p' よりも $\pi/2$ だけ位相がずれた成分の和で表すことができる。$\chi''_\alpha < 0$ であるので，式 (6.8) の右辺の第2項は実際は $\pi/2$ だけ位相が遅れた変動成分を意味する。通常の気体において $(\partial S/\partial p)_T$ の符号が負であることを考慮したうえで，図 6.6 (a) のフェーザでは p' に由来するエントロピー変動 $\langle S' \rangle_r$ を描いてあることに注意してほしい。図 (b)，(c) には，p' と，圧力変動に由来する断面平均エントロピー変動 $\langle S' \rangle_r$ の時間発展を示す。図 (d) には，p' と，$\langle S' \rangle_r$ を組み合わせて得られた

172   6. エネルギー流束密度と仕事源の成分分け

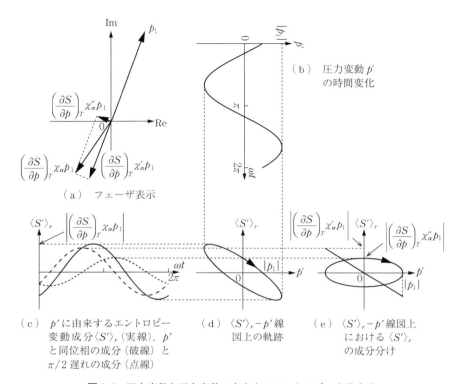

図6.6 圧力変動と圧力変動に由来するエントロピー変動成分

$\langle S' \rangle_r$-p' 線図を示す。図（e）には，p' と，圧力変動に由来する断面平均エントロピー変動 $\langle S' \rangle_r$ の時間遅れのない成分と時間遅れのある成分のそれぞれが描く $\langle S' \rangle_r$-p' 線図を示している。

同様にして，式（6.7）の右辺第2項，すなわち温度勾配の中で変位変動することに由来するエントロピー変動成分は

$$\mathrm{Re}\left[\left(\frac{\partial S}{\partial T}\right)_p \frac{dT_m}{dx} \chi_\alpha \xi_1 e^{i\omega t}\right]$$

$$= \left(\frac{\partial S}{\partial T}\right)_p \frac{dT_m}{dx} |\xi_1| \left[\chi'_\alpha \cos\omega t + \chi''_\alpha \cos\left(\omega t + \frac{\pi}{2}\right)\right] \quad (6.9)$$

であり，変位変動 ξ' と同位相の成分と，ξ' よりも $\pi/2$ だけ位相がずれた成分で書くことができる。$\chi''_\alpha < 0$ であることに注意すれば，式（6.11）の右辺の第

2項は $\pi/2$ だけ位相が遅れた成分を意味する。

図 6.7(a)のフェーザ表示の実軸上への射影が式(6.9)である。図(b),(c)は変位変動 ξ' と，温度勾配中の変位変動 ξ' に由来する断面平均エントロピー変動 $\langle S' \rangle_r$ の時間発展を示す。図(d)は ξ' と $\langle S' \rangle_r$ を組み合わせて得られた $\langle S' \rangle_r$-ξ' 線図である。図(e)には ξ' と変位変動に由来する断面平均エントロピー変動 $\langle S' \rangle_r$ の時間遅れのない成分と時間遅れのある成分のそれぞれが描く $\langle S' \rangle_r$-ξ' 線図を示している。

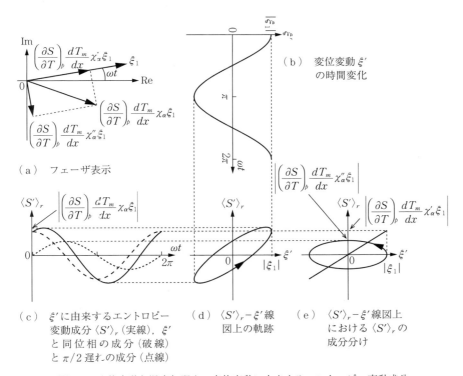

図 6.7 変位変動と温度勾配中の変位変動に由来するエントロピー変動成分

6.3 仕事流束密度

非粘性流体に対する仕事流束密度 I は

$$I = \frac{\omega}{2\pi} \oint p' d\xi'$$

である。これは p'-ξ' 線図上に流体要素が描く軌跡の符号つき面積に周波数 $f=\omega/(2\pi)$ を掛けた値に等しい。式（6.4）と式（6.6）を用いて，p' を進行波成分と定在波成分に分けて p'-ξ' 線図に描いたのが**図 6.8** の A1 と A2 である。

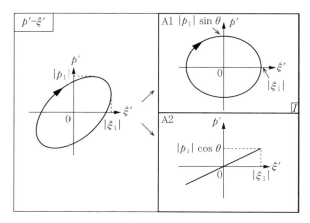

図 6.8 圧力変動 p' と変位変動 ξ'

図の A1 に示した圧力変動の進行波成分が描く右回りの楕円は，$+x$ 方向へ向かう仕事流束密度を表している[*1]。この楕円の符号付き面積[*2]は，$\pi|p_1||\xi_1|\sin\theta$ である。一方，図の A2 に示すように圧力変動の定在波成分が描くのは線分であるから，面積はゼロである[*3]。結局，仕事流束密度に寄与するのは，進行波成分のみであり

$$I = \frac{\omega}{2}|p_1||\xi_1|\sin\theta \tag{6.10}$$

[*1] 右向きに変位するときにはより高い圧力，左向きに変位するときはより低い圧力だから，正味で右向きの仕事輸送することになる。

[*2] 長径 $2a$，短径 $2b$ の左回り楕円（$a>0, b>0$）の符号付き面積は，右回り楕円の場合は πab である。

[*3] 右向きに変位するときの仕事と左向きに変位するときの仕事は符号のみが異なるので1周期では仕事輸送はしない。

となる。複素変位振幅 ξ_1 の代わりに複素流速振幅 $u_1=i\omega\xi_1$ を用いるとつぎのようになる。

$$I=\frac{1}{2}|p_1||u_1|\cos\phi \tag{6.11}$$

なお，p_1 に対する u_1 の位相を $\phi(=\pi/2-\theta)$ として表記した。

6.4 熱流束密度

非粘性流体に対する熱流束密度の数式表現は

$$Q=\frac{\omega}{2\pi}\rho_m T_m\oint\langle S'\rangle_r d\xi'$$

である。これは $\langle S'\rangle_r$-ξ' 線図上に流体要素が描く軌跡の符号つき面積に $\omega\rho_m T_m/(2\pi)$ を掛けた値に等しい。式（6.7）にあるように，断面平均エントロピー $\langle S'\rangle_r$ には圧力変動に由来する成分と変位変動に由来する成分がある。これに応じて，Q も成分分けが行われる。はじめに圧力変動に由来するエントロピー変動により生じる熱流束密度 Q_{prog} と Q_{stand} について調べ，つぎに変位変動に由来するエントロピー変動により生じる熱流束密度 Q_D について調べる。

6.4.1 圧力変動に由来する熱流束密度成分（Q_{prog} と Q_{stand}）

図 6.6 の圧力変動に由来する断面平均エントロピー変動と圧力変動で描かれる $\langle S'\rangle_r$-p' 線図と，図 6.3 の圧力変動の進行波成分と定在波成分で描かれる p'-ξ' 線図を組み合わせると，**図 6.9** の B1，B2，C1，C2 を得る。

B1 は，圧力変動に由来する断面平均エントロピー変動のうち，時間遅れのない変動成分と圧力変動の進行波成分を組み合わせて描いた $\langle S'\rangle_r$-ξ' 線図を示している。流体要素は，その変位変動の最大値付近で，つまり図の最も右側付近でエントロピーが急激に増加するが，これは等温的に圧力が減少するのに伴って周囲の流路壁から吸熱することを意味している。流体要素は高エントロ

176   6. エネルギー流束密度と仕事源の成分分け

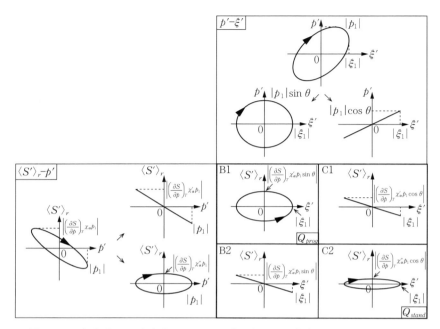

図 6.9 圧力変動 p' に由来するエントロピー変動成分 $\langle S' \rangle_r$ と変位変動 ξ'。B1, B2, C1, C2 は上側に示した圧力変動と左側に示したエントロピー変動の各成分を組み合わせて得られる。

ピー状態のまま左側へ変位し，その変位変動の最小値付近で，圧力増加に伴う放熱によってエントロピーが減少する。吸放熱する場所が異なる結果，流体要素は右側から左側へ向けてバケツリレーの要領で熱輸送を実行する*。B1 に示した左回り楕円の符号付き面積は

---

* バケツリレーによる熱輸送を説明するときに，食器洗いのスポンジと二つの水槽を使って説明する研究者を見たことがある。一方の水槽の中で手の中に持ったスポンジ（流体要素）を握りしめれば（圧力上昇），そこに含まれる水（エントロピー）は減少する。スポンジを握りしめたまま他方の水槽に移動して再び手を水槽に入れる。そこで力を緩めれば（圧力減少），スポンジは水を吸収する。そのままもとの水槽に戻せば，スポンジは単に同じ場所を往復しているだけでも水をある方向に移動できる。単位時間当りにどの程度の水が移動するかは，往復運動の距離（変位振幅），1 回当りの水の吸収量（圧力振幅），単位時間当りの繰り返し回数（周波数）に比例することは当然である。

6.4 熱流束密度

$$-\pi\left\{-\left(\frac{\partial S}{\partial p}\right)_T \chi'_\alpha |p_1| \sin\theta\right\}|\xi_1| = \pi\left(\frac{\partial S}{\partial p}\right)_T \chi'_\alpha |p_1||\xi_1| \sin\theta$$

である。これに $\omega\rho_m T_m/(2\pi)$ を掛けた値が圧力の進行波成分による熱流束密度 Q_{prog} であり

$$Q_{prog} = \frac{\omega}{2}\rho_m T_m \left(\frac{\partial S}{\partial p}\right)_T \chi'_\alpha |p_1||\xi_1| \sin\theta \tag{6.12}$$

である。なお，熱膨張率 $\beta = \rho_m(\partial V/\partial T)_p$ が熱力学的関係式*

$$\rho_m\left(\frac{\partial S}{\partial p}\right)_T = -\beta \tag{6.13}$$

を満足することを用いると

$$Q_{prog} = -\frac{\omega}{2}\chi'_\alpha \beta T_m |p_1||\xi_1| \sin\theta \tag{6.14}$$

なので，仕事流束密度 I とつぎの関係があることがわかる。

$$Q_{prog} = -\chi'_\alpha \beta T_m I \tag{6.15}$$

つまり，Q_{prog} は，I とは方向が逆で，大きさが比例した熱流である。また，χ'_α に比例するので，等温可逆的な熱交換に由来する熱流である。Q_{prog} の添え字は進行波成分 (progressive wave component) を意味する。

B2 は，圧力変動に由来する断面平均エントロピー変動のうち，時間遅れのある変動成分と圧力変動の進行波成分を組み合わせて描いた $\langle S'\rangle_r$-ξ' 線図を示している。流体要素のエントロピー変動は圧力変動に比べて $\pi/2$ だけ位相が遅れているために，変位変動の行きと帰りで同じ場所で同じだけ熱の授受を行う。この結果，流体要素が描くのは線分であって面積はゼロである。つまり Q への寄与は一切ない。

C1 は，圧力変動に由来する断面平均エントロピー変動のうち，時間遅れのない変動成分と圧力変動の定在波成分を組み合わせて描いた $\langle S'\rangle_r$-ξ' 線図を示している。流体要素は圧力変動に位相遅れなくエントロピー変動するが，変位変動の行きと帰りで同じ場所で同じだけ流路壁とエントロピーの授受を行う。

---

* 熱力学では，ある物理量が意外な状態量どうしを用いて表されることが多い．その導出にはマクスウェルの関係式と偏微分に関する性質を知っておく必要がある．6.7 節にそれぞれを示す．本書で用いる熱力学的関係式の導出法もまとめた．

この結果，流体要素が描くのは線分であって面積はゼロである．つまり Q への寄与は一切ない．

C2 は，圧力変動に由来する断面平均エントロピー変動のうち，時間遅れのある変動成分と圧力変動の定在波成分を組み合わせて描いた $\langle S' \rangle_r$-ξ' 線図を示している．流体要素のエントロピー変動は圧力変動に比べて $\pi/2$ だけ位相が進んでいるために，圧力が最大となる右端で，つまり ξ' が最大のときエントロピーが急激に減少し，圧力が最小となる左端（最小の ξ' のとき）でエントロピーが増加する．この結果，流体要素は左側から右側へ向けてバケツリレーの要領でエントロピー輸送を実行する．C2 に示した右回り楕円の符号付き面積 $\pi(\partial S/\partial p)_T \chi''_\alpha |p_1||\xi_1| \cos\theta$ に $\omega\rho_m T_m/(2\pi)$ を掛けた値が圧力の定在波成分による熱流束密度 Q_{stand} であり

$$Q_{stand} = \frac{\omega}{2}\rho_m T_m \left(\frac{\partial S}{\partial p}\right)_T \chi''_\alpha |p_1||\xi_1| \cos\theta \tag{6.16}$$

となる．これに式（6.13）を適用すると

$$Q_{stand} = -\frac{\omega}{2}\chi''_\alpha \beta T_m |p_1||\xi_1| \cos\theta \tag{6.17}$$

を得る．Q_{stand} の方向は圧力が高くなる方向（この場合は右側）と一致する．この方向は温度勾配の向きとは直接関係ないので，ヒートポンプにとっては冷凍出力にも損失にもなりうる熱流束密度成分である．Q_{stand} は χ''_α に比例するので，不可逆的な熱交換に由来する熱流である．Q_{stand} の添え字は定在波成分（standing wave component）を意味する．

6.4.2　変位変動に由来する熱流束密度成分（Q_D）

図 6.10 の D1 は，温度勾配中の変位変動に由来する断面平均エントロピー変動のうち，時間遅れのない変動成分と変位変動で描いた $\langle S' \rangle_r$-ξ' 線図を示している．流体要素のエントロピーは，変位変動に合わせて変動する．これは変位による環境温度の変化に伴って周囲の流路壁と熱交換するために生じるエントロピー変化に対応している．変位変動の行きと帰りで同じ場所で同じだけの

6.4 熱流束密度

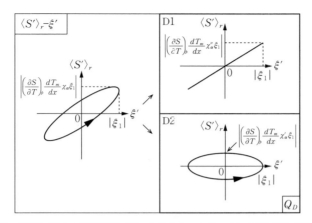

図6.10 温度勾配中の変位変動 ξ' に由来するエントロピー変動成分 $\langle S'\rangle_r$ と ξ'

エントロピーの変化が生じる。この結果，流体要素が描くのは線分であって面積は必ずゼロである。つまり Q への寄与は一切ない。

D2 は，温度勾配中の変位変動に由来する断面平均エントロピー変動のうち，時間遅れのある変動成分と変位変動で描いた $\langle S'\rangle_r$-ξ' 線図を示している。流体要素のエントロピー変動は ξ' に比べて $\pi/2$ だけ位相が遅れているために，$\xi'>0$ のときエントロピーは増加し続け，$\xi'<0$ のときエントロピーは減少し続ける。この結果，流体要素は右側（高温部）から左側（低温部）へ向けてバケツリレーの方式で熱輸送を実行する。D2 に示された左回り楕円の符号付き面積

$$-\pi\left\{-\left(\frac{\partial S}{\partial T}\right)_p\frac{dT_m}{dx}\chi''_\alpha|\xi_1|\right\}|\xi_1|=\pi\left(\frac{\partial S}{\partial T}\right)_p\frac{dT_m}{dx}\chi''_\alpha|\xi_1|^2$$

に $\omega\rho_m T_m/(2\pi)$ を掛けた値が温度勾配中の変位変動に由来する熱流束密度 Q_D であり

$$Q_D=\frac{\omega}{2}\chi''_\alpha\rho_m T_m\left(\frac{\partial S}{\partial T}\right)_p\frac{dT_m}{dx}|\xi_1|^2 \tag{6.18}$$

となる。ここで定圧比熱 C_p が

$$C_p=T_m\left(\frac{\partial S}{\partial T}\right)_p \tag{6.19}$$

と表されることを用いると

$$Q_D = \frac{\omega}{2}\chi''_\alpha \rho_m C_p \frac{dT_m}{dx}|\xi_1|^2 \tag{6.20}$$

である。Q_D は χ''_α に比例するので，不可逆的な熱交換に由来する。また，$\chi''_\alpha<0$ だから，Q_D は温度勾配 dT_m/dx とはつねに異符号であり，温度勾配を下る向きの熱流束密度成分を表す。そのためヒートポンプにとっては必ず損失となるが，ドリームパイプでは主役となる熱流束密度成分である。Q_D の添え字 D は displacement と dream pipe の頭文字である。

6.4.3 熱流束密度に関するまとめ

非粘性流体の場合の流体の振動ダイナミクスによる熱流束密度 Q はつぎのような成分の和として表すことができる。

$$Q = Q_{prog} + Q_{stand} + Q_D \tag{6.21}$$

ただし

$$Q_{prog} = -\frac{\omega}{2}\chi'_\alpha \beta T_m |p_1||\xi_1|\sin\theta$$

$$Q_{stand} = -\frac{\omega}{2}\chi''_\alpha \beta T_m |p_1||\xi_1|\cos\theta$$

$$Q_D = \frac{\omega}{2}\chi''_\alpha \rho_m C_p \frac{dT_m}{dx}|\xi_1|^2$$

である。

複素変位振幅 ξ_1 の代わりに複素流速振幅 $u_1 = i\omega\xi_1$ を用いると，それぞれつぎのようになる。ここで，p_1 に対する u_1 の位相を $\phi(=\pi/2-\theta)$ として表記している。

$$Q_{prog} = -\frac{1}{2}\chi'_\alpha \beta T_m |p_1||u_1|\cos\phi \tag{6.22}$$

$$Q_{stand} = -\frac{1}{2}\chi''_\alpha \beta T_m |p_1||u_1|\sin\phi \tag{6.23}$$

$$Q_D = \frac{1}{2\omega}\chi''_\alpha \rho_m C_p \frac{dT_m}{dx}|u_1|^2 \tag{6.24}$$

6.4 熱流束密度

Q_{prog}, Q_{stand} と Q_D の式からわかることを補足しておこう。

① **表 6.1** に示すように, Q_{prog} は, 圧力の進行波成分の振幅 $|p_1|\sin\theta$ に比例し, また Q_{stand} は定在波成分の振幅 $|p_1|\cos\theta$ に比例する。また, それぞれ χ'_α と χ''_α に比例するから可逆的な熱交換と不可逆的な熱交換に由来する。8 章で議論するように, ループ管を用いた音波クーラーや GM 冷凍機, パルス管冷凍機で本質的となるのが Q_{prog} であり, 共鳴管型音波冷凍機で本質的となるのが Q_{stand} である。また, Q_D は $|\xi_1|^2$ に比例し, 不可逆過程に由来する熱流束密度成分である。

表 6.1 熱流束密度の成分分け

		熱交換過程	
		可逆的 χ'_α	不可逆的 χ''_α
振幅因子	進行波成分 $|p_1||\xi_1|\sin\theta$	Q_{prog}	
	定在波成分 $|p_1||\xi_1|\cos\theta$		Q_{stand}
	$|\xi_1|^2$		Q_D

② Q_{prog} と Q_{stand} はどちらも熱膨張率 β と温度 T_m の積に比例する。理想気体では積 βT_m に対して, $\beta T_m=1$ の関係が成り立つ。気体は液体よりも熱膨張率 β が大きいので, Q_{prog} と Q_{stand} は気体の場合に有効な熱流束密度成分である。一方, Q_D は密度 ρ_m と比熱 C_p に比例するから, 気体よりも液体のほうが Q_D は大きくなりやすい。ドリープパイプで液体を使用する理由はここにある。

③ Q_D は $|u_1|^2/\omega=\omega|\xi_1|^2$ に比例するので, 角周波数に比例して, また変位振幅の 2 乗に比例して増加する。また, 圧力振幅 $|p_1|$ や位相差 θ には一切関係がない。

6.5 仕　事　源

非粘性流体に対する仕事源の数式表現は

$$w = \frac{\omega}{2\pi}\rho_m\left(\frac{\partial V}{\partial S}\right)_p \oint p' d\langle S'\rangle_r$$

である。流体要素のする仕事と関係づけるために，次式で与えられる体積変動 $\langle V'\rangle_r$ を考える。

$$\langle V'\rangle_r = \left(\frac{\partial V}{\partial S}\right)_p \langle S'\rangle_r \tag{6.25}$$

$\langle V'\rangle_r$ は，等圧的エントロピー変動によって引き起こされる体積変動を表す。係数 $(\partial V/\partial S)_p$ は，熱力学的関係式により等温圧縮率 K_T と断熱圧縮率 K_S を用いて

$$\left(\frac{\partial V}{\partial S}\right)_p = \frac{K_T - K_S}{\beta} > 0 \tag{6.26}$$

と表されるので，$\langle V'\rangle_r$ は $\langle S'\rangle_r$ と同位相で振動する変動量である。したがって，p'-$\langle S'\rangle_r$ 線図は等圧的エントロピーによる体積変動 $\langle V'\rangle_r$ を用いて描いた p'-$\langle V'\rangle_r$ 線図と（定数係数を除いて）同等の意味を持つとしてよい。$p'd\langle V'\rangle_r > 0$ なら流体要素は仕事をし，また $p'd\langle V'\rangle_r < 0$ なら仕事をされる。

式(6.7)にあるように，断面平均エントロピー $\langle S'\rangle_r$ には圧力変動に由来する成分と変位変動に由来する成分がある。これに応じて，w も Q と同様に成分分けができる。はじめに圧力変動に由来するエントロピー変動により生じる仕事源 W_p について調べ，つぎに変位変動に由来するエントロピー変動により生じる仕事源である W_{prog} と W_{stand} について調べる。

6.5.1　圧力変動に由来する仕事源成分（W_p）

図 6.11 の E1 は，圧力変動に由来する断面平均エントロピーのうち，時間遅れのない変動成分と圧力変動の関係に基づいて示した p'-$\langle S'\rangle_r$ 線図である。$\langle S'\rangle_r$ を体積変動 $\langle V'\rangle_r$ で読み換えると，流体要素が p'-$\langle V'\rangle_r$ 線図上に描く軌

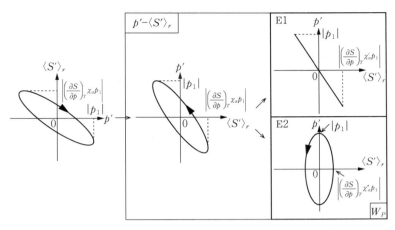

図 6.11 圧力変動 p' と p' に由来するエントロピー変動成分 $\langle S' \rangle_r$

跡は線分となり,周囲に対して仕事をした分だけ仕事をされていると理解できる.その結果,流体要素が1周期の間に正味行う仕事はゼロである.

E2 は,圧力変動に由来する断面平均エントロピーのうち,時間遅れのある変動成分と圧力変動の関係に基づいて示した p'-$\langle S' \rangle_r$ 線図である.この図に基づいて体積変動 $\langle V' \rangle_r$ を考える.流体要素の体積は圧力 p' が正の間,減少し続け,逆に圧力 p' が負の間,増加し続ける.この結果,流体要素は仕事をされ続けることになる.E2 に示された左回り楕円の符号付き面積

$$-\pi |p_1| \left(\frac{\partial S}{\partial p}\right)_T \chi''_\alpha |p_1| = -\pi \left(\frac{\partial S}{\partial p}\right)_T \chi''_\alpha |p_1|^2$$

に $\{\omega/(2\pi)\} \rho_m (\partial V/\partial S)_p$ を掛けた値が圧力変動による仕事源 W_p であり

$$W_p = -\frac{\omega}{2} \rho_m \left(\frac{\partial V}{\partial S}\right)_p \left(\frac{\partial S}{\partial p}\right)_T \chi''_\alpha |p_1|^2 \tag{6.27}$$

である.熱力学的関係式 (6.13) と式 (6.26) により

$$W_p = \frac{\omega}{2}(K_T - K_S) \chi''_\alpha |p_1|^2 \tag{6.28}$$

である.W_p は χ''_α に比例するので不可逆的熱交換に由来する.実際,その符号はつねに負であるので,W_p は圧力振幅の2乗に比例したエネルギー散逸を表す.W_p の添え字 p は pressure の頭文字である.

6.5.2 変位変動に由来する仕事源成分（W_{prog} と W_{stand}）

図 6.12 の F1 は，圧力変動の進行波成分と，温度勾配中の変位変動に由来する断面平均エントロピー変動のうち時間遅れのない成分の関係に基づいて示した p'-$\langle S' \rangle_r$ 線図である。この図に基づいて体積変動 $\langle V' \rangle_r$ を考えると，流体要素の体積は温度勾配中の変位変動のために最も右側で体積が最大となり，逆に最も左側で体積が最小となる。その結果，圧力 p' が正の間，体積は増加し続け，逆に圧力 p' が負の間，減少し続ける。F1 に示された右回り楕円の符号付き面積

$$\pi \left(\frac{\partial S}{\partial T} \right)_p \frac{dT_m}{dx} \chi'_\alpha |\xi_1||p_1| \sin\theta$$

に $\{\omega/(2\pi)\}\rho_m (\partial V/\partial S)_p$ を掛けた値が圧力変動の進行波成分による仕事源 W_{prog} であり

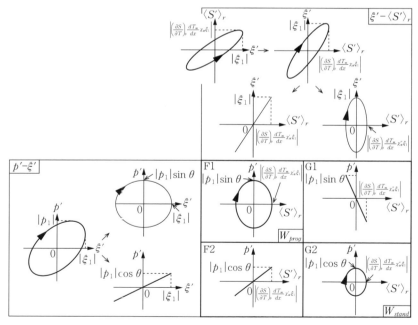

図 6.12　圧力変動 p' と温度勾配中の変位変動 ξ' に由来するエントロピー変動成分 $\langle S' \rangle_r$

6.5 仕事源

$$W_{prog} = \frac{\omega}{2}\rho_m\left(\frac{\partial V}{\partial S}\right)_p\left(\frac{\partial S}{\partial T}\right)_p\frac{dT_m}{dx}\chi'_\alpha|p_1||\xi_1|\sin\theta \tag{6.29}$$

である。偏微分に関する性質から

$$\left(\frac{\partial V}{\partial S}\right)_p\left(\frac{\partial S}{\partial T}\right)_p = \left(\frac{\partial V}{\partial T}\right)_p \tag{6.30}$$

である。さらに熱膨張率 $\beta = \rho_m(\partial V/\partial T)_p$ を用いて変形すると

$$W_{prog} = \frac{\omega}{2}\beta\frac{dT_m}{dx}\chi'_\alpha|p_1||\xi_1|\sin\theta \tag{6.31}$$

となる。つまり W_{prog} は仕事流束密度 I とつぎのような関係にある。

$$W_{prog} = \beta\frac{dT_m}{dx}\chi'_\alpha I \tag{6.32}$$

$\chi'_\alpha > 0$ であることからわかるように，W_{prog} の符号は仕事流束密度の方向が温度勾配の符号と同じとき正となる。W_{prog} は χ'_α に比例するので，等温可逆プロセスに起因するエネルギー変換を表す。また，仕事流束密度 I に比例するので，W_{prog} は I を増幅する作用を持つ。4.6 節で述べたように，I の増幅が起こるのは進行波音波エンジンと呼ばれるが，その命名の由来は進行波成分（progressive wave component）に由来するエネルギー変換メカニズムにある。

F2 は，圧力変動の定在波成分と，温度勾配中の変位変動に由来する断面平均エントロピーのうち時間遅れのない成分の関係に基づいて示した p'-$\langle S'\rangle_r$ 線図である。この図に基づいて体積変動 $\langle V'\rangle_r$ を考えると，流体要素は周囲に対して仕事をした分だけ仕事されていることがわかる。この結果，流体要素が正味行う仕事はゼロである。

G1 は，圧力変動の進行波成分と温度勾配中の変位変動に由来する断面平均エントロピーのうち，時間遅れを伴う変動成分の関係に基づいて示した p'-$\langle S'\rangle_r$ 線図である。この図に基づいて体積変動 $\langle V'\rangle_r$ を考えると，流体要素は周囲に対して仕事をした分だけ仕事されていることがわかる。この結果，流体要素が正味行う仕事はゼロである。

G2 は，圧力変動の定在波成分と温度勾配中の変位変動に由来する断面平均エントロピーのうち，時間遅れを伴う変動成分の関係に基づいて示した

p'-$\langle S' \rangle_r$ 線図である。この図に基づいて体積変動 $\langle V' \rangle_r$ を考えると，流体要素の体積は温度勾配中の変位変動に $\pi/2$ だけ位相が遅れる結果，圧力 p' が正の間，体積は増加し続け，逆に圧力が負の間，減少し続ける。その結果，仕事をし続けることになる。G2 に示された右回り楕円の符号付き面積

$$\pi\left\{-\left(\frac{\partial S}{\partial T}\right)_p \frac{dT_m}{dx}\chi_a''|\xi_1|\right\}|p_1|\cos\theta = -\pi\left(\frac{\partial S}{\partial T}\right)_p \frac{dT_m}{dx}\chi_a''|p_1||\xi_1|\cos\theta$$

に $\{\omega/(2\pi)\}\rho_m(\partial V/\partial S)_p$ を掛けた値が圧力変動の定在波成分による仕事源 W_{stand} であり

$$W_{stand} = -\frac{\omega}{2}\rho_m\left(\frac{\partial V}{\partial S}\right)_p\left(\frac{\partial S}{\partial T}\right)_p \frac{dT_m}{dx}\chi_a''|p_1||\xi_1|\cos\theta \tag{6.33}$$

つまり

$$W_{stand} = -\frac{\omega}{2}\beta\frac{dT_m}{dx}\chi_a''|p_1||\xi_1|\cos\theta \tag{6.34}$$

である。これはつぎのように変形できる。

$$W_{stand} = \frac{Q_{stand}}{T_m}\frac{dT_m}{dx} \tag{6.35}$$

これからわかるように，W_{stand} の符号は温度勾配が正のとき Q_{stand} と同符号になる。だから，流体要素の圧力が高くなる位置の温度が高いとき，正となる。W_{stand} は χ_a'' に比例するので，不可逆プロセスに起因するエネルギー変換を表す。また，W_{stand} は圧力変動の定在波成分の振幅に比例するので，仕事流束密度 I と直接的な関係はない。例えば $\theta=0$ のときには $I=0$ であるが，$dT_m/dx>0$ ならば $W_{stand}>0$ となりうる。4.6 節で述べたように，共鳴管型音波エンジンでは I がスタックの両端から流れ出るが，その原因は W_{stand} にある。共鳴管型音波エンジンが定在波音波エンジンとも呼ばれるのは，定在波成分 (standing wave component) に由来するエネルギー変換メカニズムにある。

6.5.3 仕事源に関するまとめ

非粘性流体の場合の仕事源 w はつぎのようにまとめられる。

$$w = W_p + W_{prog} + W_{stand} \tag{6.36}$$

ただし

$$W_p = \frac{\omega}{2}(K_T - K_S)\chi''_\alpha |p_1|^2$$

$$W_{prog} = \frac{\omega}{2}\beta\frac{dT_m}{dx}\chi'_\alpha |p_1||\xi_1|\sin\theta$$

$$W_{stand} = -\frac{\omega}{2}\beta\frac{dT_m}{dx}\chi''_\alpha |p_1||\xi_1|\cos\theta$$

である。複素変位振幅 ξ_1 の代わりに複素流速振幅 $u_1 = i\omega\xi_1$ を用いると W_{prog} と W_{stand} はそれぞれつぎのようになる。なお，p_1 に対する u_1 の位相を $\phi(=\pi/2-\theta)$ として表記した。

$$W_{prog} = \frac{1}{2}\beta\frac{dT_m}{dx}\chi'_\alpha |p_1||u_1|\cos\phi \tag{6.37}$$

$$W_{stand} = -\frac{1}{2}\beta\frac{dT_m}{dx}\chi''_\alpha |p_1||u_1|\sin\phi \tag{6.38}$$

W_{prog}，W_{stand} と W_p の表式からわかることを補足しておこう。

① **表 6.2** に示すように，W_{prog} は圧力の進行波成分 $|p_1|\sin\theta$ を含み，また W_{stand} は定在波成分 $|p_1|\cos\theta$ を含む。また，それぞれ χ'_α と χ''_α に比例するから可逆的な熱交換と不可逆的な熱交換に由来する仕事源である。また，W_p は $|p_1|^2$ に比例し，不可逆的な熱交換に由来する仕事源である。

表 6.2 仕事源の成分分け

		熱交換過程	
		可逆的 χ'_α	不可逆的 χ''_α
振幅因子	進行波成分 $|p_1||\xi_1|\sin\theta$	W_{prog}	
	定在波成分 $|p_1||\xi_1|\cos\theta$		W_{stand}
	$|p_1|^2$		W_p

② W_{prog} と W_{stand} はどちらも熱膨張率 β に比例する。β は，理想気体では，$1/T_m$ に等しいが，液体では気体に比べて小さい。液体では W_{prog} と W_{stand} はたいてい小さいが，それでもエネルギー変換は可能性である[2]。

③ W_{prog} と W_{stand} はどちらも温度勾配 dT_m/dx に比例するから，一様温度の環境では $W_{prog}=W_{stand}=0$ である．温度勾配が存在してはじめて有限になるという意味で，W_{prog} と W_{stand} は熱音響デバイスのエネルギー変換にとって本質的である．また，W_p は温度勾配には関係しない．

6.6 粘性流体のエネルギー流束密度と仕事源

6.6.1 振動量どうしの積の時間平均に関する数学公式

粘性流体の場合，非粘性流体の場合に比べて振動量の積に関する時間平均演算がやや面倒になる．そのためにまずは振動量の積の時間平均に関する数学公式を示しておこう．

二つの振動量 $X'=|X_1|\cos(\omega t+\Phi)$ と $Y'=|Y_1|\cos\omega t$ の複素表示をそれぞれ，$X'=\mathrm{Re}[X_1 e^{i\omega t}]$，$Y'=\mathrm{Re}[Y_1 e^{i\omega t}]$ とする．複素振幅 X_1 は Y_1 に対して位相角が Φ だけ進んでいるので，X_1 と，Y_1 の複素共役 $Y_1^\dagger$ の積は

$$X_1 Y_1^\dagger = |X_1||Y_1|\cos\Phi + i|X_1||Y_1|\sin\Phi$$

となる．一方，振動量 X' と Y' の積の時間平均は

$$\langle X'Y'\rangle_t = \frac{1}{2}|X_1||Y_1|\cos\Phi$$

である．3.2節で説明したように，この結果から

$$\langle X'Y'\rangle_t = \frac{1}{2}\mathrm{Re}[X_1 Y_1^\dagger]$$

という等式が得られる．

また，X' と dY'/dt の積の時間平均は，$X_1 Y_1^\dagger$ を $X_1 Y_1^\dagger = z'+iz''$ と表記するとつぎのように変形できる．

$$\left\langle X'\frac{dY'}{dt}\right\rangle_t = \frac{1}{2}\mathrm{Re}[X_1(i\omega Y_1)^\dagger] = \frac{1}{2}\mathrm{Re}[-i\omega X_1 Y_1^\dagger]$$

$$= \frac{1}{2}\mathrm{Re}[-i\omega(z'+iz'')] = \frac{1}{2}\omega z'' = \frac{1}{2}\omega\mathrm{Im}[X_1 Y_1^\dagger]$$

これからつぎの公式が得られる．

6.6 粘性流体のエネルギー流束密度と仕事源

$$\left\langle X'\frac{dY'}{dt}\right\rangle_t = \frac{1}{2}\omega \text{Im}[X_1 Y_1^\dagger] \qquad (6.39)$$

6.6.2 流体要素の断面平均変位変動と圧力変動

非粘性流体の場合には，注目する流体要素の変位変動に注目したが，粘性流体の場合は断面平均変位変動に注目して議論を進める。以下では，注目する流体要素の断面平均変位振動 $\langle \xi' \rangle_r$ を

$$\langle \xi' \rangle_r = \text{Re}[\xi_{1r}e^{i\omega t}] = |\xi_{1r}|\cos\omega t \qquad (6.40)$$

とし，また圧力変動を

$$p' = \text{Re}[p_1 e^{i\omega t}] = |p|\cos(\omega t + \theta) \qquad (6.41)$$

とする。したがって，例えば，積 $p_1 \xi_{1r}^\dagger$ は

$$p_1 \xi_{1r}^\dagger = |p_1||\xi_{1r}|\cos\theta + i|p_1||\xi_{1r}|\sin\theta \qquad (6.42)$$

である。最終的な表式は ξ_{1r} の代わりに断面平均流速変動 $u'_r = \langle u' \rangle_r$ に対する複素振幅 $u_{1r} = i\omega\xi_{1r}$ を用いた場合についても示す。なお，p_1 に対する u_1 の位相を $\phi (=\pi/2 - \theta)$ として表記する。図 **6.13** に ξ_{1r}, u_{1r} と p_1 をフェーザとして示した。

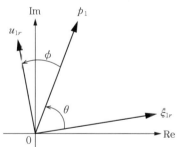

図 **6.13** ξ_{1r}, u_{1r} と p_1

6.6.3 粘性流体の仕事流束密度

仕事流束密度 I は

$$I = \langle\langle p'u' \rangle\rangle$$

であるが，p_1 が断面内で一様なので，$\langle\langle p'u' \rangle\rangle = \langle p'\langle u' \rangle_r \rangle_t$ である。式 (6.39)

より

$$\langle p'\langle u'\rangle_r\rangle_t = \frac{1}{2}\omega\,\text{Im}[p_1\xi_{1r}^\dagger] \tag{6.43}$$

なので

$$I = \frac{\omega}{2}|p_1||\xi_{1r}|\sin\theta \tag{6.44}$$

であり，また

$$I = \frac{1}{2}|p_1||u_{1r}|\cos\phi \tag{6.45}$$

である。この結果は非粘性流体の場合と変化はない。

6.6.4 粘性流体の熱流束密度

熱流束密度 Q は

$$Q = \rho_m T_m \langle\langle S'u'\rangle\rangle$$

である。$u' = d\xi'/dt$ だから

$$Q = \rho_m T_m \left\langle\left\langle S'\frac{d\xi'}{dt}\right\rangle\right\rangle \tag{6.46}$$

である。式 (6.39) を使って，時間平均を実行すると

$$Q = \frac{\omega}{2}\rho_m T_m \langle\text{Im}[S_1\xi_1^\dagger]\rangle_r \tag{6.47}$$

である。複素量 $S_1\xi_1^\dagger$ の虚部についての断面平均は，$S_1\xi_1^\dagger$ の断面平均の虚部と同じなので

$$Q = \frac{\omega}{2}\rho_m T_m \,\text{Im}[\langle S_1\xi_1^\dagger\rangle_r] \tag{6.48}$$

である。$S_1\xi_1^\dagger$ に対してラグランジュ的エントロピー変動（5.6節）

$$S_1 = \left(\frac{\partial S}{\partial p}\right)_T f_\alpha p_1 + \left(\frac{\partial S}{\partial T}\right)_p \frac{dT_m}{dx}b\xi_{1r}$$

を代入すると

$$\langle S_1\xi_1^\dagger\rangle_r = \left(\frac{\partial S}{\partial p}\right)_T \langle f_\alpha p_1\xi_1^\dagger\rangle_r + \left(\frac{\partial S}{\partial T}\right)_p \frac{dT_m}{dx}\langle b\xi_{1r}\xi_1^\dagger\rangle_r \tag{6.49}$$

6.6 粘性流体のエネルギー流束密度と仕事源

である。ここで b はつぎのように定めた記号である（式 (5.37)）。

$$b = \frac{f_\alpha - f_\nu}{(1-\chi_\nu)(1-\sigma)} \tag{6.50}$$

粘性流体に対する運動方程式の解（3.6 節）を変形すると

$$\xi_1 = \frac{1-f_\nu}{1-\chi_\nu}\xi_{1r}$$

であるので，式 (6.49) の右辺の第 1 項と第 2 項はそれぞれ

$$\left(\frac{\partial S}{\partial p}\right)_T \langle f_\alpha p_1 \xi_1^\dagger \rangle_r = \left(\frac{\partial S}{\partial p}\right)_T \left\langle f_\alpha \frac{1-f_\nu^\dagger}{1-\chi_\nu^\dagger} p_1 \xi_{1r}^\dagger \right\rangle_r$$

および

$$\left(\frac{\partial S}{\partial T}\right)_p \frac{dT_m}{dx} \langle b \xi_{1r} \xi_1^\dagger \rangle_r = \left(\frac{\partial S}{\partial T}\right)_p \frac{dT_m}{dx} \left\langle b \frac{1-f_\nu^\dagger}{1-\chi_\nu^\dagger} \xi_{1r} \xi^\dagger_{1r} \right\rangle_r$$

$$= \left(\frac{\partial S}{\partial T}\right)_p \frac{dT_m}{dx} |\xi_{1r}|^2 \left\langle b \frac{1-f_\nu^\dagger}{1-\chi_\nu^\dagger} \right\rangle_r$$

である。したがって

$$\mathrm{Im}[\langle S_1 \xi_1^\dagger \rangle_r] = \left(\frac{\partial S}{\partial p}\right)_T \mathrm{Im}\left[\left\langle f_\alpha \frac{1-f_\nu^\dagger}{1-\chi_\nu^\dagger} p_1 \xi_{1r}^\dagger \right\rangle_r\right]$$

$$+ \left(\frac{\partial S}{\partial T}\right)_p \frac{dT_m}{dx} |\xi_{1r}|^2 \mathrm{Im}\left[\left\langle b \frac{1-f_\nu^\dagger}{1-\chi_\nu^\dagger} \right\rangle_r\right] \tag{6.51}$$

である。表記を簡略化するために g および g_D をそれぞれ

$$g = \left\langle f_\alpha \frac{1-f_\nu^\dagger}{1-\chi_\nu^\dagger} \right\rangle_r \tag{6.52}$$

と

$$\mathrm{Im}\left[\left\langle b\frac{1-f_\nu^\dagger}{1-\chi_\nu^\dagger}\right\rangle_r\right] = \mathrm{Im}[g_D]\mathrm{Re}\left[\frac{1}{1-\chi_\nu}\right] \tag{6.53}$$

を満足するように導入すると，式 (6.51) の右辺の第 1 項と第 2 項はそれぞれ

$$\left(\frac{\partial S}{\partial p}\right)_T \mathrm{Im}\left[\left\langle f_\alpha \frac{1-f_\nu^\dagger}{1-\chi_\nu^\dagger} p_1 \xi_{1r}^\dagger \right\rangle_r\right] = \left(\frac{\partial S}{\partial p}\right)_T |p_1||\xi_{1r}|\{\mathrm{Re}[g]\sin\theta + \mathrm{Im}[g]\cos\theta\}$$

$$\left(\frac{\partial S}{\partial T}\right)_p \frac{dT_m}{dx} |\xi_{1r}|^2 \mathrm{Im}\left[\left\langle b\frac{1-f_\nu^\dagger}{1-\chi_\nu^\dagger}\right\rangle_r\right] = \left(\frac{\partial S}{\partial T}\right)_p \frac{dT_m}{dx} \mathrm{Im}[g_D]\mathrm{Re}\left[\frac{1}{1-\chi_\nu}\right]|\xi_{1r}|^2$$

である。なお，ベッセル関数に関する計算のあと，g および g_D はつぎのよう

に変形される[3]。

$$g = \frac{\chi_\alpha - \chi_\nu^\dagger}{(1+\sigma)(1-\chi_\nu^\dagger)} \tag{6.54}$$

$$g_D = \frac{\chi_\alpha - \chi_\nu^\dagger - (1+\sigma)\chi_\nu + (1+\sigma)\mathrm{Re}[\chi_\nu]}{(1-\mathrm{Re}[\chi_\nu])(1-\sigma^2)} \tag{6.55}$$

式 (6.13) と式 (6.19) の熱膨張率と定圧比熱に関する熱力学的関係式に注意して以上をまとめると，熱流束密度 Q は三つの成分に分けることができる．

$$Q = Q_{prog} + Q_{stand} + Q_D \tag{6.56}$$

$$Q_{prog} = -\frac{\omega}{2}\beta T_m \mathrm{Re}[g]|p_1||\xi_{1r}|\sin\theta \tag{6.57}$$

$$Q_{stand} = -\frac{\omega}{2}\beta T_m \mathrm{Im}[g]|p_1||\xi_{1r}|\cos\theta \tag{6.58}$$

$$Q_D = \frac{\omega}{2}\rho_m C_p \frac{dT_m}{dx}\mathrm{Im}[g_D]\mathrm{Re}\left[\frac{1}{1-\chi_\nu}\right]|\xi_{1r}|^2 \tag{6.59}$$

$u_{1r} = i\omega\xi_{1r}$ を用いてそれぞれを表すとつぎのとおりである．

$$Q_{prog} = -\frac{1}{2}\beta T_m \mathrm{Re}[g]|p_1||u_{1r}|\cos\phi \tag{6.60}$$

$$Q_{stand} = -\frac{1}{2}\beta T_m \mathrm{Im}[g]|p_1||u_{1r}|\sin\phi \tag{6.61}$$

$$Q_D = \frac{1}{2\omega}\rho_m C_p \frac{dT_m}{dx}\mathrm{Im}[g_D]\mathrm{Re}\left[\frac{1}{1-\chi_\nu}\right]|u_{1r}|^2 \tag{6.62}$$

非粘性流体の場合の表式と比較すると，ξ_1 と u_1 がそれぞれ ξ_{1r} と u_{1r} に置き換わったほかに，Q_{prog} と Q_{stand} においては

$$\chi_\alpha' \Leftrightarrow \mathrm{Re}[g], \quad \chi_\alpha'' \Leftrightarrow \mathrm{Im}[g]$$

の置き換えがなされ，また Q_D においては

$$\chi_\alpha'' \Leftrightarrow \mathrm{Im}[g_D]\mathrm{Re}\left[\frac{1}{1-\chi_\nu}\right]$$

の置き換えがなされていることがわかる．

図 6.14 と**図 6.15** に g と g_D のグラフを示す．図からわかるように $\sigma = 0.66$ の場合には，いずれも虚数部分の大きさが χ_α に比べて大きくなる傾向がある．厳密に $g = \chi_\alpha$，$\mathrm{Im}[g_D] = \chi_\alpha''$ が成立するのは非粘性の極限（$\sigma = 0$）に限られる

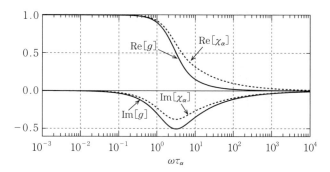

図 6.14 g と χ_α の $\omega\tau_\alpha$ 依存性 ($\sigma=0.66$)

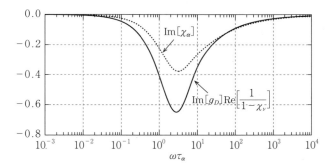

図 6.15 Im$[g_D]$ と χ''_α の $\omega\tau_\alpha$ 依存性 ($\sigma=0.66$)

が，非粘性流体に対する議論は定性的には粘性流体の場合にも適用できると考えてよいだろう．

6.6.5 粘性流体の仕事源

粘性流体における仕事源 w は 5.3 節で見たように

$$w = W_\nu + \rho_m \left(\frac{\partial V}{\partial S}\right)_p \left\langle p' \frac{d\langle S'\rangle_r}{dt} \right\rangle$$

であった．右辺の第 1 項と第 2 項について，それぞれの具体的表式を求める．第 1 項の W_ν は粘性によるエネルギー散逸を表し

$$W_\nu = \langle\langle (\mu\Delta u')u' \rangle\rangle$$

であった。粘性流体に対する運動方程式を考慮すると（3.5節）次式が得られる。

$$\langle\langle(\mu\Delta_\perp u')u'\rangle\rangle = \left\langle\left\langle \frac{\partial p'}{\partial x} u' \right\rangle\right\rangle$$

断面平均演算の前に時間平均演算を実行すると

$$W_\nu = \frac{1}{2}\left\langle \mathrm{Re}\left[\frac{dp_1}{dx} u_1^\dagger\right] \right\rangle_r$$

である。複素量の実部の断面平均と、断面平均の実部はたがいに等しい＊ので

$$W_\nu = \frac{1}{2}\mathrm{Re}\left\langle \frac{dp_1}{dx} u_1^\dagger \right\rangle_r$$

が成立するが、p_1 が断面内で一様なので、つぎのように変形できる。

$$W_\nu = \frac{1}{2}\mathrm{Re}\left[\frac{dp_1}{dx} u_{1r}^\dagger\right] \tag{6.63}$$

運動方程式の解として、断面平均流速（式(3.82)）が

$$u_{1r} = \frac{i}{\omega\rho_m}\frac{dp_1}{dx}(1-\chi_\nu)$$

と表されるので

$$\frac{dp_1}{dx} = \frac{-i\omega\rho_m}{1-\chi_\nu} u_{1r}$$

である。これを式(6.63)に代入すると

$$W_\nu = \frac{1}{2}\mathrm{Re}\left[\frac{-i\omega\rho_m}{1-\chi_\nu} u_{1r} u_{1r}^\dagger\right] = \frac{1}{2}\omega\rho_m|u_{1r}|^2 \mathrm{Re}\left[\frac{-i}{1-\chi_\nu}\right]$$

つまり

$$W_\nu = \frac{1}{2}\omega\rho_m \mathrm{Im}\left[\frac{1}{1-\chi_\nu}\right]|u_{1r}|^2 \tag{6.64}$$

である。W_ν の添え字 ν は流体の動粘性係数を表す。

第2項に対して、時間平均演算を公式(6.39)を用いて実行すると

$$\rho_m\left(\frac{\partial V}{\partial S}\right)_p \left\langle p'\frac{d\langle S'\rangle_r}{dt}\right\rangle = \frac{\omega\rho_m}{2}\left(\frac{\partial V}{\partial S}\right)_p \mathrm{Im}[p_1\langle S_1\rangle_r^\dagger]$$

＊ ある複素量 $z=z'+iz''$ について、その断面平均は $\langle z\rangle_r = \langle z'\rangle_r + i\langle z''\rangle_r$ であるから $\mathrm{Re}[\langle z\rangle_r] = \langle\mathrm{Re}[z]\rangle_r$ である。

6.6 粘性流体のエネルギー流束密度と仕事源

である。熱輸送の一般式の解として得られたラグランジュ的エントロピー変動

$$\langle S_1 \rangle_r = \left(\frac{\partial S}{\partial p}\right)_T \chi_\alpha p_1 + \left(\frac{\partial S}{\partial T}\right)_p \frac{dT_m}{dx} \langle b \rangle_r \xi_{1r}$$

を代入すると

$$\frac{\omega \rho_m}{2}\left(\frac{\partial V}{\partial S}\right)_p \mathrm{Im}[p_1 \langle S_1 \rangle_r^\dagger] = \frac{\omega \rho_m}{2}\left(\frac{\partial V}{\partial S}\right)_p \mathrm{Im}\left[p_1\left(\frac{\partial S}{\partial p}\right)_T \chi_\alpha^\dagger p_1^\dagger\right]$$

$$+ \frac{\omega \rho_m}{2}\left(\frac{\partial V}{\partial S}\right)_p \mathrm{Im}\left[p_1\left(\frac{\partial S}{\partial T}\right)_p \frac{dT_m}{dx} \langle b \rangle_r^\dagger \xi_{1r}^\dagger\right]$$

(6.65)

を得る。ただし、$\langle b \rangle_r$ は 5.6 節で導入した記号で

$$\langle b \rangle_r = \frac{\chi_\alpha - \chi_\nu}{(1-\chi_\nu)(1-\sigma)}$$

である。式 (6.65) 式の右辺の第 1 項はつぎのように変形できる。

$$\frac{\omega \rho_m}{2}\left(\frac{\partial V}{\partial S}\right)_p \mathrm{Im}\left[p_1\left(\frac{\partial S}{\partial p}\right)_T \chi_\alpha^\dagger p_1^\dagger\right] = \frac{\omega \rho_m}{2}\left(\frac{\partial V}{\partial S}\right)_p \left(\frac{\partial S}{\partial p}\right)_T |p_1|^2 \mathrm{Im}[\chi_\alpha^\dagger]$$

式 (6.13) と式 (6.26) に示した熱力学的関係式と、$\mathrm{Im}[\chi_\alpha^\dagger] = -\mathrm{Im}[\chi_\alpha] = -\chi_\alpha''$ であることを利用すると

$$\frac{\omega \rho_m}{2}\left(\frac{\partial V}{\partial S}\right)_p \left(\frac{\partial S}{\partial p}\right)_T |p_1|^2 \mathrm{Im}[\chi_\alpha^\dagger] = \frac{\omega}{2}(K_T - K_S)\chi_\alpha''|p_1|^2$$

となる。これは熱伝導によるエネルギー散逸 W_p を表し

$$W_p = \frac{\omega}{2}(K_T - K_S)\chi_\alpha''|p_1|^2 \tag{6.66}$$

である。式 (6.65) の右辺の第 2 項は

$$\frac{\omega \rho_m}{2}\left(\frac{\partial V}{\partial S}\right)_p \mathrm{Im}\left[p_1\left(\frac{\partial S}{\partial T}\right)_p \frac{dT_m}{dx}\langle b \rangle_r^\dagger \xi_{1r}^\dagger\right]$$

$$= \frac{\omega \rho_m}{2}\left(\frac{\partial V}{\partial S}\right)_p \left(\frac{\partial S}{\partial T}\right)_p \frac{dT_m}{dx}\mathrm{Im}[p_1 \langle b \rangle_r^\dagger \xi_{1r}^\dagger]$$

と変形できる。式 (6.30) と等式

$$\mathrm{Im}[p_1 \langle b \rangle_r^\dagger \xi_{1r}^\dagger] = \mathrm{Im}[(\mathrm{Re}\langle b \rangle_r - i\mathrm{Im}\langle b \rangle_r)(|p_1||\xi_{1r}|\cos\theta + i|p_1||\xi_{1r}|\sin\theta)]$$

$$= (\mathrm{Re}\langle b \rangle_r)|p_1||\xi_{1r}|\sin\theta - (\mathrm{Im}\langle b \rangle_r)|p_1||\xi_{1r}|\cos\theta$$

を用いると式 (6.65) の右辺の第 2 項は

$$\frac{\omega\rho_m}{2}\left(\frac{\partial V}{\partial S}\right)_p\left(\frac{\partial S}{\partial T}\right)_p\frac{dT_m}{dx}\mathrm{Im}[p_1\langle b\rangle_r^\dagger \xi_{1r}^\dagger]$$

$$=\frac{\omega}{2}\beta\frac{dT_m}{dx}\{(\mathrm{Re}\langle b\rangle_r)|p_1||\xi_{1r}|\sin\theta-(\mathrm{Im}\langle b\rangle_r)|p_1||\xi_{1r}|\cos\theta\}$$

$$=\frac{\omega}{2}\beta\frac{dT_m}{dx}(\mathrm{Re}\langle b\rangle_r)|p_1||\xi_{1r}|\sin\theta-\frac{\omega}{2}\beta\frac{dT_m}{dx}(\mathrm{Im}\langle b\rangle_r)|p_1||\xi_{1r}|\cos\theta$$

と変形できる。

以上をまとめると,粘性流体に対する仕事源 w は四つの成分に分けることができる。

$$w=W_\nu+W_p+W_{prog}+W_{stand} \tag{6.67}$$

$$W_\nu=\frac{1}{2}\omega\rho_m\mathrm{Im}\left[\frac{1}{1-\chi_\nu}\right]|u_{1r}|^2$$

$$W_p=\frac{\omega}{2}(K_T-K_S)\chi''_\alpha|p_1|^2$$

$$W_{prog}=\frac{\omega}{2}\beta\frac{dT_m}{dx}(\mathrm{Re}\langle b\rangle_r)|p_1||\xi_{1r}|\sin\theta$$

$$W_{stand}=-\frac{\omega}{2}\beta\frac{dT_m}{dx}(\mathrm{Im}\langle b\rangle_r)|p_1||\xi_{1r}|\cos\theta$$

なお,$u_{1r}=i\omega\xi_{1r}$ を用いて W_{prog} と W_{stand} を表すとつぎのとおりである。

$$W_{prog}=\frac{1}{2}\beta\frac{dT_m}{dx}(\mathrm{Re}\langle b\rangle_r)|p_1||u_{1r}|\cos\phi \tag{6.68}$$

$$W_{stand}=-\frac{1}{2}\beta\frac{dT_m}{dx}(\mathrm{Im}\langle b\rangle_r)|p_1||u_{1r}|\sin\phi \tag{6.69}$$

得られた結果を非粘性流体の場合の表式と比較してみよう。W_p は粘性流体に対してもまったく同じ表式である。一方,W_ν は粘性流体でのみ存在する仕事源である。**図 6.16** に $\mathrm{Im}[1/(1-\chi_\nu)]$ の $\omega\tau_\nu$ 依存性を示す。3.5 節に示す χ_ν の漸近式を利用すると,$\mathrm{Im}[1/(1-\chi_\nu)]$ の漸近式がつぎのように得られる。

$$\mathrm{Im}\left[\frac{1}{1-\chi_\nu}\right]=\begin{cases}-\dfrac{4}{\omega\tau_\nu} & (\omega\tau_\nu\ll\pi) \\ -\dfrac{1}{\sqrt{\omega\tau_\nu}} & (\omega\tau_\nu\gg\pi)\end{cases}$$

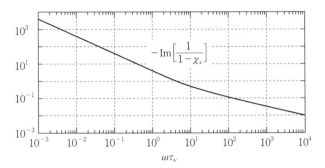

図 6.16 $-\mathrm{Im}[1/(1-\chi_\nu)]$ の $\omega\tau_\nu$ 依存性

したがって，$\omega\tau_\nu \ll \pi$ なら W_ν は $\rho_m|u_{1r}|^2/\tau_\nu$ に比例し，$\omega\tau_\nu \gg \pi$ なら W_ν は $\rho_m|u_{1r}|^2\sqrt{\omega/\tau_\nu}$ に比例する．

W_{prog} と W_{stand} においては，ξ_1 と u_1 がそれぞれ ξ_{1r} と u_{1r} に置き換わったほかに

$$\chi_a \Leftrightarrow \langle b \rangle_r$$

の置き換えがなされていることがわかる．**図 6.17** に $\langle b \rangle_r$ のグラフを示す．厳密に $\langle b \rangle_r = \chi_a$ が成立するのは非粘性の極限（$\sigma=0$）に限られるが，図からわかるように $\sigma=0.66$ の場合にはそれほど大きな違いはない．したがって，非粘性流体に対する議論は定性的には粘性流体の場合にも適用できると考えてよい．

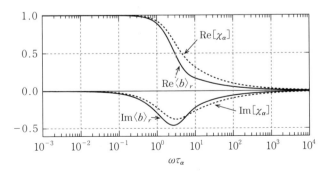

図 6.17 $\langle b \rangle_r$ と χ_a'' の $\omega\tau_a$ 依存性（$\sigma=0.66$）

6.7 補　　　足

6.7.1 マクスウェルの関係式

流体の内部エネルギー U の変化分は

$$dU = TdS - pdV$$

であるが，これは

$$T = \left(\frac{\partial U}{\partial S}\right)_V, \quad -p = \left(\frac{\partial U}{\partial V}\right)_S$$

を意味する。

$$\frac{\partial}{\partial V}\left(\frac{\partial U}{\partial S}\right) = \frac{\partial}{\partial S}\left(\frac{\partial U}{\partial V}\right)$$

が成立するから

$$\left(\frac{\partial T}{\partial V}\right)_S = -\left(\frac{\partial p}{\partial S}\right)_V \tag{6.70}$$

となる。

エンタルピー $H = U + pV$ の変化分 $dH = TdS + Vdp$ についても同様にして

$$\left(\frac{\partial T}{\partial p}\right)_S = \left(\frac{\partial V}{\partial S}\right)_p \tag{6.71}$$

を得る。

ヘルムホルツの自由エネルギー $F = U - TS$ とギブスの自由エネルギー $G = U - TS + pV$ からもそれぞれ

$$\left(\frac{\partial S}{\partial V}\right)_T = \left(\frac{\partial p}{\partial T}\right)_V \tag{6.72}$$

および

$$\left(\frac{\partial S}{\partial p}\right)_T = -\left(\frac{\partial V}{\partial T}\right)_p \tag{6.73}$$

を得る。T, S, p, V の間に成り立つ式 (6.70) から式 (6.73) までをマクスウェルの関係式という。

6.7.2 偏微分の性質

単一成分,旦相の平衡熱力学系では,任意の熱力学的状態量はある二つの状態量を状態変数とするなめらかな2変数関数として議論できる。以下に示す偏微分の性質を知っておくと関係式の導出に役立つことが多い。

変数 x,y を持つ関数 $f=f(x,y)$ の変化分(全微分)は

$$df=\left(\frac{\partial f}{\partial x}\right)_y dx+\left(\frac{\partial f}{\partial y}\right)_x dy \tag{6.74}$$

である。見方を変えて y と f を変数にして x の変化分を考えると

$$dx=\left(\frac{\partial x}{\partial y}\right)_f dy+\left(\frac{\partial x}{\partial f}\right)_y df \tag{6.75}$$

である。式 (6.75) を式 (6.74) に代入すると

$$df=\left(\frac{\partial f}{\partial x}\right)_y\left[\left(\frac{\partial x}{\partial y}\right)_f dy+\left(\frac{\partial x}{\partial f}\right)_y df\right]+\left(\frac{\partial f}{\partial y}\right)_x dy \tag{6.76}$$

となる。偏微分に関して以下の等式

$$\left(\frac{\partial f}{\partial x}\right)_y\left(\frac{\partial x}{\partial f}\right)_y=1 \tag{6.77}$$

が成立することに注意して式 (6.76) を変形すると,偏微分に関する公式として

$$-\left(\frac{\partial f}{\partial x}\right)_y\left(\frac{\partial x}{\partial y}\right)_f=\left(\frac{\partial f}{\partial y}\right)_x \tag{6.78}$$

を得る。

$f=f(x,y)$ と同様に関数 $g=g(x,y)$ についても見方を変えて $x=x(y,g)$ として変化分 dx を考えると,式 (6.75) の代わりに

$$dx=\left(\frac{\partial x}{\partial y}\right)_g dy+\left(\frac{\partial x}{\partial g}\right)_y dg \tag{6.79}$$

を得る。式 (6.79) を式 (6.74) に代入すると

$$df=\left(\frac{\partial f}{\partial x}\right)_y\left[\left(\frac{\partial x}{\partial y}\right)_g dy+\left(\frac{\partial x}{\partial g}\right)_y dg\right]+\left(\frac{\partial f}{\partial y}\right)_x dy \tag{6.80}$$

を得る。つまり

$$df=\left[\left(\frac{\partial f}{\partial x}\right)_y\left(\frac{\partial x}{\partial y}\right)_g+\left(\frac{\partial f}{\partial y}\right)_x\right]dy+\left(\frac{\partial f}{\partial x}\right)_y\left(\frac{\partial x}{\partial g}\right)_y dg$$

$$= \left[\left(\frac{\partial f}{\partial x}\right)_y \left(\frac{\partial x}{\partial y}\right)_g + \left(\frac{\partial f}{\partial y}\right)_x\right] dy + \left(\frac{\partial f}{\partial g}\right)_y dg \tag{6.81}$$

となる。なお，最後の変形では偏微分に対して等式

$$\left(\frac{\partial f}{\partial x}\right)_y \left(\frac{\partial x}{\partial g}\right)_y = \left(\frac{\partial f}{\partial g}\right)_y \tag{6.82}$$

が成立することを用いた。ここで $f=f(x(g),y)=f(g,y)$ を変数 g と y の関数として全微分をとると

$$df = \left(\frac{\partial f}{\partial y}\right)_g dy + \left(\frac{\partial f}{\partial g}\right)_y dg \tag{6.83}$$

である。式（6.81）と式（6.83）を比較すると公式として

$$\left(\frac{\partial f}{\partial y}\right)_g = \left(\frac{\partial f}{\partial y}\right)_x + \left(\frac{\partial f}{\partial x}\right)_y \left(\frac{\partial x}{\partial y}\right)_g \tag{6.84}$$

を得る。

6.7.3 有用な熱力学的関係式

熱膨張率 β，等温圧縮率 K_T，断熱圧縮率 K_S，定圧比熱 C_p，定積比熱 C_V はそれぞれつぎのように約束される。

$$\beta = \frac{1}{V}\left(\frac{\partial V}{\partial T}\right)_p, \quad K_T = -\frac{1}{V}\left(\frac{\partial V}{\partial p}\right)_T, \quad K_S = -\frac{1}{V}\left(\frac{\partial V}{\partial p}\right)_S,$$

$$C_p = T\left(\frac{\partial S}{\partial T}\right)_p, \quad C_V = T\left(\frac{\partial S}{\partial T}\right)_V$$

このうち，K_S は密度 $\rho=1/V$ および断熱音速 $c_S=\sqrt{(\partial p/\partial \rho)_S}$ と

$$K_S \rho c_S^2 = 1 \tag{6.85}$$

の関係がある。式（6.13）に登場する $(\partial S/\partial p)_T$ は，マクスウェルの関係式（6.73）を用いると

$$\left(\frac{\partial S}{\partial p}\right)_T = -\left(\frac{\partial V}{\partial T}\right)_p$$

である。熱膨張率 β を用いれば

$$\left(\frac{\partial S}{\partial p}\right)_T = -\beta V = -\frac{\beta}{\rho} \tag{6.86}$$

となって式 (6.13) が成立することが確かめられる。

式 (6.26) に登場する $(\partial V/\partial S)_p$ は，偏微分に関する公式 (6.84) を用いると

$$\left(\frac{\partial V}{\partial S}\right)_p = \left(\frac{\partial V}{\partial S}\right)_T + \left(\frac{\partial V}{\partial T}\right)_S \left(\frac{\partial T}{\partial S}\right)_p$$

である。式 (6.82) の性質を利用して書き換えると

$$\left(\frac{\partial V}{\partial S}\right)_p = \left(\frac{\partial V}{\partial p}\right)_T \left(\frac{\partial p}{\partial S}\right)_T + \left(\frac{\partial V}{\partial p}\right)_S \left(\frac{\partial p}{\partial T}\right)_S \left(\frac{\partial T}{\partial S}\right)_p$$

となるが，偏微分に関する公式 (6.78) から

$$\left(\frac{\partial p}{\partial T}\right)_S \left(\frac{\partial T}{\partial S}\right)_p = -\left(\frac{\partial p}{\partial S}\right)_T$$

であることを利用すると

$$\left(\frac{\partial V}{\partial S}\right)_p = \left(\frac{\partial p}{\partial S}\right)_T \left[\left(\frac{\partial V}{\partial p}\right)_T - \left(\frac{\partial V}{\partial p}\right)_S\right]$$

である。式 (6.86) と等温圧縮率 K_T および断熱圧縮率 K_S を用いると

$$\left(\frac{\partial V}{\partial S}\right)_p = \frac{K_T - K_S}{\beta} \tag{6.87}$$

となって，式 (6.26) が得られる。なお，$(\partial V/\partial S)_p$ は

$$\left(\frac{\partial V}{\partial S}\right)_p = \left(\frac{\partial V}{\partial T}\right)_p \left(\frac{\partial T}{\partial S}\right)_p = \beta V \frac{T}{C_p} = \frac{\beta T}{\rho C_p}$$

とも変形できる。これと式 (6.87) を比較すると，つぎの関係式

$$\frac{K_T - K_S}{\beta} = \frac{\beta T}{\rho C_p} \tag{6.88}$$

が得られる。この関係式は 8 章で用いる。

また，等温圧縮率 K_T と断熱圧縮率 K_S の比を式 (6.78) を用いて変形すると

$$\frac{K_T}{K_S} = \frac{\left(\frac{\partial V}{\partial p}\right)_T}{\left(\frac{\partial V}{\partial p}\right)_S} = \frac{\left(\frac{\partial V}{\partial T}\right)_p \left(\frac{\partial T}{\partial p}\right)_V}{\left(\frac{\partial V}{\partial S}\right)_p \left(\frac{\partial S}{\partial p}\right)_V}$$

となる。さらに

$$\left(\frac{\partial V}{\partial T}\right)_p = \left(\frac{\partial V}{\partial S}\right)_p \left(\frac{\partial S}{\partial T}\right)_p, \quad \left(\frac{\partial S}{\partial p}\right)_V = \left(\frac{\partial S}{\partial T}\right)_V \left(\frac{\partial T}{\partial p}\right)_V$$

と変形すると

$$\frac{K_T}{K_S} = \frac{\left(\dfrac{\partial S}{\partial T}\right)_p}{\left(\dfrac{\partial S}{\partial T}\right)_V}$$

を得る。すなわち

$$\frac{K_T}{K_S} = \frac{C_p}{C_V} = \gamma \tag{6.89}$$

が成立する。つまり,等温圧縮率 K_T と断熱圧縮率 K_S の比は比熱比 $\gamma = C_p/C_V$ に等しい。式(6.89)を用いると,式(6.88)は

$$\frac{K_S}{\beta}(\gamma - 1) = \frac{\beta T}{\rho C_p}$$

となるが,さらに式(6.85)を使って変形すると

$$\frac{\beta T}{\rho C_p} = \frac{\gamma - 1}{\beta \rho c_S^2} \tag{6.90}$$

となる。理想気体の場合は $\beta T = 1$ であるから

$$\rho C_p = \frac{\rho c_S^2}{T(\gamma - 1)} \tag{6.91}$$

となる。この関係式は7章および8章で用いる。

6.7.4 Q_D に対する表記方法

式(6.62)に示すように Q_D は

$$\left.\begin{aligned} Q_D &= \frac{1}{2\omega} \rho_m C_p \frac{dT_m}{dx} \mathrm{Im}[g_D] \mathrm{Re}\left[\frac{1}{1 - \chi_\nu}\right] |u_{1r}|^2 \\ g_D &= \frac{\chi_\alpha - \chi_\nu^\dagger - (1 + \sigma)\chi_\nu + (1 + \sigma)\mathrm{Re}[\chi_\nu]}{(1 - \mathrm{Re}[\chi_\nu])(1 - \sigma^2)} \end{aligned}\right\} \tag{6.92}$$

であるが,Swift の教科書[4)]に示されたエンタルピー流束では同等の熱流束密度がやや異なる表式で示されている。該当部分だけを抜き出して熱流束密度の形で表すと

$$Q_D = \frac{\rho_m C_p |u_{1r}|^2}{2\omega(1-\sigma^2)|1-\chi_\nu|^2} \mathrm{Im}[\chi_\alpha + \sigma \chi_\nu^\dagger] \frac{dT_m}{dx} \tag{6.93}$$

である。式（6.92）と式（6.93）が同じであることを示しておこう。まず式（6.92）において，$\chi_\nu = \chi_\nu' + i\chi_\nu''$ とすると

$$\mathrm{Re}\left[\frac{1}{1-\chi_\nu}\right] = \mathrm{Re}\left[\frac{1}{1-\chi_\nu' - i\chi_\nu''}\right] = \mathrm{Re}\left[\frac{1-\chi_\nu' + i\chi_\nu''}{(1-\chi_\nu')^2 + \chi_\nu''^2}\right] = \frac{1-\chi_\nu'}{(1-\chi_\nu')^2 + \chi_\nu''^2}$$

である。ここで，$|1-\chi_\nu|^2 = (1-\chi_\nu')^2 + \chi_\nu''^2$ であるので

$$\mathrm{Re}\left[\frac{1}{1-\chi_\nu}\right] = \frac{1-\chi_\nu'}{|1-\chi_\nu|^2}$$

となる。また，g_D は

$$g_D = \frac{\chi_\alpha' + i\chi_\alpha'' - (\chi_\nu' - i\chi_\nu'') - (1+\sigma)(\chi_\nu' + i\chi_\nu'') + (1+\sigma)\chi_\nu'}{(1-\chi_\nu')(1-\sigma^2)}$$

$$= \frac{\chi_\alpha' - \chi_\nu' + i(\chi_\alpha'' - \sigma\chi_\nu'')}{(1-\chi_\nu')(1-\sigma^2)}$$

と変形できるが，プラントル数 σ は実数なので

$$\mathrm{Im}[g_D] = \frac{\chi_\alpha'' - \sigma\chi_\nu''}{(1-\chi_\nu')(1-\sigma^2)} = \frac{\mathrm{Im}[\chi_\alpha + \sigma\chi_\nu^\dagger]}{(1-\chi_\nu')(1-\sigma^2)}$$

である。したがって

$$Q_D = \frac{1}{2\omega} \rho_m C_p \frac{dT_m}{dx} \mathrm{Im}[g_D] \mathrm{Re}\left[\frac{1}{1-\chi_\nu}\right] |u_{1r}|^2$$

$$= \frac{1}{2\omega} \rho_m C_p \frac{dT_m}{dx} \frac{\mathrm{Im}[\chi_\alpha + \sigma\chi_\nu^\dagger]}{(1-\chi_\nu')(1-\sigma^2)} \frac{1-\chi_\nu'}{|1-\chi_\nu|^2} |u_{1r}|^2$$

$$= \frac{\rho_m C_p |u_{1r}|^2}{2\omega(1-\sigma^2)|1-\chi_\nu|^2} \mathrm{Im}[\chi_\alpha + \sigma\chi_\nu^\dagger] \frac{dT_m}{dx}$$

である。つまり式（6.92）と式（6.93）は同じ内容を表す。

引用・参考文献

1) 井上龍夫，河野 新：熱音響理論の図示化による理解，低温工学，**29**, 11, pp. 558-567（1994）

2) A. Migliori and G. W. Swift：Liquid-sodium thermoacoustic engine, Appl. Phys. Lett., **53**, 355 (1988), G. Swift：A Stirling engine with a liquid working substance, J. Appl. Phys., **65**, 4157 (1989)
3) 富永 昭, 熱音響工学の基礎, 内田老鶴圃 (1998)
4) G. W. Swift：Thermoacoustics—A unifying perspective for some engines and refrigerators—, Acoustical Society of America (2002)

7 仕事源

振動流によって引き起こされる仕事源には圧力変動の進行波成分に起因する W_{prog} と定在波成分に起因する W_{stand}, そして熱伝導による W_p と粘性による W_ν がある。このうち, W_{prog} と W_{stand} は熱機関においてエネルギー変換に寄与する仕事源であり, W_p と W_ν はエネルギー散逸を表す負の仕事源である。これらの仕事源を用いて, 気柱の自励振動や音波エンジンの熱音響的な理解を深める。

7.1 温度勾配による音響パワーの増幅と減衰

7.1.1 Ceperley の提案

4.1 節で述べたように, 熱音響現象の熱力学的な側面が注目されるきっかけとなったのは Ceperley の pistonless Stirling engine の提案[1]であった。そのアイデアの中心は温度勾配のある蓄熱器を通過する進行波音波の問題である。

図 7.1 (a) に示すように, 気柱管の一か所に正の温度勾配を持つ蓄熱器が挿入されているとする。低温端温度を T_C, 高温端温度を T_H として, 以下で

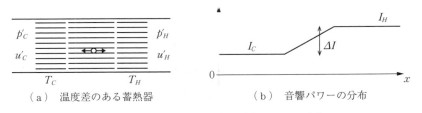

（a） 温度差のある蓄熱器　　　　（b） 音響パワーの分布

図 7.1 温度差のある蓄熱器と音響パワーの分布

登場する物理量の添え字の C と H はそれぞれ低温端と高温端の値であるとする。低温端における圧力 $p_C=p_m+p'_C$ と高温端における圧力 $p_H=p_m+p'_H$ が，時間的平均値も含めてたがいに等しいと見なせるほどに短い蓄熱器を考える。つまり

$$p'_C = p'_H \tag{7.1}$$

である。蓄熱器の断面積を一様とすると，断面平均流速に関する関係式はつぎの質量流量に対する保存則から導かれる。

$$\rho_C \langle u'_C \rangle_r = \rho_H \langle u'_H \rangle_r \tag{7.2}$$

ここで，ρ_k，$\langle u'_k \rangle_r (k=C,H)$ は両端における密度と断面平均流速振動を表す。理想気体を仮定すれば，状態方程式から密度 ρ と温度 T の積は一定である。蓄熱器では等温的可逆過程がつねに実現するとすれば，両端では温度は T_C と T_H に保たれるので

$$\frac{\rho_C T_C}{p_C} = \frac{\rho_H T_H}{p_H} \tag{7.3}$$

である。$p_C=p_H$ であるから，断面平均流速変動に関して

$$\frac{\langle u'_H \rangle}{\langle u'_C \rangle} = \frac{T_H}{T_C} \tag{7.4}$$

という関係式が得られる。これは流速変動が温度比倍だけ増幅されることを意味している。その結果，仕事流束密度 $I=\langle p \langle u' \rangle_r \rangle_t$ もまた

$$\frac{I_H}{I_C} = \frac{T_H}{T_C} \tag{7.5}$$

という比例関係を満足することになる。この式は，蓄熱器は，音響パワーの増幅器として機能し，その増幅率 $G=I_H/I_C$ が温度比 T_H/T_C に等しいことを意味している。もちろん，蓄熱器で得られる音響パワーの増加量

$$\Delta I = I_H - I_C = I_C(T_H/T_C - 1) > 0 \tag{7.6}$$

の起源は，流体要素が実行する熱力学的サイクルにある。

どのようなサイクルが実行されるかを見るために，蓄熱器内を往復運動する流体要素に注目して考えよう。この流体要素の圧力変動と流速変動は進行波位相（同位相）で振動するから，流体要素の変位変動は圧力変動に対して 90° だ

けの位相遅れがある。そのため，圧力変動と変位変動で描いた平面上で流体要素は図 7.2（a）のような楕円軌道を描き，1 周期の間に時計方向に 1 回転する。

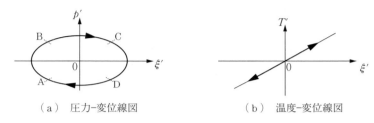

（a） 圧力-変位線図　　　　　（b） 温度-変位線図

図 7.2　蓄熱器内で流体要素が描く軌道

1 周期をおおまかに四つに分割して，それぞれで流体要素が経験する熱力学的過程を考える。A→B の過程は変位は大きくは変化せず，もっぱら圧力が増加する過程である。蓄熱器では等温過程が実現するので，この過程は等温圧縮過程である。B→C ではもっぱら変位変動が起きる。図 (b) に示すように，正方向への変位は蓄熱器の高温側への移動を意味するので，これは環境温度の変化による加熱過程である。この過程では流体要素は流路壁と局所的に熱平衡状態を保ったまま変位する。C→D では，圧力低下により流体要素は等温膨張過程を経験し，D→A では温度勾配を下がることにより冷却過程を経験する。この一連の過程は 4 章で説明したスターリングサイクルと同等の熱力学的サイクルを形成する。このエネルギー変換機構は，6.5 節で説明した仕事源のうち，進行波成分による仕事源に対応する。

Ceperley は自ら提案した音響パワー増幅を実験的にも検討した[1]。彼はスチールウールを長い管内に局所的に充填して蓄熱器とした。蓄熱器の両端にはコイルヒーターが取り付けられていて，どちらか一方を加熱することで蓄熱器に温度差を与えることができる。蓄熱器の上流側には音源としてラウドスピーカを配置し，また下流側には進行波音波を作るための終端抵抗を接続した。作動流体は大気圧の空気である。ラウドスピーカで 190 Hz の音波を発生させて，蓄熱器に流れ込む音響パワーと流れ出る音響パワーを測定して音響パワー

増幅率を求めたところ,進行波音波が低温側から高温側へ蓄熱器を通過する配置にも関わらず,増幅率は $G=0.90$ であり,音響パワーは減衰する結果となった。ただし,一様温度の場合の $G=0.81$ に比較すると大きく,また進行波音波が高温側から低温側へと通過する配置では,$G=0.70$ とさらに小さな増幅率を得ているので,確かに温度比の影響は観測されていたようである。予期したとおりの結果にならなかった理由としては,蓄熱器流路径が小さすぎて粘性散逸が大きかったか,あるいは逆に蓄熱器流路径が大きすぎて振動流体と蓄熱器流路壁の間の熱交換が十分でなく,式(7.3)が満足されなかったためとも考えられる。いずれにせよ,スチールウールのような不規則な形状の流路を持つ蓄熱器では,その内部で起こる流体と固体壁の間の相互作用を正確に見積もるのは難しい。

7.1.2 進行波音場における実験

Ceperley の実験を再検証した研究を紹介しよう[2]。実験装置の概略は図 7.3 に示すとおりである。蓄熱器は正方形の貫通穴を多数備えたセラミックス製触媒担体である。蓄熱器の両側にはヒーター線を巻き付けた高温熱交換器と,循環水で室温に保たれた低温熱交換器がある。蓄熱器と熱交換器は内直径が 24 mm の円管の一か所に挿入されている。円管の一端には音源としてラウドスピーカを接続し,他端には 1 m 以上の長さにわたって吸音材(綿)を充填して終端抵抗(terminator)とし,反射波が起こらないように工夫がなされている。

流路壁と振動流体の熱的相互作用を支配するパラメータである $\omega\tau_\alpha$ は音波

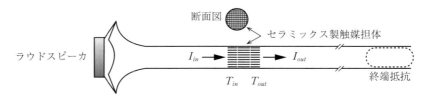

図 7.3 温度差による音響パワーの増幅を調べる実験装置

7.1 温度勾配による音響パワーの増幅と減衰

の角周波数 $\omega = 2\pi f$ と流体の熱緩和時間 $\tau_\alpha = r_0^2/(2\alpha)$ の積であるから，音波周波数 f と蓄熱器流路半径 r_0 を変えれば，その影響を広い範囲で調べることができる．この実験では，流路サイズが異なる3種類の蓄熱器が用意された．蓄熱器の流路は $2r_0 \times 2r_0$ のサイズの正方形であるが，直径が $2r_0$ の円管流路と見なしても大きな違いはない．ラウドスピーカで周波数掃引波を発生させて，10 Hz$<f<$190 Hz の周波数範囲において連続的に音波増幅実験が行われた．ラウドスピーカに近い側の蓄熱器端の温度を T_{in} とし，遠い側の温度を T_{out} とする．

流路サイズが $r_0 = 0.34$ mm の場合について得られた音響パワー増幅率 G の測定例を**図7.4**に示す．進行波音波が低温側から高温側へと蓄熱器を通過するときは，温度比 T_{out}/T_{in} が1より大きいときに対応する．温度比 $T_{out}/T_{in} \geq 1.6$ ならば調べたすべての周波数で音響パワー増幅率 $G = I_{out}/I_{in}$ は $G>1$ を満足し，$T_{out}/T_{in} = 1.3$ の場合も $f<150$ Hz ではやはり $G>1$ が実現する．温度比が $T_{out}/T_{in} = 1.0$ の場合に増幅率が $G<1$ となるのは，粘性による散逸 W_ν と熱伝導による散逸 W_p のためである．温度比が1.3でちょうど $G=1$ となる周波数では，このエネルギー散逸と流体要素が実行する熱力学的サイクルの出力仕事がつり合っていると見ることができる．

温度比が $T_{out}/T_{in} < 1.0$ のとき，進行波音波は高温側から低温側へと蓄熱器

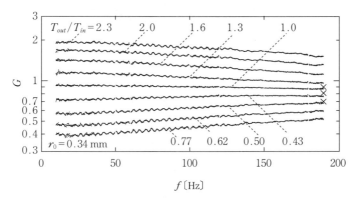

図7.4 音響パワー増幅率と周波数の関係

を通過するが,このとき音響パワーは強く減衰する。実際,図では $T_{out}/T_{in}=$ 1.0 の場合よりもはげしく減衰する様子が明らかである。図中の×印で示した三つの点は Ceperley の報告した増幅率を表しており,それぞれの温度比 T_{out}/T_{in} は 1.16,1.0,0.86 である。Ceperley は $G>1$ を観測するには至らなかったが,もっと大きな温度比 T_{out}/T_{in} で実験するか,より低い周波数で実験すれば容易に観測できていたに違いない。

流路径を変えて得られた実験結果も併せて示したのが図 7.5 である。周波数 f の代わりに $\omega\tau_\alpha$ を使用し,また温度比 T_{out}/T_{in} が 1 のときの増幅率 G_0 を引いて得られる増幅率の差 $\Delta G=G-G_0$ を G の代わりに示している。これは粘性や熱伝導に由来するエネルギー散逸の寄与を除いて,温度比の寄与だけを見ることを意図したものである。流路径や周波数が異なる条件で得られた実験結果であっても ΔG は T_{out}/T_{in} で定まる曲線上に位置するが,この結果は $\omega\tau_\alpha$ が音響パワー増幅を支配する普遍的な物理量であることを示している。

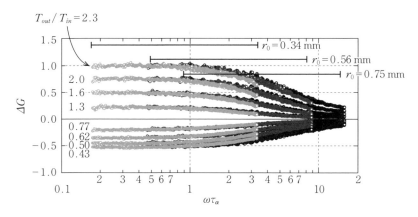

図 7.5 ΔG と $\omega\tau_\alpha$ の関係

6.6 節で議論した仕事源 w を使って増幅率 $G=I_H/I_C$ を考察してみよう。蓄熱器中を往復動する流体要素の圧力変動と断面平均流速変動の複素振幅を p_1,u_{1r} とし,図 7.6 に示すように p_1 から見て ϕ だけ u_{1r} の位相が進んでいるとする。ただし,仕事流束密度が $+x$ 方向に伝搬する場合のみを考えて $-\pi/2<\phi<\pi/2$ とする。また,一般には圧力と断面平均流速は蓄熱器内の軸座標位置に

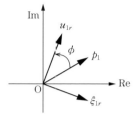

図7.6 p_1 と u_{1r} のフェーザ表示。位相差 ϕ は $-\pi/2 < \phi < \pi/2$ とする。

応じて変化するが，ここでは蓄熱器長さは短く，その内部の圧力と断面平均流速は p_1 と u_{1r} で代表されるとする。

蓄熱器における仕事流束密度の増加量 $\Delta I = I_H - I_C$ と，蓄熱器長さ Δx を用いて蓄熱器における仕事源 w を近似的に $w = \Delta I / \Delta x$ とすると $I_H = I_C + w\Delta x$ であるから，増幅率は

$$G = 1 + \frac{w}{I_C}\Delta x \tag{7.7}$$

である。仕事源 w の成分のうち，温度勾配がないときの増幅率 G_0 では温度勾配に関係した W_{stand} と W_{prog} の寄与が無視できる。また，進行波位相を仮定すれば，W_{stand} の寄与は無視できる。つまり G と G_0 はそれぞれ

$$G = 1 + \frac{W_{prog} + W_p + W_\nu}{I_C}\Delta x \tag{7.8}$$

$$G_0 = 1 + \frac{W_p + W_\nu}{I_C}\Delta x \tag{7.9}$$

で与えられる。したがって $\Delta G = G - G_0$ は

$$\Delta G = W_{prog}\Delta x / I_C \tag{7.10}$$

となる。直線的な軸方向温度分布を仮定すると，蓄熱器低温端の仕事流束密度 I_C は蓄熱器中心の I を用いて

$$I_C \approx I\frac{2T_C}{T_H + T_C} \tag{7.11}$$

と表されるから

$$\Delta G \approx \frac{W_{prog}\Delta x}{I}\frac{T_H + T_C}{2T_C} \tag{7.12}$$

と変形できる。I と W_{prog} はそれぞれ

$$I = \frac{1}{2}|p_1||u_{1r}|\cos\phi \tag{7.13}$$

および

$$W_{prog} = \frac{1}{2}\beta \frac{dT_m}{dx}(\text{Re}\langle b\rangle_r)|p_1||u_{1r}|\cos\phi \tag{7.14}$$

である。なお $\langle b\rangle_r$ は 5.6 節で示したように

$$\langle b\rangle_r = \frac{\chi_\alpha - \chi_\nu}{(1-\chi_\nu)(1-\sigma)} \tag{7.15}$$

である。また，ϕ は p_1 から見た u_{1r} の位相である。式 (7.13) と式 (7.14) を用いると ΔG は

$$\Delta G \approx \beta \frac{dT_m}{dx}\text{Re}\langle b\rangle_r \Delta x \frac{T_H + T_C}{2T_C} \tag{7.16}$$

と変形できる。さらに

$$\frac{dT_m}{dx}\Delta x \approx T_H - T_C \tag{7.17}$$

とし，また理想気体に対して成り立つ等式 $\beta T = 1$ より

$$\beta = \frac{2}{T_H + T_C} \tag{7.18}$$

とすると

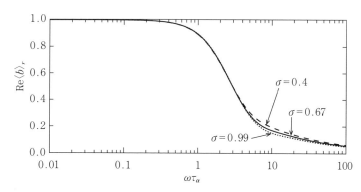

図 7.7　$\text{Re}\langle b\rangle_r$ と $\omega\tau_\alpha$ の関係

7.1 温度勾配による音響パワーの増幅と減衰　213

$$\varDelta G \approx \left(\frac{T_H}{T_C}-1\right)\mathrm{Re}\langle b\rangle_r \qquad (7.19)$$

となるので，温度比 T_H/T_C と $\mathrm{Re}\langle b\rangle_r$ で定まることがわかる．**図 7.7** に示した $\mathrm{Re}\langle b\rangle_r$ の $\omega\tau_\alpha$ 依存性は図 7.5 の実験データに見られる $\omega\tau_\alpha \approx 3$ の急激な $\varDelta G$ の変化をよく再現している．

7.1.3　定在波音場における実験

気柱共鳴管内に形成される定在波的な音場において行われた音響パワー増幅実験もある[3]．**図 7.8** に示すように装置構成は先の図 7.3 と同様に一端に音響ドライバーを備えた共鳴管であるが，終端は固体平板で閉じられているために

（a）　実験装置

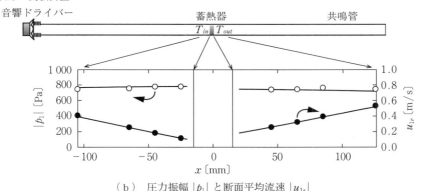

（b）　圧力振幅 $|p_1|$ と断面平均流速 $|u_{1r}|$

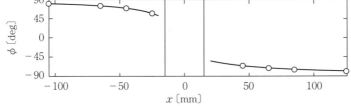

（c）　圧力に対する断面平均流速の位相 ϕ

図 7.8　実験装置と特性

管内音場は定在波的になる*。蓄熱器は全長3mの共鳴管の中心近傍に設置されている。この位置で圧力の腹が形成されるように，駆動周波数は2次モードが生じるように103 Hzに選んである。$\omega\tau_\alpha$ の影響を見るために，積層金属メッシュを充填した蓄熱器と，ハニカム担体を挿入した蓄熱器の2種類が使われている。それぞれの $\omega\tau_\alpha$ の値は0.13と3.5である。

図（b），（c）は，蓄熱器近傍で行った圧力と流速の同時計測結果から得られた $|p_1|$, $|u_{1r}|$ と ϕ を示している。圧力の腹近傍では進行波位相だが，その位置から離れると圧力と流速の位相差が大きく変化する。したがって，蓄熱器を挿入する位置を前後に動かすことで，ϕ は $-90°$ から $90°$ まで大きく変化する。この点を利用すれば，定在波成分によるエネルギー変換の効果を見ることができる。実験では，蓄熱器位置を変化させて蓄熱器中の ϕ を変化させながら，それぞれの位置で仕事流束密度の増幅率 G を圧力と流速の同時計測結果から決定している。蓄熱器の高温端温度と低温端温度の比 T_H/T_C は1.9であり，出口温度 T_{out} と入口温度 T_{in} の比 T_{out}/T_{in} は $T_{out}/T_{in}=T_H/T_C$ もしくは $T_{out}/T_{in}=T_C/T_H$ の条件で実験は行われた。また比較のため，一様温度の場合にも実験は行われた。このときは $T_{out}/T_{in}=1$ である。

蓄熱器中心における平均的な位相差 ϕ と増幅率 G の関係を図示したのが**図7.9**である。定在波成分の寄与を考慮すると，仕事流束密度の増幅率 G は，6.6節の結果を用いて

$$G = 1 + \frac{W_{prog} + W_{stand} + W_p + W_\nu}{I_C}\Delta x \tag{7.20}$$

である。$\omega\tau_\alpha=0.13$ の場合は，等温可逆的熱交換が期待されるので，W_{stand} と W_p の寄与が無視できる。そのため

$$G = 1 + \frac{W_{prog} + W_\nu}{I_C}\Delta x \tag{7.21}$$

としてよい。温度比が1の場合の G は W_ν によるエネルギー散逸の効果を表している。蓄熱器中心位置の位相差が0から遠ざかるに従って G が低下する

＊ 3.4節の議論を思い出そう。

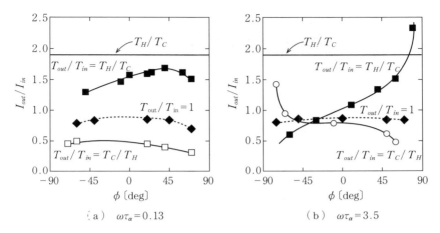

図7.9 増幅率 I_{out}/I_{in} と蓄熱器中心における圧力と流速の位相差 ϕ の関係

のは流速の節からのずれに伴って速度振幅が増加するために W_ν の効果が増大することを表している。温度差がある場合には W_{prog} の寄与が現れる。温度比が1より大きい場合，最大で T_H/T_C の89%の増幅率が得られている。

$\omega\tau_\alpha = 3.5$ の場合には，位相差が $\pm 90°$ に近づくにつれて G が大きく変化する。これには W_{stand} の寄与が大きい。実際，W_{stand}/I は

$$\frac{W_{stand}}{I} = -\beta \frac{dT_m}{dx}(\mathrm{Im}\langle b\rangle_r)\tan\phi \tag{7.22}$$

となるので位相差 $\phi \to \pm 90°$ で G は発散的に変化する。定在波型エンジンにおいては外部からの入力音響パワーがなくても $\Delta I > 0$ となる特徴と一致した傾向である。6章で見たように，位相関係と温度勾配の関係は定在波的な位相で流体が変位振動するとき，圧力が高くなる方向に変位したときに環境温度が高くなれば $W_{stand} > 0$ となって音響パワー生成に寄与する。したがって，$-90° < \phi < 0°$ であれば，たとえ dT_m/dx が負でも仕事流束密度は増加する場合がある。

7.2 音響パワー生成に必要な温度勾配

温度勾配を持つ蓄熱器は音響パワーの増幅作用を持つだけでなく，熱音響自励振動を引き起こす音源の役割も果たす．ここでは，どの程度まで温度勾配が大きくなれば蓄熱器部分で $w>0$ を満足するかを検討する．簡単のために正の温度勾配についてのみ考えることにし，$w=0$ となる温度勾配を求める．

7.2.1 仕事源と温度勾配の関係

仕事源 $w=W_\nu+W_p+W_{prog}+W_{stand}$ において，W_ν と W_p はつねに負である．一方，$W_{prog}+W_{stand}$ は

$$W_{prog}+W_{stand}=\frac{1}{2}\beta\frac{dT_m}{dx}|p_1||u_{1r}|(\mathrm{Re}\langle b\rangle_r\cos\phi-\mathrm{Im}\langle b\rangle_r\sin\phi) \quad (7.23)$$

であるから，$\langle b\rangle_r$ の位相角を Ψ として加法定理を用いて整理すると

$$W_{prog}+W_{stand}=\frac{1}{2}\beta\frac{dT_m}{dx}|p_1||u_{1r}||\langle b\rangle_r|\cos(\phi+\Psi) \quad (7.24)$$

となる．$dT_m/dx>0$ ならば $\cos(\phi+\Psi)>0$ のとき $W_{prog}+W_{stand}>0$ である．そのため，温度勾配 dT_m/dx を十分に大きくすれば，$W_{prog}+W_{stand}$ はやがて $W_\nu+W_p$ によるエネルギー散逸を埋め合わせできるようになる結果，$w=0$ となる．そのような温度勾配 $dT_m/dx(>0)$ を実際に求めてみる．

仕事源 w は

$$\begin{aligned}w&=W_\nu+W_p+W_{prog}+W_{stand}\\&=\frac{1}{2}\omega\rho_m\mathrm{Im}\left[\frac{1}{1-\chi_\nu}\right]|u_{1r}|^2+\frac{\omega}{2}(K_T-K_S)\chi_a''|p_1|^2\\&\quad+\frac{1}{2}\beta\frac{dT_m}{dx}|p_1||u_{1r}||\langle b\rangle_r|\cos(\phi+\Psi)\end{aligned} \quad (7.25)$$

である．理想気体に関する熱力学的関係式*

---

* 式 (6.85) と式 (6.88) を参照されたい．

7.2 音響パワー生成に必要な温度勾配

$$K_T - K_S = K_S(\gamma - 1) = \frac{\gamma - 1}{\rho_m c_S^2} \tag{7.26}$$

$$\beta = \frac{1}{T_m} \tag{7.27}$$

を用いてさらに変形すると

$$w = \frac{\omega}{2c_S}|p_1||u_{1r}| \times \left\{ \mathrm{Im}\left[\frac{1}{1-\chi_\nu}\right]\rho_m c_S \left|\frac{u_{1r}}{p_1}\right| + (\gamma - 1)\frac{\chi_\alpha''}{\rho_m c_S}\left|\frac{p_1}{u_{1r}}\right| \right.$$

$$\left. + \frac{c_S}{\omega T_m}\frac{dT_m}{dx}|\langle b \rangle_r| \cos(\phi + \Psi) \right\} \tag{7.28}$$

となる。w の表式を簡略化するために,二つの量を導入する。一つは,蓄熱器における比音響インピーダンス $z = p_1/u_{1r}$ を特性インピーダンス $\rho_m c_S$ で規格化した無次元比音響インピーダンス

$$\hat{z} = \frac{z}{\rho_m c_S}$$

であり,もう一つは,断熱音速 c_S と角周波数 ω で定まる特徴長さ $\lambda = c_S/\omega$ で規格化した軸座標

$$X = \frac{x}{\lambda}$$

上の温度勾配 dT_m/dX である。すなわち,$\hat{z}$ と dT_m/dX はそれぞれ

$$\hat{z} = \frac{1}{\rho_m c_S}\frac{p_1}{u_{1r}} \tag{7.29}$$

$$\frac{dT_m}{dX} = \lambda \frac{dT_m}{dx} \tag{7.30}$$

である。これらの変数を用いると,w はつぎのようになる。

$$w = \frac{\omega}{2c_S}|p_1||u_{1r}|\left\{ \mathrm{Im}\left[\frac{1}{1-\chi_\nu}\right]\frac{1}{|\hat{z}|} + (\gamma - 1)\chi_\alpha''|\hat{z}| \right.$$

$$\left. + \frac{1}{T_m}\frac{dT_m}{dX}|\langle b \rangle_r| \cos(\phi + \Psi) \right\} \tag{7.31}$$

したがって,$w = 0$ となるのに必要な温度勾配 dT_m/dX は対数温度勾配

$$\frac{d\log T_m}{dX} = \frac{1}{T_m}\frac{dT_m}{dX} \tag{7.32}$$

に対して，つぎのようにして決まる．

$$\frac{d\log T_m}{dX} = -\frac{\mathrm{Im}\left[\dfrac{1}{1-\chi_\nu}\right]\dfrac{1}{|\hat{z}|}}{|\langle b\rangle_r|\cos(\phi+\Psi)} - \frac{(\gamma-1)\chi_\alpha''|\hat{z}|}{|\langle b\rangle_r|\cos(\phi+\Psi)} \tag{7.33}$$

上式において，$\cos(\phi+\Psi)>0$ であることと

$$\mathrm{Im}\left[\frac{1}{1-\chi_\nu}\right]<0, \quad \chi_\alpha''<0 \tag{7.34}$$

であることを思い出せばわかるように，右辺第1項と第2項はともに正である．そのため，図7.10に示すように，対数温度勾配 $d\log T_m/dX$ は $|\hat{z}|$ の関数として必ず極小値を持つ．

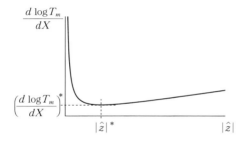

図7.10 対数温度勾配 dT_m/dX と無次元比音響インピーダンスの大きさの関係 $|\hat{z}|$

その極小値は

$$\left(\frac{d\log T_m}{dX}\right)^* = \frac{2\sqrt{(\gamma-1)\chi_\alpha''\mathrm{Im}\left[\dfrac{1}{1-\chi_\nu}\right]}}{|\langle b\rangle_r|\cos(\phi+\Psi)} \tag{7.35}$$

であり，そのときの無次元比音響インピーダンス $\hat{z}(=|\hat{z}|e^{-i\phi})$ の大きさは

$$|\hat{z}|^* = \sqrt{\frac{\mathrm{Im}\left[\dfrac{1}{1-\chi_\nu}\right]}{(\gamma-1)\chi_\alpha''}} \tag{7.36}$$

である*．また，式 (7.33) から，p_1 から見た u_{1r} の位相 ϕ が

$$\phi^* = -\Psi \tag{7.37}$$

を満足するとき（$\Psi=\arg\langle b\rangle_r$），対数温度勾配は最小となることがわかる．

＊ 式 (7.33) の右辺の第1項と第2項がともに正であることを利用すると比較的簡単に確かめられる．

以上をまとめると

$$\hat{z}^* = \sqrt{\frac{\mathrm{Im}\left[\frac{1}{1-\chi_\nu}\right]}{(\gamma-1)\chi_\alpha''}}\, e^{i\Psi} \tag{7.38}$$

のとき，$w=0$ となる温度勾配 dT_m/dX は最小値

$$\left(\frac{d\log T_m}{dX}\right)^* = \frac{2\sqrt{(\gamma-1)\chi_\alpha'' \mathrm{Im}\left[\frac{1}{1-\chi_\nu}\right]}}{|\langle b \rangle_r|} \tag{7.39}$$

をとる．

図 7.11 に最小対数温度勾配を，また図 7.12 にそれぞれ $|\hat{z}|^*$ と ϕ^* を図示した．対数温度勾配は $\omega\tau_\alpha$ が 10 より小さいと漸近的に低下する．またこのような最小対数温度勾配を実現する比音響インピーダンスの大きさ $|\hat{z}|^*$ は流体の特性インピーダンスよりもつねに大きい．また，その位相角 ϕ^* は $\sigma=0.67$ の場合，$\omega\tau_\alpha \sim 7$ で極大値 $54°$ をとるが，これより小さな $\omega\tau_\alpha$ 領域では $\omega\tau_\alpha$ が小さくなればなるほど進行波位相に近づく．$\omega\tau_\alpha$ の値が小さいときには W_{prog} を最大限に活用するような位相が望ましく，また $\omega\tau_\alpha > 1$ の場合には，W_{prog} だけでなく W_{stand} も利用するほうが有効なことを表している．もし自励振動をなるべく小さな温度比で起こすなら，蓄熱器における比音響インピーダンスと $\hat{z}^*$ を比較してみるとよいだろう．

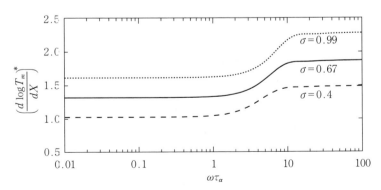

図 7.11 最小対数温度勾配の $\omega\tau_\alpha$ 依存性（比熱比が $\gamma=1.66$ の場合）

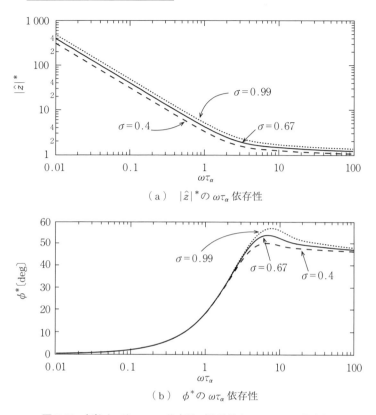

(a) $|\hat{z}|^*$ の $\omega\tau_\alpha$ 依存性

(b) ϕ^* の $\omega\tau_\alpha$ 依存性

図 7.12 $|\hat{z}|^*$ と ϕ^* の $\omega\tau_\alpha$ 依存性(比熱比が $\gamma=1.66$ の場合)

7.2.2 共鳴管内の気柱自励振動

共鳴管のどの位置にスタックを置くと最も小さな温度勾配で熱音響自励振動が起こせるかを考えてみよう。共鳴管内に生じる音場は定在波的なので,p_1 に対する u_1 の位相 ϕ は $\pi/2$ もしくは $-\pi/2$ で近似できるが,正の温度勾配で自励振動が起きるように $\pi/2$ の場合のみ考える。式 (7.35) に $\phi=\pi/2$ を代入すると,最小対数温度勾配として

$$\left(\frac{d\log T_m}{dX}\right)^* = -\frac{2\sqrt{(\gamma-1)\chi_\alpha''\mathrm{Im}\left[\dfrac{1}{1-\chi_\nu}\right]}}{|\langle b\rangle_r|\sin\Psi} \tag{7.40}$$

を得る。図 7.13 に $\phi=\pi/2$ の場合の $(d\log T_m/dX)^*$ を先の $\phi=\phi^*(=-\Psi)$ の場合とあわせて図示した。これからわかるように，$\phi=\pi/2$ の場合，$\phi=\phi^*$ の場合に比べて $(d\log T_m/dX)^*$ はつねに高い値を持ち，無次元比音響インピーダンスの大きさ $|\tilde{z}|^*$ が 2.2 のとき，$\omega\tau_\alpha=4.4$ で最小値 2.0 をとる。この条件を使って温度勾配の位置を決めてみる。

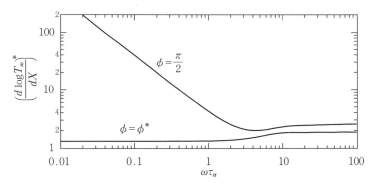

図 7.13 最小対数温度勾配の $\omega\tau_\alpha$ 依存性。プラントル数が $\sigma=0.66$ で，比熱比が $\gamma=1.66$ の場合。

長さ L の両端が閉じられた気柱共鳴管内を考えて，その内部に定在波的な音場が作られるとする。3.4 節と同様に

$$p_1 = -iz\frac{\cos\{k(L-x)\}}{\sin kL}U_0 \tag{7.41}$$

$$u_1 = \frac{\sin\{k(L-x)\}}{\sin kL}U_0 \tag{7.42}$$

と近似して，比音響インピーダンスの大きさが $2.2\rho_m c_s$ となるような位置を求めると，およそ閉端からの距離が全長の 1/7 から 1/8 の位置となる。このような位置にスタックを配置すれば最小の温度勾配で自励振動が発生することが期待できる。一端が開いた系の基本モードの共鳴管の場合には，この位置は全長の半分よりもやや閉端よりの位置に相当する。1 章で紹介したようなデモンス

トレーション装置を作成する場合にはここでの議論を思い出そう。

4.6 節で紹介した温度勾配のある気柱共鳴管の例に対しても吟味してみよう。この例では，蓄熱器の温度比 T_H/T_C が 1.34 と 1.51 の間で，$w=0$ となるような温度勾配があるように見える（$T_C=296$ K）。スタックの長さと周波数を考慮してこのときの対数温度勾配 $d \log T_m/dX$ を見積もると，4.6 である。さて，この実験では閉端から全長のおよそ 1/4 だけ離れた位置に蓄熱器が挿入されていることに基づいて，$|\tilde{z}|=4$, $\phi=\pi/2$ と考えて式 (7.33) に代入すると

$$\frac{d \log T_m}{dX} = \frac{\text{Im}\left[\dfrac{1}{1-\chi_\nu}\right] + (\gamma-1)\chi_\alpha''|\tilde{z}|}{|\langle b \rangle_r| \sin \Psi} \tag{7.43}$$

となる。実験条件から $\omega\tau_\alpha=3.9$, $\sigma=0.7$, $\gamma=1.4$ として，この値を算出すると 2.2 となった。この値は実験値 4.6 よりもかなり小さい。実験装置では蓄熱器の前後に熱交換器があり，そこでのエネルギー散逸が存在することが関係しているのだろう。なお，気柱管で自励振動が起きるには，蓄熱器以外の場所で起こるエネルギー散逸を補える程度に，蓄熱器での仕事源が大きくならなければならないので，この見積よりもさらに大きな温度勾配が必要になるのは自然であろう。なお，共鳴管内自励振動の安定曲線に関するより詳細な計算が上田[4]らにより行われている。これによれば，気柱が不安定になって振動を開始する温度比は $\omega\tau_\alpha$ に対して U 字型の曲線を示し，$\omega\tau_\alpha \sim 3$ で最小値をとることが示されており，図 7.13 と定性的に一致する結果となっている。

7.2.3 ループ管内の気柱自励振動

ループ管型進行波音波エンジンにおいてどのような音場が実現するかは興味深い問題である。一様な断面積の共鳴管内の音場は両端の境界条件で強く支配されるのに対して，ループ管の場合には周期境界条件のみが課される。蓄熱器や熱交換器を無視して一様なループ管について考えると，その固有モードである進行波音波には時計方向と反時計方向の二つがあり，またその両者の割合に

も任意性がある。このとき，どのような音場が実現するだろうか。上田らは**図7.14**(a)に示すような周長 2.7 m のループ管内に挿入する長さ 35 mm のスタックを挿入し，自励発振する音場とスタックの $\omega\tau_\alpha$ の関係を実験的に調べた[4]。このループ管は一部がガラス管で構成されており，レーザードップラー流速計により流速変動の計測ができるように工夫されている。

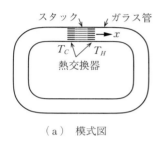 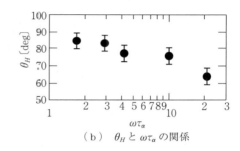

図 7.14 ループ管型進行波音波エンジンと，蓄熱器高温端における変位に対する圧力の位相 θ_H と $\omega\tau_\alpha$ の関係[4]

図(b)は，蓄熱器高温端における，変位に対する圧力の位相の進み θ ($\theta=90°-\phi$) を表す。$\omega\tau_\alpha=21$ のおよそ65°から $\omega\tau_\alpha=1.7$ のおよそ85°まで増加するので，圧力から見た流速の位相 ϕ は 25°から 5°まで低下することになる。$\omega\tau_\alpha$ の低下とともに ϕ が減少する傾向は図 7.12 (b) に示した自励振動開始温度を最も低下させる位相 ϕ^* の $\omega\tau_\alpha$ 依存性と一致する。また，同時に観測された圧力振幅と流速振幅のデータからは，$\omega\tau_\alpha$ が小さくなると比音響インピーダンスが増大する様子がわかる。これも図 7.12 (a) に示した $|\tilde{z}|^*$ の振舞いと符合する。人為的になんら調整しないにもかかわらず，音場が自励振動を起こしやすいように自動的に調整されていると見ることができる。このような自己調節機構（self-tuning mechanism）を最大限に活用することが可動部品のない熱機関の性能を十分に発揮させるポイントであろう。

7.3 蓄熱器におけるエネルギー変換効率

温度勾配が十分に大きくなれば，蓄熱器中では $w>0$ となりうる。このとき蓄熱器はエンジンとして機能する。そのエネルギー変換効率がどのような音場のもとで最大化するかは音波エンジンを理解するうえで重要な問題である。またそのような音場を実現するための配管構成は音波エンジンのデザインの根幹をなす。ここでは先の例と同様に，正の温度勾配を仮定して音波エンジンの効率やそのデザインについて考えてみる。

7.3.1 エネルギー変換効率の見積り

断面積が一様で長さが Δx の短い蓄熱器を想定して，正の温度勾配 dT_m/dx を持つとする。蓄熱器が原動機として動作するときは，熱流束密度 Q は負であることに注意して，その効率を

$$\eta = -\frac{\Delta I}{Q_H} \approx -\frac{w\Delta x}{Q_H} \tag{7.44}$$

とする。w は蓄熱器中心の音場で定まる仕事源であり，Q_H は蓄熱器高温端の熱流束密度である。カルノー効率は

$$\eta_{\text{Carnot}} = \frac{T_H - T_C}{T_H} \approx \frac{dT_m}{dx}\frac{\Delta x}{T_H} \tag{7.45}$$

である。式（7.44）と式（7.45）を用いると比カルノー効率は

$$\varepsilon = \frac{\eta}{\eta_{\text{Carnot}}} \approx -\frac{T_H w}{Q_H \dfrac{dT_m}{dx}} \tag{7.46}$$

となる。理想的蓄熱器では，エントロピー流束密度は一様であるから T_H/Q_H は蓄熱器の中心における熱流束密度と温度を使って表しても同じであり，$T_H/Q_H = T_m/Q$ となる。現実には，流れの下流に行くに従ってエントロピー流量は増大するから，$T_H/|Q_H| > T_m/|Q|$ である。したがって，式（7.46）において $T_H/Q_H = T_m/Q$ とするとやや過小評価になるが，第一近似としては有効で

あろう。そこで，以下では蓄熱器中心位置で定まる以下の局所的比カルノー効率とでも呼ぶべき無次元量 ε'

$$\varepsilon' = -\frac{w/Q}{\dfrac{d \log T_m}{dx}} \tag{7.47}$$

を考えてみる。

熱流束密度 Q は単純熱伝導に由来する成分を無視すると

$$Q = Q_{prog} + Q_{stand} + Q_D$$

である。各熱流束密度成分は式 (6.60)〜(6.62) によりつぎのように表すことができる。

$$Q_{prog} = -\frac{1}{2}\beta T_m \mathrm{Re}[g]|p_1||u_{1r}|\cos\phi$$

$$Q_{stand} = -\frac{1}{2}\beta T_m \mathrm{Im}[g]|p_1||u_{1r}|\sin\phi$$

$$Q_D = \frac{1}{2\omega}\rho_m C_p \frac{dT_m}{dx}\mathrm{Im}[g_D]\mathrm{Re}\left[\frac{1}{1-\chi_\nu}\right]|u_{1r}|^2$$

g の偏角を Θ とすると，$\mathrm{Re}[g] = |g|\cos\Theta$, $\mathrm{Im}[g] = |g|\sin\Theta$ なので，$Q_{prog} + Q_{stand}$ は

$$Q_{prog} + Q_{stand} = -\frac{1}{2}\beta T_m |p_1||u_{1r}|(\mathrm{Re}[g]\cos\phi + \mathrm{Im}[g]\sin\phi)$$

$$= -\frac{1}{2}\beta T_m |p_1||u_{1r}||g|\cos(\phi - \Theta)$$

となる。つまり

$$Q = -\frac{1}{2}\beta T_m |p_1||u_{1r}||g|\cos(\phi-\Theta) + \frac{1}{2\omega}\rho_m C_p \frac{dT_m}{dx}\mathrm{Im}[g_D]\mathrm{Re}\left[\frac{1}{1-\chi_\nu}\right]|u_{1r}|^2 \tag{7.48}$$

である。理想気体に対する熱力学的関係式

$$\beta = \frac{1}{T_m} \qquad\qquad 再掲 (7.27)$$

$$\rho_m C_p = \frac{\rho_m c_s^2}{T_m(\gamma-1)} \tag{7.49}$$

と，無次元比音響インピーダンス $\hat{z}$ および温度勾配 dT_m/dX

$$\hat{z} = \frac{1}{\rho_m c_S}\frac{p_1}{u_{1r}} \qquad 再掲 (7.29)$$

$$\frac{dT_m}{dX} = \lambda\frac{dT_m}{dx} \quad \left(\lambda = \frac{c_S}{\omega}\right) \qquad 再掲 (7.30)$$

を用いてさらに変形すると

$$Q = -\frac{1}{2}|p_1||u_{1r}|\left\{|g|\cos(\phi-\Theta) - \frac{d\log T_m}{dX}\frac{\mathrm{Im}[g_D]}{\gamma-1}\mathrm{Re}\left[\frac{1}{1-\chi_\nu}\right]\frac{1}{|\hat{z}|}\right\} \tag{7.50}$$

となる。式 (7.31) の仕事源 w に対する式と式 (7.50) を，式 (7.47) に代入すると局所的比カルノー効率 ε' は

$$\varepsilon' = \frac{\mathrm{Im}\left[\dfrac{1}{1-\chi_\nu}\right]\dfrac{1}{|\hat{z}|} + (\gamma-1)\chi_\alpha''|\hat{z}| + \dfrac{d\log T_m}{dX}|\langle b\rangle_r|\cos(\phi+\Psi)}{\dfrac{d\log T_m}{dX}\left\{|g|\cos(\phi-\Theta) - \dfrac{d\log T_m}{dX}\dfrac{\mathrm{Im}[g_D]}{\gamma-1}\mathrm{Re}\left[\dfrac{1}{1-\chi_\nu}\right]\dfrac{1}{|\hat{z}|}\right\}} \tag{7.51}$$

となる。したがって，ε' はプラントル数 σ，比熱比 γ の物性値のほかに $\omega\tau_\alpha$ と対数温度勾配 $d\log T_m/dX = \lambda d\log T_m/dx$，無次元比音響インピーダンス $\hat{z}$ に依存する。$d\log T_m/dX$ の値は少なくとも図 7.11 に示す最小値よりも大きくなければ ε' は正にならない。そこで，$d\log T_m/dX$ を 20 とし，ε' を無次元比音響インピーダンス $\hat{z}$ の関数として算出した。円管流路を仮定し，代表的な $\omega\tau_\alpha$ の値として 0.01, 0.05, 0.1, 0.5 に対して得られた結果をそれぞれ**図 7.15** に示す。

$\omega\tau_\alpha$ の値が 0.01, 0.05 であれば，位相に関して対称的であり，$\phi=0$ を中心に ε' の値は分布している。しかし，$\omega\tau_\alpha$ の値が 0.1 程度まで大きくなると，$\phi>0$ の領域に ε' の極大値は移行する。自励振動を引き起こすのに必要な対数温度勾配を議論したとき，$\omega\tau_\alpha>1$ の場合には W_{prog} と W_{stand} の両方を利用することが有効であることを説明した。これと同様に，$\omega\tau_\alpha$ の値がある程度大きい場合には，ε' を大きくするためにも W_{stand} の活用が重要なことを表している。図 7.15 には $\varepsilon'=0.8$ という高い値も示されている。このような高い値を実現

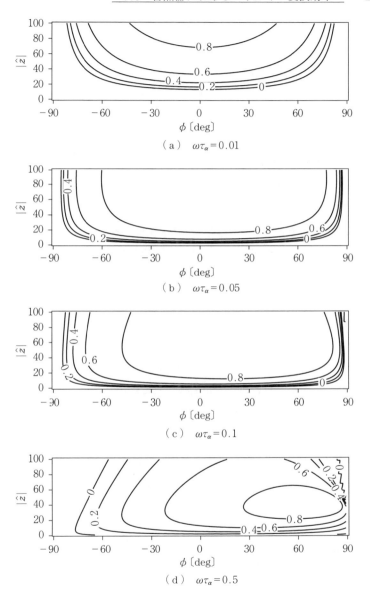

図 7.15 効率 ε' と無次元比音響インピーダンスの大きさ $|\hat{z}|$ および位相角の関係。$\gamma=5/3$, $\sigma=0.66$, また $d\log T_m/dX=20$ とした。なお, ϕ は p_1 に対する u_1 の位相を表す。

するには無次元比音響インピーダンスの大きさと位相角も重要であるが，$\omega\tau_\alpha$ =0.05 程度のかなり小さな $\omega\tau_\alpha$ を選ぶ必要があることがわかる。なお，無次元比音響インピーダンスの大きさはかならずしも大きいほうが有利というわけではなく，$\omega\tau_\alpha$=0.5 の場合にはせいぜい $|\tilde{z}|\approx 40$ でなければ ε' は容易に低下することにも注意しよう。

7.3.2 枝管付きループ管型音波エンジン

スターリングエンジンの場合には，固体ピストンやディスプレーサーの位相関係や変位を調整して先に求めたような理想的な音場を作り出す。しかし，必ずしも固体部品に頼らなくても音場調整は可能である。**図7.16**（a）は米国ロスアラモス研究所の Backhaus と Swift が開発した枝管付きの進行波音波エンジンを示す[5),6)]。彼らはループ管型音波エンジンに枝管共鳴管を接続して，700 W の音響パワー出力をループ管から枝管に取り出した。音響パワー出力と入力熱量の比として効率を求めると 30% であった。この値は内燃機関に匹敵する高い効率であり，カルノー効率の 42% に達する。オランダ ECN の Tijani らも枝管付きの進行波音波エンジンを独自に開発し，比カルノー効率で 48% を達成した[7)]。これほど高い効率が発揮される理由を蓄熱器の音場に基づいて考えてみよう。

図（b）は，このループ管をごく単純な等価回路で置き換えた回路図である。L と C は管内気体の等価インダクタンスと等価キャパシタンスを表す。蓄熱器は抵抗とそれに並列接続された電流源で表されている。Ceperley の議論に

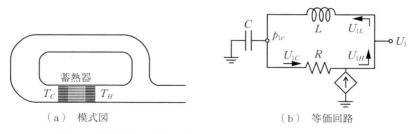

（a） 模式図　　　　　　　　（b） 等価回路

図7.16 枝管付きの進行波音波エンジンの模式図とその等価回路

7.3 蓄熱器におけるエネルギー変換効率

従えば，蓄熱器を通過することで体積流速は温度比倍になる．すなわち，U_{1H} と U_{1C} をそれぞれ蓄熱器高温端と低温端の体積流速とするとき，$U_{1H}/U_{1C}=T_H/T_C$ であるから，電流源からは $(T_H/T_C-1)U_{1C}$ だけの体積流速が供給されることになる．インダクタンスを流れる体積流速を U_{1L}，また蓄熱器低温端の圧力を p_{1c} とするとつぎの二つの回路方程式が得られる．

$$RU_{1C}=-i\omega LU_{1L} \tag{7.52}$$

$$U_{1L}-U_{1C}=-i\omega Cp_{1c} \tag{7.53}$$

この2式から U_{1L} を消去すると，蓄熱器低温端における音響インピーダンス $Z_C=p_{1c}/U_{1C}$ に対する表式が得られる．

$$Z_C=\frac{R}{\omega^2 LC}\Big(1+i\frac{\omega L}{R}\Big) \tag{7.54}$$

この結果からただちにわかるのは，$R\gg\omega L$ ならば，進行波位相が実現するとともに高い音響インピーダンスが実現されることである．図7.15からわかるように，$\omega\tau_\alpha\approx 0.01$ ならば $\phi\approx 45°$ 程度でも十分に高い効率が期待できるので，そのような $\omega\tau_\alpha$ 値を持つ蓄熱器を用いれば，$R\sim\omega L$ という条件でも十分に高い効率が期待できることになる．仮に $R=\omega L$ とすると，蓄熱器低温端における音響インピーダンスの大きさは $|Z_C|=\sqrt{2}/(\omega C)$ である．等価キャパシタンスが空洞容積 V を用いて，$C=V/(\gamma p_m)$ であることを用いれば，低温端での比音響インピーダンス z_C が作動気体の特性インピーダンス $\rho_m c_s$ に比べてどの程度大きくなるかを予想することができる．なお，エンジンの動作角周波数 ω は，枝管付きループ管の固有角周波数である．Backhaus らはこのような簡単な等価回路でおよその予想をたててから実際の装置開発に取り組んだようだ．このようなおおまかな見積であるが，十分な目安になったことは彼らの装置がカルノー効率の40%に相当する高い効率を確かに実証したことに現れている．なお，枝管付きループ管エンジンに対する詳細な音場計測の結果は文献8)，9) に詳しく記述されている．

7.4 補足

7.4.1 負荷付きループ管エンジンの作り方

図7.16（a）に示された枝管付きループ管エンジンの枝管共鳴管の先に電気音響変換器やループ管冷凍機を接続すれば，蓄熱器で得られる音響パワーを使って電力発生[10]や低温生成[11]が可能になる。全体のサイズを小さくするには枝管共鳴管はなるべく短くしたいが，どのような音響負荷を接続すればよいだろうか。この点について調べるために，羽鳥らは負荷付きループ管エンジンをエンジン部分と負荷部分の二つの部分系に分割して，部分系の接続点における音響インピーダンスに着目した[12]。

二つの部分系を接続するとき，その系が自励発振するための必要条件は，接続点で圧力変動は連続であり，しかも体積流速も連続でなければならないことである。これらの条件を満足するには，音響インピーダンス（圧力と体積流速の複素振幅比）がたがいに等しくなければならない。逆に言えば，音響インピーダンスが一致する温度差，周波数が動作条件を与えることになる。

以上のことを実験的に検証するために，羽鳥らは接続点における音響インピーダンスの計測を行った。まず，二つの部分系にそれぞれ音響ドライバーを取り付け，つぎに任意の周波数で強制振動させながら，接続点における圧力と流速を計測して，各部分系の接続点インピーダンスを計測した。ループ管エンジンについては，周波数に加えて温度差もパラメータとなる。

測定結果を複素平面と周波数軸からなる3次元空間に示したのが**図7.17**である。曲面で示しているのがエンジン部分の接続点インピーダンスで，曲線で示しているのが2種類の負荷（AおよびB）の接続点インピーダンスである。どちらの負荷のインピーダンスもエンジン部分のインピーダンスとある一点で交点を持つことがわかる。この交点の座標である周波数と温度差が，負荷をつけたときの動作周波数と動作温度を表す。実際にこの二つの部分系を合成したとき，合成系はちょうどこの交点における周波数と温度差で発振をしたことも

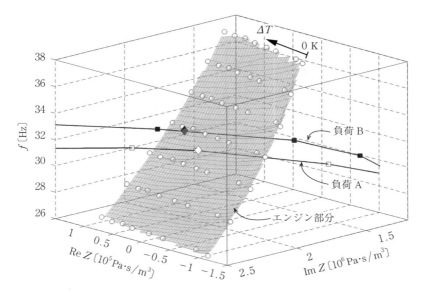

図7.17 エンジン部分の複素音響インピーダンスと音響負荷の音響インピーダンス

確認されている。つまり合成系の動作条件はエンジン部分と負荷部分のそれぞれに依存して決まる。だから，エンジン部分系の効率が高くなる周波数で，合成系を動作させるにはそれに見合った音響インピーダンスを持つ負荷を準備しなければならない。音響インピーダンスに注目した発振条件の解析については文献13) も参照してほしい。

7.4.2 ループ型水スターリングエンジン

液柱振動と気柱振動を組み合わせた進行波音波エンジンには，1章で紹介した水スターリングエンジン（Fluidyne）がある。図7.18 に示すように，この装置は液柱と気柱からなるループ管と調整管と呼ばれる枝管内の液柱で構成される。

最近，液柱と気柱管をループ上に組み合わせた装置も開発され，その動作原理の解析が行われた[14]。通常の水スターリングエンジンの場合，その動作周波数は重力加速度 g と液柱の長さ L で決まる U 字管内の液柱振動の固有角振

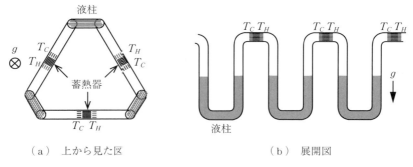

(a) 上から見た図　　　　　　（b）展開図

図7.18 ループ型水スターリングエンジンの模式図

動数（$\approx \sqrt{2g/L}$）であり，およそ 1 Hz 程度となる。一方，枝管を持たないループ状の装置では気柱部分の気体がガスばねの役割を果たすことにより 10 Hz 近傍の動作も報告されている。また，加圧気体を作動流体とできることも従来型の水スターリングエンジンとは異なる特徴である。固体ピストンを持つのがスターリングエンジンだとすると，液体ピストンを有するのがループ型水スターリングエンジンだといえるだろう。このタイプのエンジンも音波エンジンの仲間と考えてよい。

引用・参考文献

1) P. H. Ceperley：Pistonless Stirling Engine-Traveling wave heat engine, J. Acoust. Soc. Am., **66**, pp. 1508-1513 (1979)
2) T. Biwa, R. Komatsu, and T. Yazaki：Acoustical power amplification and damping by temperature gradients, J. Acoust. Soc. Am., **129**, pp. 132-137 (2011)
3) T. Biwa, Y. Tashiro, M. Kozuka, T. Yazaki, and U. Mizutani：Experimental demonstration of thermoacoustic energy conversion in a resonator, Physical Review E, **69**, 066304 (2004)
4) Y. Ueda, T. Biwa, U. Mizutani, and T. Yazaki：Thermodynamic cycles executed in a looped-tube thermoacoustic engine, J. Acoust. Soc. Am., **117**, pp. 3369-3372 (2005)
5) S. Backhaus and G. W. Swift：A thermoacoustic Stirling heat engine, Nature, **399**, pp. 335-338 (1999)

6) S. Backhaus and G. W. Swift：A thermoacoustic-Stirling heat engine: Detailed study, J. Acoust. Soc. Am., **107**, pp. 3148-3166 (2000)
7) M. E. H. Tijani and S. Spoelstra：A high performance thermoacoustic engine, J. Appl. Phys., **110**, 093519 (2011)
8) Y. Ueda, T. Biwa, T. Yazaki, and U. Mizutani：Acoustic field in a thermoacoustic Stirling engine consisting of a looped tube and resonator, Appl. Phys. Lett., **81**, pp. 5252-5254 (2002)
9) Y. Ueda, T. Biwa, U. Mizutani, and T. Yazaki：Experimental studies of a thermoacoustic Stirling prime mover and its application to the construction of a cooler, J. Acoust. Soc. Am., **115**, pp. 1134-1141 (2004)
10) S. Backhaus, E. Tward, and M. Petach：Traveling-wave thermoacoustic electric generator, Appl. Phys. Lett., **85** pp. 1085-1087 (2004)
11) E. Luo, W. Dai, Y. Zhang, and H. Ling：Thermoacoustically driven refrigerator with double thermoacoustic-Stirling cycles, Appl. Phys. Lett., **88**, 074102 (2006)
12) H. Hatori, T. Biwa, and T. Yazaki：How to build a loaded thermoacoustic engine, J. Appl. Phys., **111**, 074905 (2012)
13) 平川雄規，矢崎太一：温度勾配のある気柱共鳴管の Q 値と発振条件，日本音響学会誌，**72**, 82, pp. 448-455 (2016)
14) H. Hyodo, S. Tamura, and T. Biwa：A looped-tube traveling-wave engine with liquid pistons, J. Appl. Phys., **122**, 114902 (2017)

8 熱流束

振動流によって引き起こされる熱流束密度には，圧力変動の進行波成分に起因する Q_{prog} と定在波成分に起因する Q_{stand}，そして温度勾配中の変位振動に由来する Q_D がある。このうち，Q_{prog} と Q_{stand} は冷凍機において冷凍出力に寄与する熱流束密度であり，Q_D はドリームパイプで重要になる熱流束密度である。実験例を参照しながら振動流による熱流束密度がどのように活用されているかを紹介する。

8.1 音波クーラー

図 8.1 のような蓄熱器を挿入した周囲から断熱された管路を考える。蓄熱器の両端には熱交換器を設置し，熱交換器を介してのみ周囲と吸放熱を行うとする。音波エンジンや音響ドライバーを使って管路に充填された作動気体を振動運動させると，自然に蓄熱器内部には軸方向の熱流束 $\tilde{Q}$ が生まれる。その結

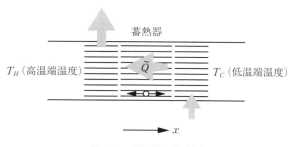

図 8.1 蓄熱器の模式図

果，蓄熱器一端の温度が低下し，他方は上昇する。蓄熱器の両端にある熱交換器は，蓄熱器中の熱流束 $\widetilde{Q}$ の入口と出口の役割を果たす。入口側の熱交換器では吸熱作用が起こり，出口側の熱交換器では放熱作用が起こる。音波クーラーにとっては低温端での吸熱量が，またヒートポンプにとっては高温端での熱流束が重要になる。

蓄熱器高温端（温度 T_H）から低温端（温度 T_C）へ向かう向きに座標軸 x をとると，熱流束 $\widetilde{Q}$ は $-x$ 方向の流れ（$\widetilde{Q}<0$）である。$\widetilde{Q}$ は流体の振動運動によって引き起こされる熱流束密度 Q と，振動流に関係なく存在する熱伝導による熱流束密度 Q_κ の和として

$$\widetilde{Q}=AQ+A_\kappa Q_\kappa \tag{8.1}$$

と表される。ここで，A は気体部分の断面積であり，A_κ は熱伝導による熱流束に寄与する部分の断面積である*。6章で示したとおり，熱流束密度 Q は，進行波成分に由来する Q_{prog} と定在波成分に起因する Q_{stand}，そして温度勾配中の変位変動に由来する Q_D の和である。粘性流体に対する具体的な表式はそれぞれ

$$Q_{prog}=-\frac{1}{2}\beta T_m \mathrm{Re}[g]|p_1||u_{1r}|\cos\phi \tag{8.2}$$

$$Q_{stand}=-\frac{1}{2}\beta T_m \mathrm{Im}[g]|p_1||u_{1r}|\sin\phi \tag{8.3}$$

$$Q_D=\frac{1}{2\omega}\rho_m C_p \frac{dT_m}{dx}\mathrm{Im}[g_D]\mathrm{Re}\left[\frac{1}{1-\chi_\nu}\right]|u_{1r}|^2 \tag{8.4}$$

である。ここで，g は

$$g=\frac{\chi_\alpha-\chi_\nu^\dagger}{(1+\sigma)(1-\chi_\nu^\dagger)}=\frac{(1-\chi_\nu)(\chi_\alpha-\chi_\nu^\dagger)}{(1+\sigma)|1-\chi_\nu|^2} \tag{8.5}$$

であり，g_D は

$$g_D=\frac{\chi_\alpha-\chi_\nu^\dagger-(1+\sigma)\chi_\nu+(1+\sigma)\mathrm{Re}[\chi_\nu]}{(1-\mathrm{Re}[\chi_\nu])(1-\sigma^2)} \tag{8.6}$$

---

* 蓄熱器を構成する蓄熱材やその容器を伝わる熱伝導の寄与も考えるべきであるが，ここでは気体の寄与のみを検討の対象とする。

である。また熱伝導による熱流束密度 Q_κ は，気体の熱伝導率 κ を用いて

$$Q_\kappa = -\kappa \frac{dT_m}{dx} \tag{8.7}$$

と表される。なお，Q_D と Q_κ は高温側から低温側に向かうので，クーラーにおいてもヒートポンプにおいても損失となる熱流束密度成分である。なお，断面平均流速変動 u_{1r} の代わりに断面平均変位変動 ξ_{1r} を用いた場合，式（8.2）～（8.4）はつぎのように変形される。

$$Q_{prog} = -\frac{\omega}{2}\beta T_m \mathrm{Re}[g]|p_1||\xi_{1r}|\sin\theta \tag{8.8}$$

$$Q_{stand} = -\frac{\omega}{2}\beta T_m \mathrm{Im}[g]|p_1||\xi_{1r}|\cos\theta \tag{8.9}$$

$$Q_D = \frac{\omega}{2}\rho_m C_p \frac{dT_m}{dx}\mathrm{Im}[g_D]\mathrm{Re}\left[\frac{1}{1-\chi_\nu}\right]|\xi_{1r}|^2 \tag{8.10}$$

以下では，1章で実例を挙げた各種の音波クーラーにおいて，熱流束密度

$$Q = Q_{prog} + Q_{stand} + Q_D \tag{8.11}$$

を使ってそのメカニズムを検討する。

8.1.1　共鳴管型クーラー

Rott と親交のあった Merkli と Thomann[1] は，固体平板で一端を閉じた共鳴管内の気柱を，他端に取り付けた固体ピストンを用いて強制振動した。周波数は共鳴管内気柱の共鳴点である。気柱管の外側にさらにもう一つの円管を設けて外部からの熱的外乱をなるべく防ぐような工夫を行ったうえで管壁温度を測定したところ，ピストンによる強制振動を開始したその直後には，共鳴管中央付近の流速の腹が形成される場所で温度低下が，また両端近傍では温度上昇が観測された。共鳴管内に定在波的な音場が形成されることに注意しながら，観測された温度変化の理由を見てみよう。

簡単のために図 8.2 に示すような散逸のない共鳴管内の定在波的な音場に基づいて検討を行う。3章でも見たように，流速の腹，つまり圧力の節の前後で，圧力から見た流速の位相 ϕ が $-\pi/2$ から $\pi/2$ へと変化する。位相差が

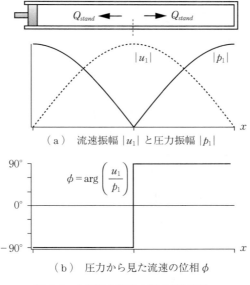

図 8.2 共鳴管内音場の模式図と特性

$-\pi/2$ と $\pi/2$ では Q_{stand} の流れの向きが反転することも 6 章で見た。そのため，図に示すような音場では，Q_{stand} は中央にできる流速の腹から両側の圧力の腹に向かって流れる。この位相差では進行波成分による熱流 Q_{prog} の寄与は見込めないので，もっぱら定在波成分による熱流束密度 Q_{stand} が温度勾配の形成に寄与したと考えられる。Merkli と Thomann は初期には温度低下を観測したものの，定常状態に達したときには温度低下は認められなかったとも述べている。エネルギー散逸の影響で共鳴管の温度が上昇したことや，温度が高いところから低いところへ向かう二つの熱流束 Q_D と Q_κ が増加して，Q_{stand} の効果を相殺したのであろう。

Q_{stand} を大きくするためのヒントは Wheatley らの論文に詳しく説明されている[2),3)]。彼らは，波長に比べて十分に短い平板を，比較的狭い間隔で積層（stack of plates）した thermoacoustic couple という構造体を共鳴管内に挿入した。thermoacoustic couple はその構造に由来してスタックと呼ばれることもある。スタック部分では平板と作動気体の間の熱交換を通じて軸方向に熱輸

送が生じる。この方法でもやはり Q_{prog} の寄与は小さく，共鳴管内のスタックの位置における局所的な音場で決まる熱流束密度 Q_{stand} が支配的となる。定在波成分による熱流束 Q_{stand} で温度勾配が形成されるのに対して，Q_D と Q_κ はそれを打ち消す向きに流れるので，定常状態では $A(Q_{stand}+Q_D)+A_\kappa Q_\kappa=0$ である。彼らによれば，実験条件を考慮すると近似的に $AQ_{stand}+A_\kappa Q_\kappa=0$ という関係式が成立するようである。スタックは十分に短くてある一点での音場で代表できるとして式（8.3）と式（8.7）を用いると，温度勾配 dT_m/dx は

$$\frac{dT_m}{dx} = -\frac{A\beta T_m \mathrm{Im}[g]}{2\kappa A_\kappa}|p_1||u_{1r}|\sin\phi \tag{8.12}$$

となる。ここで圧力振幅 $|p_1|$ と断面平均流速振幅 $|u_{1r}|$ を散逸のない気柱共鳴管内の結果で近似しよう。すなわち3章に示したとおり，圧力変動を

$$p_1 = -iz_S\frac{\cos k_S(L-x)}{\sin k_S L}U_0 \tag{8.13}$$

とするとき，断面平均流速変動は

$$u_{1r} = \frac{\sin k_S(L-x)}{\sin k_S L}U_0 \tag{8.14}$$

であるので

$$\frac{dT_m}{dx} = -\frac{A\beta T_m z_S \mathrm{Im}[g]}{4\kappa A_\kappa}\frac{\sin\{2k_S(L-x)\}}{\sin^2 k_S L}U_0^2 \tag{8.15}$$

となる。この結果は，温度差は圧力の腹と流速の腹の中間（$x=L/2$）で最も大きくなり，腹や節の位置では0となることを意味している。また温度勾配の向きは圧力の腹に近い側の温度が高くなるように形成されるが，これは Q_{stand} の特徴である。なお，Q_D の寄与が無視できなくなれば，スタックの位置を流速の節の位置に近づけるほうがより温度勾配は大きくできるだろう。

図 8.3 に共鳴管型音波クーラーのエネルギー流線図の模式図を表す。簡単のため，図 8.2 と同様の両端に圧力の腹が形成されるとしよう。図（a）には閉端近傍にスタックを設置した場合を示す。このスタックの配置ではスタック内の熱流束密度 Q_{stand} は近傍の圧力の腹の位置，つまり閉端に向けて流れるために仕事流束 $\bar{I}$ と同じ向きに流れる。そのため Q_{prog} は Q_{stand} を相殺するように

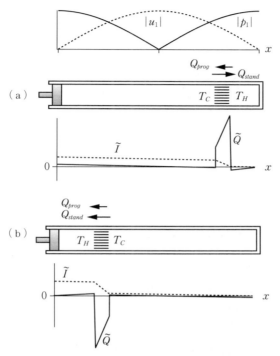

図 8.3 共鳴管型音波クーラーのエネルギー流線図。Q_{stand} は近傍の圧力の腹の方向に流れ，Q_{prog} は $\tilde{I}$ と逆方向に流れる。

寄与する。一方，スタックをピストン近傍に設置した場合は Q_{prog} と Q_{stand} はともに $\tilde{I}$ と逆方向に流れる。そのため，このように配置するほうが冷却性能は高くなると期待される。

Rott 理論をもとに基礎的な実験データを解析し自信を深めたロスアラモス研究所のグループは，その後 beer cooler などの応用デバイスも開発した[4]。またペンシルベニア州立大学の Garrett らは，定在波型の音波クーラーをスペースシャトルに搭載し，その性能を実証している[5]。

8.1.2 ループ管型クーラー

共鳴管型クーラーが定在波成分に由来する Q_{stand} の応用であるのに対して，

進行波成分に由来する Q_{prog} を応用するのがループ管型クーラーである。Ceperley が指摘したとおり，ループ状の配管内に蓄熱器を設置するとループを周回するような音響パワー（仕事流）が実現できる。その結果，4章で見たとおり，固定端や開放端を持つ共鳴管に比較して音響パワーが大きくできる。Q_{prog} は仕事流束密度 I とは流れの方向は逆であるが，その流量は比例する熱流束密度であるから，I が大きくなればそれだけ I の下流側で蓄熱器の温度低下が大きくなることが期待できる。

Wheatley の後を引き継いだ Swift はループ状の配管構造を持つ音波クーラーを作成しその評価を行った[6]。ループ内では軸方向に一様な I が発生するわけではないが，ここでは一様であると仮定すると

$$Q_{prog} = -\frac{1}{2}\beta T_m \text{Re}[g]|p_1||u_{1r}|\cos\phi \tag{8.16}$$

は，蓄熱器をどこに置いても同じである。しかし，つねに損失となる熱流束 Q_D は次式のように流速振幅の2乗に比例する。

$$Q_D = \frac{1}{2\omega}\rho_m C_p \frac{dT_m}{dx}\text{Im}[g_D]\text{Re}\left[\frac{1}{1-\chi_\nu}\right]|u_{1r}|^2 \tag{8.17}$$

したがって，蓄熱器を流速振幅が小さい場所に設置するのが有効である。上田は蓄熱器の長さや設置場所，また流路半径の大きさに応じて，ループ管内に形成される音場が変化することを，熱音響理論に基づいた数値計算により明らかにした。さらに，ループ管型音波クーラーの効率を検討し，カルノー効率で定まる COP の60%という高い性能が期待できることを見いだしている[7]。

矢崎らが作成した熱駆動型のループ管型クーラーでは，Q_{prog} に加えて，定在波成分による熱流束 Q_{stand} も利用して冷凍温度を低下させた。この装置は音波を発生する原動機蓄熱器と，音波で低温生成を行うスタックをループ管内に備えている。彼らは $\omega\tau_\alpha \sim 3$ 程度の冷凍用スタックを，流速の節の位置から少しだけ離れた位置に設置することで -27°Cの低温を得ている[8]。ペンシルベニア州立大学の Garrett やオランダ ECN の Tijani らは，ループ状の配管構成の代わりに同軸二重管構造の音波クーラーを作成し，応用展開を目指してい

る[9]。また長谷川らは，ループ型の音波エンジンとループ型の音波クーラーを枝管共鳴管を介して接続した熱駆動型クーラーを開発している。音波エンジンに蓄熱器を三つ使用したことにより比較的低温度差での動作を可能とし，加熱温度300℃のときに，音波クーラーの冷却温度として−100℃という低温を実現している[10]。フロンを使わない冷凍技術として今後の発展が強く期待される技術分野である。

8.2 蓄熱器におけるエネルギー変換効率

7章の音波エンジンと同様に，ここでも音波クーラーの蓄熱器におけるエネルギー変換効率を吟味してみよう。

断面積が一様で長さが Δx の短い蓄熱器を想定して，図8.1のように負の温度勾配 dT_m/dx を仮定する。蓄熱器における仕事流束密度の変化量を ΔI とすると，ΔI は近似的に蓄熱器中心の音場で定まる仕事源 w を使って $w\Delta x$ と表すことができる。音波クーラーの場合，その成績係数 COP_C は，低温端の熱流束密度 Q_C を用いて

$$COP_C = \frac{Q_C}{\Delta I} \approx \frac{Q_C}{w\Delta x} \tag{8.18}$$

である。クーラーの場合，成績係数の熱力学的な上限値 $COP_{C,\text{Carnot}}$ は

$$COP_{C,\text{Carnot}} = \frac{T_C}{T_H - T_C} \approx \frac{T_C}{-\frac{dT_m}{dx}\Delta x} \tag{8.19}$$

である。比をとると

$$\varepsilon_C = \frac{COP_C}{COP_{C,\text{Carnot}}} = -\frac{Q_C}{wT_C}\frac{dT_m}{dx} \tag{8.20}$$

となる。理想的蓄熱器では，エントロピー流束密度は一様であるから，Q_C/T_C は蓄熱器の中心における熱流束密度 Q と温度 T_m を使って表しても同じであり，$Q_C/T_C = Q/T_m$ となる。現実には，流れの下流に行くに従ってエントロピー流量は増大するから，$|Q_C|/T_C < |Q|/T_m$ である。したがって，式（8.20）

において $Q_C/T_C=Q/T_m$ と仮定すると ε_C を過大評価することになるが，第一近似としては有効だろう．そこで，以下では蓄熱器中心位置で定まる以下の局所的比カルノー COP

$$\varepsilon'_C = -\frac{Q}{w}\frac{d\log T_m}{dx} \tag{8.21}$$

を考えてみる．

熱流束密度 $Q=Q_{prog}+Q_{stand}+Q_D$ は式（7.50）より

$$Q = -\frac{1}{2}|p_1||u_{1r}|\left\{|g|\cos(\phi-\Theta) - \frac{d\log T_m}{dX}\frac{\mathrm{Im}[g_D]}{\gamma-1}\mathrm{Re}\left[\frac{1}{1-\chi_\nu}\right]\frac{1}{|\tilde{z}|}\right\} \tag{8.22}$$

である．なお，$\Theta=\arg g$ である．また，仕事源 $w=W_\nu+W_p+W_{prog}+W_{stand}$ は式（7.31）より，5章で導入した記号 $\langle b\rangle_r=(\chi_\alpha-\chi_\nu)/[(1-\chi_\nu)(1-\sigma)]$ を用いて

$$w = \frac{\omega}{2c_s}|p_1||u_{1r}|\left\{\mathrm{Im}\left[\frac{1}{1-\chi_\nu}\right]\frac{1}{|\tilde{z}|} + (\gamma-1)\chi''_\alpha|\tilde{z}|\right.$$

$$\left. + \frac{d\log T_m}{dX}|\langle b\rangle_r|\cos(\phi+\Psi)\right\} \tag{8.23}$$

と表される．なお，$\Psi=\arg\langle b\rangle_r$ である．式（8.21）に式（8.22），式（8.23）を代入すると，局所的比カルノー COP は

$$\varepsilon'_C = \frac{|g|\cos(\phi-\Theta) - \dfrac{d\log T_m}{dX}\dfrac{\mathrm{Im}[g_D]}{\gamma-1}\mathrm{Re}\left[\dfrac{1}{1-\chi_\nu}\right]\dfrac{1}{|\tilde{z}|}}{\mathrm{Im}\left[\dfrac{1}{1-\chi_\nu}\right]\dfrac{1}{|\tilde{z}|} + (\gamma-1)\chi''_\alpha|\tilde{z}| + \dfrac{d\log T_m}{dX}|\langle b\rangle_r|\cos(\phi+\Psi)}$$

$$\cdot\frac{d\log T_m}{dX} \tag{8.24}$$

のように得られる．ε'_C はプラントル数 σ，比熱比 γ の物性値のほかに，$\omega\tau_\alpha$ と対数温度勾配 $d\log T_m/dX=\lambda d\log T_m/dx$，無次元比音響インピーダンス $\tilde{z}$ に依存する．$\gamma=5/3$，$\sigma=0.66$，$d\log T_m/dX$ を -20 とし ε'_C を無次元比音響インピーダンス $\tilde{z}$ の関数として算出した．円管流路を仮定し，代表的な $\omega\tau_\alpha$ の値（0.01，0.05，0.1，0.5）に対して得られた結果をそれぞれ**図 8.4** に示す．

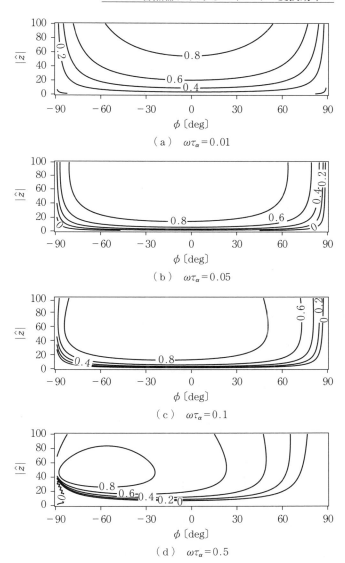

図 8.4 比カルノー COP と無次元比音響インピーダンスの大きさ $|\hat{z}|$ および位相角 ϕ の関係。$\gamma=5/3$, $\sigma=0.66$, また $d\log T_m/dX=-20$ とした。なお，ϕ は p_1 に対する u_1 の位相を表す。

$\omega\tau_\alpha$ の値が 0.01 程度に小さければ,位相差 ϕ に関して対称的であり,$\phi=0$ を中心に ε'_c の値は分布している。しかし,$\omega\tau_\alpha$ の値が大きくなるに従って,$\phi<0$ の領域に ε'_c の極大値は移行する。共鳴管型音波クーラーの例で見たように,$\phi<0$ なら Q_{stand} と Q_{prog} は同じ方向に流れるからである。図 8.4 には $\varepsilon'_c=0.8$ というかなり高い値の領域も広く示されている。このような高い値を実現するには無次元比音響インピーダンスの大きさと位相角も重要であるが,$\omega\tau_\alpha=0.05$ 程度のかなり小さな $\omega\tau_\alpha$ を選ぶ必要があることがわかる。なお,無次元比音響インピーダンスの大きさはかならずしも大きいほうが有利というわけではなく,$\omega\tau_\alpha=0.5$ の場合にはせいぜい $|\bar{z}|\approx 40$ でなければ ε'_c は容易に低下することにも注意しよう。

8.3 GM 冷凍機の冷凍能力

熱音響自励振動に対する理論的研究の成果である熱音響理論は,熱音響自励振動の直接的な応用である音波エンジンではなく,その当時すでに実用化されていた蓄冷式冷凍機の改良に応用され,技術者・研究者の関心を集めた。それまで,蓄熱器は単に対向流型の熱交換器として議論されていた。この伝統的な立場からは蓄熱器は冷凍メカニズムにおいては受動的な役割を持つにすぎない。一方,熱音響理論の立場からは蓄熱器で低温から高温への熱輸送が起こると解釈する。つまり蓄熱器は冷凍の本質を担う能動的な部品として位置づけられる。このような立場の違いに抵抗感を覚えた方も多いはずであるが,パルス管冷凍機の成功により熱音響理論の合理性や有効性が広く認識されるようになった。ここでは従来型の蓄冷式冷凍機の代表例である GM 冷凍機に対して,熱音響理論を適用してその冷凍性能を検討してみよう。

2 段式のギフォードマクマホン(Gifford-McMahon, GM)冷凍機は,模式的に図 8.5 のように示すことができる。シリンダーとディスプレーサー内の蓄熱器のそれぞれが 2 段になった構成で,被冷却物体を取り付けるための冷却ステージも 2 段構成である。2 段構成の冷凍機は,1 段構成の冷凍機に比べて到

8.3 GM 冷凍機の冷凍能力

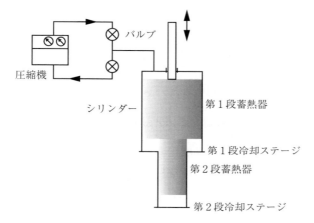

図 8.5 GM 冷凍機の模式図

達温度が低いという特徴を持つ。第1段蓄熱器と第2段蓄熱器にはそれぞれ金属メッシュと金属球状粉が充填されている。蓄熱器はモータで駆動されてシリンダー内を上下に振動運動する。作動流体であるヘリウムガスは蓄熱器内部を通過して，シリンダー先端の膨張空間を出入りする。

簡単のために，第2段蓄熱器低温端近傍での流体の断面平均変位変動 $\langle \xi' \rangle_r$ = $|\xi_{1r}| \cos(\omega t)$ の振幅 $|\xi_{1r}|$ を，蓄冷器のシリンダー内変位振幅で代用する。作動流体の圧力変動 $p' = |p_1| \cos(\omega t + \theta)$ は，圧縮機に取り付けられた二つのバルブを開閉することで生じる。圧力振幅 $|p_1|$ は圧縮機の容量でおよそ決まる。断面平均変位変動に対する圧力変動の位相の進み θ は，バルブ開閉のタイミングにより調整される。そのため，圧力と変位の振幅 $|p_1|$, $|\xi_{1r}|$ と変位に対する圧力の位相の進み θ を GM 冷凍機の制御変数として考えるのが自然である。

冷凍機のスイッチを入れて動作を開始すると，圧力変動を伴う振動運動を流体要素が行うことによって，バケツリレー方式による熱輸送がスタートする。その結果，蓄熱器にしだいに温度勾配が生まれ，冷却ステージの温度が低下し始める。しかし，やがてある温度（到達温度）にまで達して定常状態に落ち着く。これは温度勾配に比例して増加する熱流 Q_D と Q_κ（いずれも符号は正）のためである。Q_κ を無視するときこの到達温度では $Q=0$, すなわち

246   8. 熱流束

$$Q_{prog}+Q_{stand}+Q_D=0 \tag{8.25}$$

が成立する。$Q_{prog}+Q_{stand}$ は式 (8.8)，式 (8.9) から

$$Q_{prog}+Q_{stand}=-\frac{\omega}{2}\beta T_m|p_1||\xi_{1r}|(\text{Re}[g]\sin\theta+\text{Im}[g]\cos\theta)$$

となるので記号 $\Theta=\arg g$ を用いると

$$Q_{prog}+Q_{stand}=-\frac{\omega}{2}\beta T_m|p_1||\xi_{1r}||g|\sin(\theta+\Theta) \tag{8.26}$$

と整理できる。ここで，到達温度において定まる温度勾配を臨界温度勾配 $(dT_m/dx)_{critical}$ と呼ぶことにすると，式 (8.10) および式 (8.25)，式 (8.26) から $(dT_m/dx)_{critical}$ はつぎのように決まる。

$$\left(\frac{dT_m}{dx}\right)_{critical}=-\frac{\beta T_m}{\rho_m C_p}E\frac{|p_1|}{|\xi_{1r}|}\sin(\theta+\Theta) \tag{8.27}$$

ここで，因子 E は表記の簡単化のために導入した記号であり

$$E=\frac{-|g|}{\text{Im}[g_D]\text{Re}\left[\dfrac{1}{1-\chi_\nu}\right]} \tag{8.28}$$

である。E の $\omega\tau_\alpha$ 依存性は**図 8.6** に示すとおりであり，$\omega\tau_\alpha<3$ では $\omega\tau_\alpha$ の値が小さいほど大きくなる。臨界温度勾配 $(dT_m/dx)_{critical}$ の大きさをなるべく大きくして到達温度を下げたいなら，$\omega\tau_\alpha$ をなるべく小さくするのがよい。

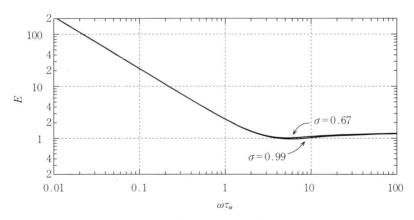

図 8.6　関数 E の $\omega\tau_\alpha$ 依存性

8.3 GM冷凍機の冷凍能力

臨界温度勾配 $(dT_m/dx)_{critical}$ を用いると,Q はつぎのように表される.

$$Q=\frac{\omega}{2}\rho_m C_p \mathrm{Im}[g_D]\mathrm{Re}\left[\frac{1}{1-\chi_\nu}\right]|\xi_{1r}|^2\left[\frac{dT_m}{dx}-\left(\frac{dT_m}{dx}\right)_{critical}\right] \quad (8.29)$$

図 8.7 に示すように,冷凍能力 Q は温度勾配 dT_m/dx に比例して増加することが期待される.以下では,dT_m/dx が $(dT_m/dx)_{critical} < dT_m/dx < 0$ を満足するときの冷凍能力 Q を位相差および変位振幅,周波数の関数として考えてみる.

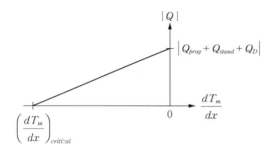

図 8.7 冷凍能力と温度勾配の関係

8.3.1 冷凍能力と音場の関係(位相差)

図 8.5 の GM 冷凍機において,第 1 段冷却ステージの温度と第 2 段冷却ステージの温度をそれぞれ一定に保ったまま,第 2 段冷却ステージの冷凍能力 Q を変位に対する圧力の位相の進み θ の関数として考える.Q_D と Q_κ は θ に依存しないので Q の θ 依存性は $Q_{prog}+Q_{stand}$ から生じることになる.$Q_{prog}+Q_{stand}$ は式(8.26)より

$$Q_{prog}+Q_{stand}=-\frac{\omega}{2}\beta T_m|p_1||\xi_{1r}||g|\sin(\theta+\Theta)$$

であるから,熱流束密度の大きさを最大にする最適位相角 θ_{opt} は

$$\theta_{opt}=\frac{\pi}{2}-\Theta \quad (8.30)$$

である.$|g|$ と Θ は図 8.8 に示すように,$\omega\tau_\alpha$ によって決まる.$\omega\tau_\alpha \ll 1$ では $\Theta=0$ だから,$\theta=\pi/2$ のとき,つまり進行波位相のときに熱流束密度の流量は最大となる.一方,$\omega\tau_\alpha\sim3$ では $\Theta\sim45°$ であるので,$\theta=3\pi/4$ のとき熱流束の

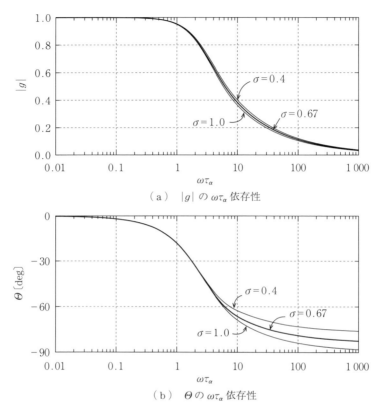

(a) $|g|$ の $\omega\tau_\alpha$ 依存性

(b) Θ の $\omega\tau_\alpha$ 依存性

図 8.8 $|g|$ と $\Theta=\arg g$ の $\omega\tau_\alpha$ 依存性

流量が最大となる。圧力変動の位相を進行波位相よりも進めるほうが有利になるのは，圧力変動に由来するエントロピー変動に時間遅れが生じるからである。なお，$\omega\tau_\alpha$ に対して $|g|$ は単調減少関数なので，熱流束密度の大きさを増加するには，$\theta=\pi/2$（進行波位相）が最適位相角 θ_{opt} となるように，なるべく $\omega\tau_\alpha$ が小さな蓄熱器を使用することが重要である。

実験的に GM 冷凍機の冷凍出力を位相差 θ の関数として測定した結果[11]を示したのが図 8.9 である。第 1 段の冷却温度を 85 K で一定に保ったまま，第 2 段の低温熱交換器温度（冷却温度）を変化させながら冷凍出力を決定している。この実験では，変位変動に対する圧力変動の位相の進みをパラメータとし

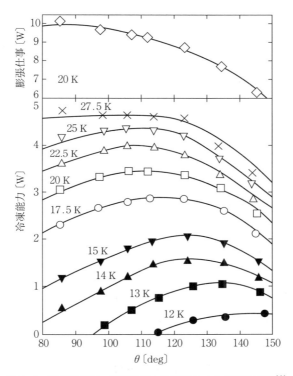

図 8.9 GM 冷凍機の膨張仕事と冷凍出力の位相差依存性[11]

て冷凍出力を測定している*。冷却温度が 27.5 K と比較的高いときには，冷凍出力は $\theta \sim 100°$ で最大となるが，冷却温度が 12 K 程度に低下すると θ は 140° を超すように見える。冷却温度が低下すると，作動流体であるヘリウムガスの熱拡散係数 α が著しく減少することが知られている（**図 8.10**）。30 K と 10 K では一桁程度値が異なるので，30 K の温度レベルでは，蓄熱器は等温

---

* 実験に使用した GM 冷凍機の第 2 蓄熱器には直径が 0.2 mm の鉛の球状粉がぎっしりと充填されている。この蓄熱器はスコッチヨーク機構を介してモータによって上下に振動運動する。作動流体の圧力変動をコントロールするのは高低圧のガス管に接続された二つの電磁バルブである。蓄熱器が上死点に達したときにマイクロスイッチが押され，これに応じて電子タイマーで任意のタイミングで電磁弁を開閉して，変位変動に対する圧力変動の位相の進みを調整した。

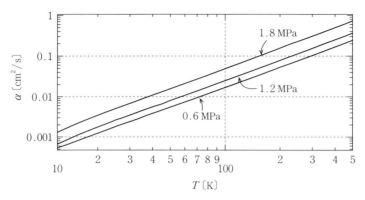

図 8.10 ヘリウムの熱拡散係数の温度依存性[12]

的熱交換を達成するのに十分な狭さの流路であったとしても 10 K レベルでは α が低下し，熱緩和時間 $\tau_\alpha = r_0^2/(2\alpha)$ が増大する．結果的に，室温レベルでは十分に小さいと見なせる蓄熱器流路半径 r_0 の場合でも，温度の低下に伴って $\omega\tau_\alpha$ が増加する．そのため定在波成分による熱流束密度 Q_{stand} を積極的に利用することで冷凍性能が高くなると理解できる．

8.3.2 冷凍能力と音場の関係（振幅と周波数）

変位振幅 $|\xi_1|$ と圧力振幅 $|p_1|$ も変数として熱流束密度を最大化することを考える．この問題は GM 冷凍機のディスプレーサーの変位振幅をどのように決定するべきかという問題と関係している．振幅が変化する場合に冷凍能力を最大化するには，Q_{prog} と Q_{stand} に加えて Q_D も考慮する必要がある．$Q = Q_{prog} + Q_{stand} + Q_D$ は

$$Q = -\frac{\omega}{2}\beta T_m |p_1||\xi_{1r}||g|\sin(\theta+\Theta) + \frac{\omega}{2}\rho_m C_p \frac{dT_m}{dx}\text{Im}[g_D]\text{Re}\left[\frac{1}{1-\chi_\nu}\right]|\xi_{1r}|^2$$
(8.31)

と変形できる．つまり，Q は圧力振幅 $|p_1|$ に関しては 1 次方程式であり，$|p_1|$ が大きいほど高い冷凍能力が期待できる．一方，**図 8.11** に示すように Q は変位振幅 $|\xi_{1r}|$ に関しては 2 次方程式であるから吟味の余地がある．式 (8.31)

8.3 GM冷凍機の冷凍能力

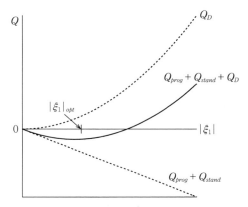

図 8.11 冷凍能力の変位振幅依存性

を $|\xi_{1r}|$ について平方完成して確かめられるように，Q の大きさは

$$|\xi_{1r}|_{opt} = \frac{1}{2} \frac{\beta T_m |g| \sin(\theta+\Theta)}{\rho_m C_p \frac{dT_m}{dx} \operatorname{Im}[g_D] \operatorname{Re}\left[\frac{1}{1-\chi_\nu}\right]} |p_1| \tag{8.32}$$

で最も大きくなり，その値は $(Q_{prog}+Q_{stand})/2$ に等しくなる。一方，$|\xi_1| > 2|\xi_1|_{opt}$ となるような変位振幅では $Q_{prog}+Q_{stand}+Q_D>0$ となるので，もはや冷凍能力を期待できない。

最適周波数を調べるために，$\omega\tau_\alpha \ll 1$ となるような良い蓄熱器を想定して単純化する。このような蓄熱器では最適位相進み θ は $\pi/2$ に近いので，Q_{stand} が Q_{prog} に対して無視できる。簡単のために非粘性流体を仮定すると，熱流束密度はつぎのようになる。

$$Q_{prog}+Q_D = -\frac{\omega}{2}\beta T_m \chi_\alpha' |p_1||\xi_{1r}| + \frac{\omega}{2}\chi_\alpha'' \rho_m C_p \frac{dT_m}{dx}|\xi_{1r}|^2 \tag{8.33}$$

$\omega\tau_\alpha \ll 1$ のとき，χ_α の漸近式は

$$\chi_\alpha = 1 - \frac{(\omega\tau_\alpha)^2}{12} - i\frac{\omega\tau_\alpha}{4} \tag{8.34}$$

である。そこで実部 χ_α' と虚部 χ_α'' をそれぞれ

$$\chi_\alpha' \approx 1, \quad \chi_\alpha'' \approx -\frac{\omega\tau_\alpha}{4} \tag{8.35}$$

と近似すると，$Q_{prog}+Q_D$ は角周波数 ω に関する 2 次方程式と見ることもできる。ω について平方完成するとわかるように，$Q_{prog}+Q_D$ の大きさは

$$\omega_{opt} = -\frac{2}{\tau_\alpha} \frac{\beta T_m}{\rho_m C_p (dT_m/dx)} \left|\frac{p_1}{\xi_{1r}}\right| \tag{8.36}$$

で最大になる。すでに見たように 10 K レベルの低温では熱緩和時間 τ_α が増大するので，ω_{opt} は小さくなるはずである。現実の GM 冷凍機では動作周波数を 1 Hz から 3 Hz 程度にすることが多いのはこのようなメカニズムが働いているのであろう[13]。

8.4 パルス管冷凍機の音場制御

固体ピストンやディスプレーサーなどの機械的部品の代わりにパルス管と呼ばれる中空の管や，バッファータンク，オリフィスバルブやイナータンスチューブなどの配管を組み合わせて望みの音場を実現するのがパルス管冷凍機である。冷凍機部分の長さは周波数から予想される波長よりもかなり短いのが普通である。その意味では音波クーラーとは異なるが，共通する冷凍メカニズムを持つ冷凍機である。以下では，どのようにして機械的な部品の助けなしに振動運動を制御するのかを，流体振動と交流電気回路の電気振動の間に成立する対応関係をもとに考えよう。

8.4.1 オリフィス型パルス管冷凍機

気柱管における圧力変動 p_1 に対して交流電気回路の電圧を対応させ，断面平均流速変動 u_{1r} に断面積 A を掛けた体積流速変動 U_1 に対して電流を対応させる。3.8 節でも示したとおり，長さ l，断面積 A の配管部分において，複素比音響インピーダンスの大きさ $|z|$ が流体の特性インピーダンス $\rho_m c_s$ に比べて十分に大きければ，管路は電気容量が

$$C = Al K_s \tag{8.37}$$

のキャパシタとみなすことができる。逆に十分に小さければ，管路はインダク

タンスが

$$L = \frac{\rho_m l}{A} \tag{8.38}$$

のコイルと見なすことができる．また，オリフィスバルブはバルブ開度に応じて流動抵抗が変化するので，可変電気抵抗 R として見ることができる．このようにして，オリフィス型パルス管冷凍機のパルス管とバルブ，バッファータンクを等価回路で置き換えたのが図 8.12 である．

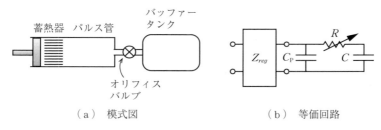

(a) 模式図　　　　　　(b) 等価回路

図 8.12 オリフィス型パルス管冷凍機．バッファータンクはキャパシタ C，バルブは可変抵抗 R，パルス管はキャパシタ C_P に対応している．蓄熱器はここでは単にインピーダンスが Z_{reg} の回路素子として表記した．

冷凍出力に直結するのは蓄熱器低温端の流体要素であるから，蓄熱器低温端における音響インピーダンス

$$Z = \frac{p_1}{U_1} = \frac{1}{A}\left|\frac{p_1}{u_{1r}}\right|e^{-i\phi} \tag{8.39}$$

を考える．なお，ϕ は p_1 に対する u_{1r} の位相進みであるので，Z の位相角は $-\phi$ である．図 (b) に示すオリフィス型の等価回路の場合

$$\frac{1}{Z} = i\omega C_P + \frac{i\omega C}{1 + i\omega RC} \tag{8.40}$$

である．ここで，C_P はパルス管の等価電気容量，R はバルブの抵抗，C はバッファータンクの等価電気容量である．

バルブの抵抗 R を変化させるとインピーダンスは図 8.13 (a) に示すような半円を描く．すなわち，バルブを閉じたとき，つまり R が無限に大きいと見なせるときには $Z_\infty = 1/(i\omega C_P)$ である．一方，バルブ開度が十分に大きければ

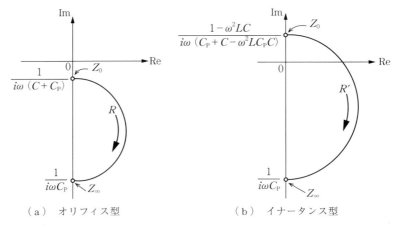

（a） オリフィス型　　　　　　　（b） イナータンス型

図 8.13　抵抗値 R と R' を変化させたときのオリフィス型パルス管冷凍機とイナータンス型パルス管冷凍機の音響インピーダンス

R は実質的に 0 となり，$Z_0=1/[i\omega(C_P+C)]$ に達する．式（8.26）の $Q_{prog}+Q_{stand}$ を変位 ξ_{1r} の代わりに流速 u_{1r} を用いて書き換えると

$$Q_{prog}+Q_{stand}=-\frac{1}{2}\beta T_m|p_1||u_{1r}||g|\cos(\phi-\Theta) \tag{8.41}$$

である．式（8.41）に基づいて，パルス管冷凍機の冷凍能力を考えよう．

すぐにわかるのは，ベーシック型パルス管冷凍機の冷凍性能が低い理由である．ベーシック型パルス管冷凍機はバルブを閉じた状態（$R=\infty$）に対応するので，$\phi=\pi/2$ である．蓄熱器が $\omega\tau_\alpha\ll 1$ を満足する場合，$\Theta=0$ であるから，$Q_{prog}+Q_{stand}=0$ となって冷凍能力を期待できないのは当然である．

オリフィス型の場合，バルブ開度の増加とともに音響インピーダンスは半円状の軌跡をたどるから，位相角 ϕ はしだいに変化して，$\phi=0$ に近づく．その結果，オリフィス型パルス管冷凍機ではバルブ開度を適切に調整することで冷凍能力が著しく向上する．しかし，開けすぎれば再び $\phi=\pi/2$ に近づくので，オリフィス型パルス管冷凍機では，バルブ開度に最適値が存在する．バッファータンクの体積が大きいほど音響インピーダンスの最大位相角は 0 に近づくが，どれだけ大きなバッファータンクを使用してもオリフィス型では常に

ImZ<0 であり，インピーダンスの位相角は正になることはない。式 (8.41) からただちにわかるように，最も冷凍性能を向上させるような最適な位相角は $\phi=\Theta$ である。$-\pi/2<\Theta<0$ であるから，ImZ>0 を実現する必要がある。オリフィス型では実現できないこの条件を達成するための方法の一つがイナータンスチューブを使用することである。

8.4.2 イナータンス型パルス管冷凍機

図 8.14 は，パルス管とバッファータンクの間にイナータンスチューブを持つイナータンス型パルス管冷凍機の模式図と等価回路である。等価回路をたよりに蓄熱器低温端での音響インピーダンスを求めると

$$\frac{1}{Z}=i\omega C_\mathrm{P}+\frac{i\omega C}{1-\omega^2 LC+i\omega R'C} \tag{8.42}$$

となる。L がイナータンスチューブのインダクタンスであり，$R'=R+R_\nu$ はイナータンスチューブにおける抵抗 R_ν とバルブの抵抗 R の和である。R' が無限大のとき $Z_\infty=1/(i\omega C_\mathrm{P})$ であるが，$R'=0$ のとき音響インピーダンスは

$$Z_0=\frac{1-\omega^2 LC}{i\omega(C_\mathrm{P}+C-\omega^2 LC_\mathrm{P}C)} \tag{8.43}$$

に近づく。ここで注意しなければならないのは，L が

$$\frac{1}{\omega C}<\omega L<\frac{1}{\omega C_\mathrm{P}}+\frac{1}{\omega C} \tag{8.44}$$

を満足するときにだけこの終点の音響インピーダンス Z_0 が Im Z_0>0 を満足することである。やみくもに大きな L を持つイナータンスチューブを接続して

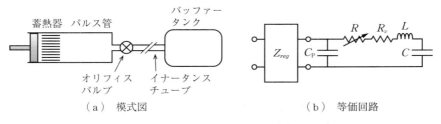

(a) 模式図　　　　　　　　(b) 等価回路

図 8.14　イナータンス型パルス管冷凍機

256　　8.　熱　　流　　束

も目的が達成されるわけではない点に注意する必要がある。

　このような改善を経てパルス管冷凍機の性能は大きく向上した。比較的初期の段階からパルス管冷凍機の開発に携わってきた経験を持つ井上は，ニードルバルブを使って自作したオリフィス型パルス管冷凍機を初めて動作したときを振り返って，「まるで別物の冷凍機のようだった」と記述している[14]。バルブをあけるだけで急激に温度低下するのは大きな驚きだったに違いない。文献14)，15) にはさまざまな方式が紹介されている。またこのほかにも，オリフィスバルブとイナータンスチューブの接続方法を並列にする方式[16] が採用されたパルス管冷凍機もある。

8.4.3　位相制御機構の実験的検証

　等価回路で予測される位相制御機構は実験的にも確認されている。図 8.15 に示すのが実験に使用されたプロトタイプのダブルインレット型パルス管冷凍機である。蓄熱器は長さ 50 mm，内径 14 mm のステンレス管にメッシュ数が 250（ワイヤ径 0.04 mm）のステンレススチール製金属メッシュを積層して作成した。蓄熱器の両端に熱交換器を接続し，さらに内径 13.4 mm の透明なガラス管を両側に接続した。蓄熱器の上側に接続したガラス管（長さ 60 mm）

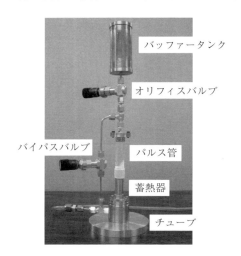

図 8.15　ダブルインレット型のパルス管冷凍機プロトタイプ

がパルス管である．パルス管の上にはさらにオリフィスバルブを介して金属容器をバッファータンクとして接続した．このパルス管冷凍機は，蓄熱器上流側とパルス管下流側を接続するようなバイパス管を持つ．オリフィスバルブとバイパスバルブの両方が全閉のときには，ベーシック型パルス管冷凍機として動作するが，オリフィスバルブのみを開ければ，オリフィス型パルス管冷凍機として動作する．また，二つのバルブを適度にあけるとダブルインレット型として動作する．バイパスバルブを閉じたままで，バッファータンクをイナータンスチューブに置き換えればイナータンス型とすることができる．文献17)では，このプロトタイプを用いて蓄熱器低温端の音響インピーダンスを圧力と流速の同時計測を通じて決定した結果が示されている．それによれば等価回路による予測は実験データをうまく説明している*．

8.5 ドリームパイプ

ドリームパイプでは，高温から低温への熱輸送を担う Q_D が主役となる．Q_D が生じる機構を簡単に振り返っておこう．ある位置を中心に振動運動する流体要素を考える．流体要素の変位振幅程度の範囲で流路壁の軸方向に温度分布があれば，流体要素にとっての環境温度はその位置に応じて変化することになる．流路壁の温度勾配を dT_m/dx とすると，流体要素と流路壁の間の熱交換が不十分ならば，流体要素がその最大変位の位置では流体要素と流路壁温度との差は $(dT_m/dx)|\xi|$ 程度である．つぎに，この位置で流体要素と壁の間で熱交換が行われるとしよう．流体要素の密度を ρ_m，定圧比熱を C_p とするとこの温度差に対応する交換熱量は，単位体積当り $\rho_m C_p (dT_m/dx)|\xi|$ である．これ

---

* 実験ではラウドスピーカを使って往復振動を発生させて小振幅で実験を行ったが，ラウドスピーカ部分を取り除いて，蓄熱器を自作のピストンシリンダーとチューブで接続すると，手動で大振幅の往復振動流れを実現できる．オープンキャンパスの機会などに研究室へ見学にくる大学生や高校生にピストンを往復振動させるという「仕事」をしてもらったところ，−7℃ほどの低温が作れることがわかった．学生たちが順番に交替しながら一生懸命ピストンを上下に動かし，ガラス管が結露するのに興奮するのを見るのはこちらも楽しい．

8. 熱流束

だけの交換熱量を流体要素は高温側で流路壁から受け取り，また低温側で流路壁に明け渡す。一周期当りの熱輸送量を交換熱量と変位の積で見積もると，$\rho_m C_p (dT_m/dx)|\xi|^2$ である。Q_{prog} や Q_{stand} とは異なり，Q_D は熱膨張率 β とは関係がない。したがって，Q_D は気体だけでなく液体でも存在する。単位体積当りの熱容量 $\rho_m C_p$ に比例するので，気体に比べると液体の方が容易に大きくなる。

ドリープパイプ効果に関するより詳細な計算は 6 章に示したとおりで，粘性流体に対する表式は

$$Q_D = \frac{\omega}{2} \rho_m C_p \frac{dT_m}{dx} \mathrm{Im}[g_D] \mathrm{Re}\left[\frac{1}{1-\chi_\nu}\right]|\xi_{1r}|^2 \tag{8.45}$$

である。**図 8.16** に示されているように，$\mathrm{Im}[g_D]$ は $\omega\tau_\alpha \sim 2.8$ でその大きさが最も大きくなるので，不可逆的な熱交換が Q_D を生み出す要因である。なお，$\mathrm{Im}[g_D]$ の符号は負であるから，Q_D は温度勾配 dT_m/dx とつねに異なる符号を持つ。つまり熱伝導に由来する熱流束密度と同様に，つねに高温側から低温側に向かうのが Q_D である。

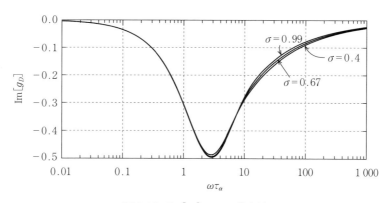

図 8.16 $\mathrm{Im}[g_D]$ の $\omega\tau_\alpha$ 依存性

作動流体が水の場合について，Q_D の大きさを検討してみる。Q_D は温度勾配に比例するので，ドリープパイプ効果による実効的熱伝導率 κ_D を

$$Q_D = -\kappa_D \frac{dT_m}{dx} \tag{8.46}$$

として約束すると，κ_D はつぎのように与えられる．

$$\kappa_D = -\frac{\omega}{2}\rho_m C_p \mathrm{Im}[g_D] \mathrm{Re}\left[\frac{1}{1-\chi_\nu}\right]|\xi_{1r}|^2 \tag{8.47}$$

大気圧，300 K の水（プラントル数 $\sigma=5.8$, $\rho_m=997$ kg/m^3, $C_p=4.18$ kJ/(kg·K)）に対して，代表的な流路半径 r_0 の場合について κ_D を求めた結果を図 8.17 に示す．図には実効的熱伝導率 κ_D と断面平均変位振幅 $|\xi_{1r}|^2$ の 2 乗の比 $\kappa_D/|\xi_{1r}|^2$

$$\frac{\kappa_D}{|\xi_{1r}|^2} = -\frac{\omega}{2}\rho_m C_p \mathrm{Im}[g_D] \mathrm{Re}\left[\frac{1}{1-\chi_\nu}\right] \tag{8.48}$$

を周波数 f の関数として示している．異なる r_0 に対応する各曲線に見えるこぶのような盛り上がりは図 8.16 の $\mathrm{Im}[g_D]$ の極小値を反映しているが，$\kappa_D/|\xi_{1r}|^2$ は $\mathrm{Im}[g_D]$ のほかに角周波数 ω も因子として持つので全体に右上がりの曲線となる．流路半径 r_0 が 0.5 mm の場合，周波数が 1.0 Hz で $\omega\tau_\alpha\approx 5.4$ である．このとき $\kappa_D/|\xi_{1r}|^2$ はおよそ 7.3×10^6 W/m^3·K である．したがって，断面平均変位振幅が 7.4 mm で，熱の良導体として知られる銅の熱伝導率 [300 K のとき $\kappa\sim 400$ W/(m·K)] に達すると期待される．また，流路半径が 0.2 mm，変位振幅が 10 mm，周波数が 10 Hz の場合には，ドリープパイプ

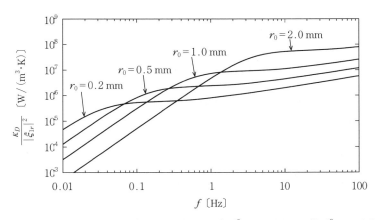

図 8.17　実効的熱伝導率 κ_D と断面平均変位振幅 $|\xi_{1r}|^2$ の 2 乗の比 $\kappa_D/|\xi_{1r}|^2$ と周波数 f の関係．大気圧，300 K の水を作動流体とした．r_0 はパイプの流路半径を表す．

効果による実効的熱伝導率 κ_D はおよそ 5 300 W/(m·K) となって,銅の 13 倍の熱伝導率が得られる。静止状態の水では $\kappa=0.61$ W/(m·K) であるので,じつに 9 000 倍の熱伝導率が振動運動によって実現できることになる。このように,振幅や周波数を通じて熱伝導の大きさを自在にコントロールすることができるので,単に熱伝導を促進するだけでなく,ヒートスイッチとしても有効であると考えられる。

引用・参考文献

1) P. Merkli and H. Thomann:Thermoacoustic effects in a resonance tube, J. Fluid Mech., **70**, pp. 161-177 (1975)
2) J. Wheatley, T. Hofler, G. W. Swift, and A. Migliori:Experiments with an intrinsically irreversible acoustic heat engine, Phys. Rev. Lett., **50**, pp. 499-502 (1983)
3) J. Wheatley, T. Hofler, G. W. Swift, and A. Migliori:An intrinsically irreversible thermoacoustic heat engine, J. Acoust. Soc. Am., **74**, pp. 153-170 (1983)
4) G. W. Swift:Thermoacoustic engines, J. Acoust. Soc. Am., **84**, pp. 1145-1180 (1988)
5) S. Garrett, J. Adeff, and T. Hofler:Thermoacoustic refrigerator for space applications, Journal of Thermophysics and Heat Transfer, **7**, pp. 595-599 (1993)
6) G.W. Swift, D.L. Gardner, and S. Backhauss:Acoustic recovery of lost power in pulse tube refrigerators, J. Acoust. Soc. Am., **105**, pp. 711-724 (1999)
7) Y. Ueda, B. M. Mehdi, K. Tsuji, and A. Akisawa:Optimization of the regenerator of a travelling-wave thermoacoustic refrigerator, J. Appl. Phys., **107**, 034901 (2010)
8) T. Yazaki, T. Biwa, and A. Tominaga:A pistonless Stirling cooler, Appl. Phys. Lett., **80**, pp. 157-159 (2002)
9) H. Tijani and S. Spoelstra:Study of a coaxial thermoacoustic-Stirling cooler, Cryogenics, **48**, pp. 77-82 (2008)
10) M. Sato, S. Hasegawa, T. Yamaguchi, and Y. Oshinoya:Experimental evaluation of performance of double-loop thermoacoustic refrigerator driven by a multi-stage thermoacoustic engines, Proc. ICEC 24-ICMC (2012), edited by K. Funaki, A. Nishimura, Y. Kamioka, T. Haruyama, and H. Kumakura.
11) S. Sunahara, T. Biwa, and U. Mizutani:Thermoacoustic heat pumping effect in a Gifford-McMahon refrigerator, J. Appl. Phys., **92**, pp. 6334-6336 (2002)

12) R. D. McCarty：Thermophysical properties of Helium-4 from 2 to 1 500 K with pressures to 1 000 atmospheres, Technical Note 631 (National Bureau of Standards) (1972)
13) 富永 昭：蓄冷器の熱音響理論，低温工学，**26**, 1 (1991)
14) 井上龍夫：パルス管冷凍機の研究開発の現状，低温工学，**26**, 2, pp. 98-107 (1991)
15) 井上龍夫：蓄冷型冷凍機による冷却の基礎，応用物理，**72**, 3, pp. 343-348 (2003)
16) G. W. Swift：Thermoacoustics - A unifying perspective for some engines and refrigerators - Acoustical Society of America (2002)
17) T. Iwase, T. Biwa, and T. Yazaki：Acoustic impedance measurements of pulse tube refrigerators, J. Appl. Phys., **107**, 034903 (2010)

9 今後の展望

　熱音響理論や最近の実験的研究の成果を基にして，現在も活発に研究開発が行われている。これに伴って未解明な点も明らかになってきた。本章では，その中から代表的な話題を応用と基礎の両面で紹介し，今後に期待される将来展望を述べる。

9.1 熱音響デバイスの応用展開に向けて

　1章で紹介した熱音響デバイスの実用化研究は，今後一層加速化するに違いない。実用化研究の推進には，設計方法の確立が不可欠である。その際，足がかりになると思われるのが，熱音響理論をもとにした設計方法である。その概要を紹介する。そして，熱音響デバイスの必須構成要素である熱交換器について最近の研究動向を述べる。

9.1.1　熱音響理論による設計方法

　3章で示した運動方程式（式（3.82））と，5章で示した熱輸送の一般式を考慮した連続の方程式（式（5.52））を多少変形すると，つぎのようになる。

$$\frac{dp_1}{dx} = -i\frac{\omega\rho_m}{1-\chi_\nu}u_{1r} \tag{9.1}$$

$$\frac{du_{1r}}{dx} = -i\omega K_E p_1 + \beta_E \frac{dT_m}{dx}u_{1r} \tag{9.2}$$

K_E は有効的圧縮率（式（5.47）），β_E は有効的熱膨張率（式（5.50））である。

9.1 熱音響デバイスの応用展開に向けて

これらを含めて係数はいずれも、角周波数、装置形状や作動ガスによって決まる。したがって、この二つの式は圧力変動と断面平均流速変動に対する一階の連立微分方程式であると見て、その解を得ることができる。温度も断面積も一様な場合には、線形の微分方程式となるので、解析解を得ることはそれほど難しくない。その解は3章に示したとおりである。すなわち、ある位置で、圧力変動と断面平均流速変動がそれぞれ $p_1(x)$, $u_{1r}(x)$ と与えられた場合には、そこから l だけ離れた位置における $p_1(x+l)$, $u_{1r}(x+l)$ はつぎの伝達行列

$$M = \begin{pmatrix} \cos kl & -iz \sin kl \\ \dfrac{\sin kl}{iz} & \cos kl \end{pmatrix}$$

を用いて

$$\begin{pmatrix} p_1(x+l) \\ u_{1r}(x+l) \end{pmatrix} = M \begin{pmatrix} p_1(x) \\ u_{1r}(x) \end{pmatrix} \tag{9.3}$$

と表される。なお

$$z = \frac{\omega \rho_m}{k(1-\chi_\nu)}$$

$$k = \frac{\omega}{c_S} \sqrt{\frac{1+(\gamma-1)\chi_\alpha}{1-\chi_\nu}}$$

である。流路形状は一様であるが、温度勾配が存在するときには、式 (9.1),式 (9.2) の係数は温度に依存する状態量を通じて x に依存する。そのため、式 (9.1) と式 (9.2) を差分化して数値的に積分するか、あるいは、**図 9.1** のように位置 x から長さ $l_1, l_2, \cdots, l_n$ の小区間ごとに区切って考えて、その小区

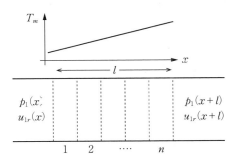

図 9.1 小区間に分割した流路

間の中では状態量は一定値と見なすのでもよいだろう*。この場合にはやはり常微分方程式となるので、（やや面倒な計算のあと）解析解を得ることができる。j 番目の小区間に対する伝達行列 M はつぎのようになる。

$$M = e^{\frac{G}{b}\lambda_j} \begin{pmatrix} -\dfrac{G}{b}\sinh\lambda_j + \cosh\lambda_j & -\dfrac{2Z}{b}\sinh\lambda_j \\ -\dfrac{2Y}{b}\sinh\lambda_j & \dfrac{G}{b}\sinh\lambda_j + \cosh\lambda_j \end{pmatrix} \quad (9.4)$$

$$b = \sqrt{G^2 + 4YZ}, \; \lambda_j = \frac{bl_j}{2}$$

$$G = \frac{x_\alpha - x_\nu}{(1-x_\nu)(1-\sigma)} \frac{1}{T_m} \frac{dT_m}{dx}, \; Y = i\omega\frac{1+(\gamma-1)x_\alpha}{\gamma p_m}, \; Z = i\frac{\omega\rho_m}{1-\chi_\nu}$$

小区間 $l_1, l_2, \cdots, l_n$ に対応する行列 $M_1, M_2, \cdots, M_n$ を求め、以下のように積の形で全区間の行列として用いればよい。

$$M = M_n \cdots M_2 M_1$$

音波エンジンや音波クーラーの具体的な形状が決まれば、構成部品ごとに伝達行列が決まる。また境界条件についても、両端を閉じた共鳴管の場合は、両端で断面平均流速を 0 にすればよいし、ループ管の場合は周期境界条件により決まる。異なる部品間の接続条件としては圧力および体積流速の連続性を満足する必要があるだろう．こうした境界条件・接続条件を考慮に入れて，解を求めれば、装置全体の音場を求めることができる。

上田は、数値計算的手法により熱音響デバイスの音場を計算する方法を具体的に紹介している[1]。また同様の議論に基づいて、熱音響自励振動が開始する臨界温度比を求める方法[2],[3]や音波クーラーの動作解析についても解説している[4]。また、ほかの文献にも同様な方法が実験値とともに紹介されているので参照してほしい[5]〜[8]。

文献の計算結果を見ると実験結果をいずれもよく再現していることから、これから熱音響デバイスを試作しようとしている人は、まずはこうした文献を参

---

* 線形近似により、熱音響理論では流体の変位振幅程度の粗視化が行われることを 5.1 節で説明した。

考にして，計算機の中である程度の動作検証をしたうえで実機製作に入るのが近道かもしれない。

　熱音響理論では二次的な流れの影響を無視しているので，効率を計算したとすると実際よりも大きく算出されるだろう。言い換えれば，熱音響理論のもとで得られる効率は現実の装置の効率の上限の目安を与えると考えられる。二次的な流れによるエネルギーロスには，流路の曲がり角，分岐部，断面積が急激に変化する場所でのマイナーロス[9]~[11]や，振動によって引き起こされる定常的質量流である音響流による熱的な損失[12]~[14]がある。これらを制御できるだけ抑制することが装置の性能向上に有効である。熱音響理論をもとに決定した音場を第一次近似として，より精密な流体力学的シミュレーションを行うことが定量的な装置設計には重要になるであろう。

9.1.2　振動流場における熱交換器の問題

　断面内で一様な時間平均温度を仮定する熱音響理論の枠組みの中では，熱交換器の問題を議論することはできない。円筒形流路において流体と流路壁の間で定常的な吸放熱があるとすると，壁面におけるr方向の熱流束密度の時間平均

$$q = -\kappa \left. \frac{\partial T_m}{\partial r} \right|_{r=r_0} \tag{9.5}$$

が有限でなければならないからである。$q>0$なら流体から壁面へ，$q<0$なら壁面から流体への熱移動を意味する。もし，熱音響理論で仮定するように時間平均温度T_mが断面内で一様なら，$q=0$となって熱移動は起こらない。

　熱交換器は蓄熱器と並んで重要な基本的構成部品であることから，その理解は熱音響デバイスの応用展開にとって急務である。振動周波数が十分に遅く，しかも流体の変位振幅が非常に大きければ，定常流における熱交換器の設計指針が利用できるかもしれない。しかしそうでなければ，振動流と定常流におけるよい熱交換器のイメージは必ずしも一致しない。このことを簡単な仮想実験で説明しよう。

定常的な流れの中に置かれた熱交換器を考える。流れの上流の温度を T_0 とし，熱交換器温度を T として一定とする。ここでは，$T > T_0$ と仮定し加熱される流れを考える。流体の平均的な温度プロファイルは図 9.2 に模式的に示したように，流れの下流に行くほど壁面温度に近づく。熱交換器長さを十分に長くすれば，流体は温度 T まで加熱されて流出する。長ければ長いほど流れの吸熱量は増える。

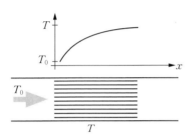

図 9.2 定常流場における熱交換器と流体の温度プロファイル

振動流の中に置かれた熱交換器についても考える。流体の変位振動が熱交換器の長さより短く，そこからはみ出さない程度の変位振幅であるとすると，その流体はつねに一定温度の環境にいるのであるから，その時間平均温度は定常状態では壁面温度と等しくなる。したがって，壁面から流体への熱移動は起こらない。そのため振動流では変位振幅よりも熱交換器長さを長くしてもあまり意味はない。これが定常流との違いである。

もう一つの違いは，熱交換器単体では吸熱量が決まらない点である。変位振幅程度の長さの熱交換器を考えて，それを図 9.3（a）のように $\omega\tau_\alpha \gg 1$ の比較

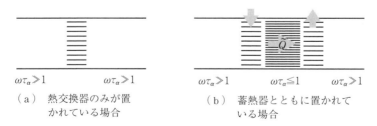

(a) 熱交換器のみが置かれている場合

(b) 蓄熱器とともに置かれている場合

図 9.3 振動流場における熱交換器

的太い配管内に設置したとする。太い配管内では流体の振動運動は断熱的であるから軸方向の熱輸送は起こらない。熱を運び去る機構がない以上，吸熱作用は期待できない。つぎに，図（b）のように熱交換器の一端に $\omega\tau_a \leq 1$ の蓄熱器があるとする。蓄熱器では軸方向の熱輸送が生じるから，熱交換器は吸熱することができるようになる。もちろん，蓄熱器の反対側には放熱用の熱交換器があることが前提である。放熱部分がなければ，定常的に吸熱し続けることはできない。熱交換器が熱交換器として機能するためには，振動流れの中に熱交換器が単体で存在するだけでは不十分で，蓄熱器やペアとなる熱交換器が不可欠である。

振動流場における熱交換器の問題を理解するために最近になって多くの研究が行われるようになってきた[15]～[17]。実験的にも新たな試みが取り入れられつつある。振動流と外界の熱交換や，振動流による熱輸送の問題（8章）は，脈動流で維持される生体にとっても重要な問題である。分野を超えた議論が期待される。

9.2 非線形非平衡系としての熱音響デバイス

これまでの章では，線形近似を適用し小振幅でしかも単一周波数の場合について熱音響デバイスの議論を行ってきた。その適用範囲は広いが，多様な非線形振動現象もまた観測されるようになっている。現状の熱音響理論の枠組みを超えたこれらの現象のいくつかを紹介する。また，非平衡熱力学系の基本問題として熱音響デバイスを見るとき，中心的な物理量であるエントロピー生成やエントロピー流が流体力学的に定式化されている点に意義がある。この成果をもとにした議論を紹介したい。

9.2.1 衝撃波・準周期振動・カオス振動

熱音響自励振動系において，系の温度比を十分に大きくすると気柱が自発的に振動を開始する。臨界温度比近傍では，圧力波形は正弦波に近いが，温度比

を大きくすると振幅がしだいに成長するとともに波形はひずみ始め，やがて図9.4 に示すような不連続な波面を持つ衝撃波へと移行する。このような熱音響衝撃波は，温度勾配のある気柱共鳴管やループ管において観測されている[18),19)]。最近になって数値的研究でも確認された[20)]。

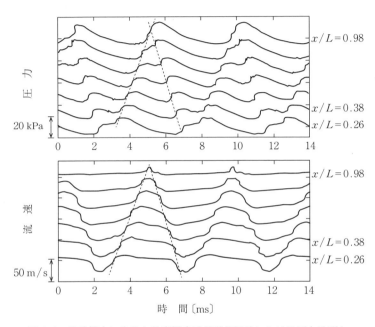

図 9.4　共鳴管内に生じた熱音響自励振動衝撃波における圧力波形と流速波形の時空間発展[18)]

気柱振動の大振幅化に伴う衝撃波の発生は，ピストンで駆動される一様温度の系で観測されている[21)]。その基本的なメカニズムは，流体力学の基礎方程式に含まれる非線形項を通じて生じる基本波から高次の振動モードへのエネルギーカスケードである。例えば，運動方程式の左辺には $(u\cdot\nabla)u$ という非線形項が含まれる。u が $\cos(\omega t)$ の時間依存性を持つとき，$\cos^2(\omega t) = [1+\cos(2\omega t)]/2$ であるから，この非線形項を通じて定常項と 2ω の角周波数を持つ振動項が生まれる。この項は振幅が小さい間は無視できるが，ある程度振幅が大きくなると無視できなくなる。そして ω と 2ω の項の相互作用からよ

り高次の振動が生まれる。このような非線形効果のために,ピストンで強く加振しても圧力変動の基本波の振幅を平均圧力の10%程度以上にすることは困難で,供給される音響パワーは高次モードの励起に消費され,やがて衝撃波形成に至る。

熱音響衝撃波の場合には,このようなエネルギーカスケードに由来するメカニズムに加えて,温度勾配で生じる熱音響エネルギー変換もまた高次モードの励起に寄与している可能性が実験的に示されている。

熱音響自励振動において高次モードが生じる場合,必ずしも基本モードの周波数の整数倍の周波数を持つとは限らない。この場合,振動波形は周期的にならず準周期的になる。それぞれの周波数を f_1, f_2 とすると,準周期状態の振幅スペクトルは f_1 と f_2 だけでなくて,整数 n および m を使って表される両者の線形結合 nf_1+mf_2 で表される位置にピークが生じる。準周期振動が発生すると,低周波のうなりが聞こえるので実験していれば容易に気がつく。

液体ヘリウムを使ったタコニス振動では,三つのモードが競合する準周期状態を経てカオス振動が観測されている[22]。カオス振動状態では振動スペクトルは線スペクトルではなくて幅広い連続スペクトルを呈するようになる。また最近の実験では液体ヘリウムを使わなくても,系を不協和にすることで熱音響カオス振動が観測されている[23]。燃焼系で観測される熱音響自励振動でもカオス振動の報告例がある[24]。共鳴管内で生じる熱音響自励振動に対して理論的に非線形解析も行われている[25]が,周期振動の発生を記述するのにとどまっている。熱音響カオスは理論的には今後の課題である。

9.2.2 同 期 現 象

自励振動系は系に固有の自然周波数を持つが,異なる周波数の外力の作用を受けると,その周波数が変化する。その結果,二つの周波数が一致する同期現象が起こることがある[26]。古くはヘルムホルツにより報告されたこの同期現象は,電気回路やレーザー,化学反応でも観測されている。また,レイリーの著書 "The theory of sound" にはパイプオルガンの同期現象が紹介されてい

る[27]。さらに，最新の実験装置を用いてこの現象を検証した研究もある[28],[29]。

同期現象は熱音響自励振動系でも起きる。気柱共鳴管の一端に置いたスピーカによって外力を作用させると，熱音響自励振動系は外力と同じ周波数で振動するようになる。外力の周波数が自励振動系の自然周波数に近いときや，たがいに簡単な整数比に近いときには同期が起こりやすいが，周波数差が大きいと大きな外力が必要になる。

熱音響自励振動の振幅や周波数は，それぞれ温度比や装置長さで正確に調整ができる上に，周波数も 100 Hz のオーダーであることから詳細な波形計測が可能な上に，比較的短時間で長周期にわたる計測ができる。実際，熱音響自励振動の強制同期の実験[30],[31]では，詳細な振動ダイナミクスが示されている。計測の容易さから非線形振動の実験系として標準的になるかもしれない。

二つの熱音響自励振動系を相互作用させた場合も同期現象は観測されている[32],[33]。相互作用を導入するには，バルブや中空のチューブで二つの系を接続すればよい。二つの自然周波数が近ければ同期現象が起こり，共通の周波数で振動するようになる。相互作用を実現する方法が簡単なので，複数の音波エンジン発電機を同期運転させることも現実的である。装置の違いや運転条件の違いで周波数の精密な調整が困難であったとしても，たがいに接続しておくことで同一周波数での運転が可能になる。

二つの系を比較的強く相互作用させると，どちらの振動も停止する oscillation death（「振動の死」）という現象が起こる。この現象は，熱音響自励振動系でも最近になって観測されている[34]。図 9.5 に示すように，結合の仕方によって oscillation death は広いパラメータ範囲で起こすことができる。

二つの振動系を結合する代わりに，気柱共鳴管に接続したチューブの他端をもとの気柱共鳴管に接続しても oscillation death は起こる[35]。燃焼系では熱音響自励振動は迷惑な現象である。グランドフレアなどの数十メートルもある燃焼ダクトで生じる熱音響自励振動は周囲数キロメートルにも渡って騒音被害をもたらす。また，ガスタービンエンジンの燃焼器で生じる熱音響自励振動は装置全体の安全性を脅かす。チューブやバルブで結合するだけで振動を完全に停

9.2 非線形非平衡系としての熱音響デバイス

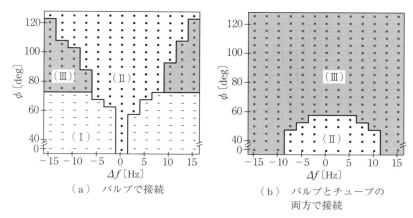

図 9.5 二つの熱音響時励振動系を接続した場合の状態図[34]。(Ⅰ)は非同期状態,(Ⅱ)は同期状態,(Ⅲ)は振動停止状態を表す。

止することができることから,oscillation death は簡単な振動抑制の手法として期待できる。

9.2.3 エントロピー生成最小則

非平衡系を特徴付ける物理量の一つはエントロピー生成であろう。熱音響理論では流体力学の基礎方程式に基づいてエントロピー生成がつぎのように定式化されている。周期的定常状態において,局所的エントロピー生成 σ_S は

$$\sigma_S = \frac{ds}{dx}$$

である(式 (4.29))。ここで s はエントロピー流束密度であり,次式(式 (4.20))で表される。

$$s = \rho_m \langle\langle S'u' \rangle\rangle$$

富永は,与えられた拘束条件のもとでエントロピー生成が最小となる状態が実現されるというエントロピー生成最小則を提唱している[36]。

図 9.6(a)に示すような熱音響自励振動系において,その蓄熱器におけるエントロピー生成を考えてみる。蓄熱器高温端と低温端のエントロピー流はそれぞれの位置での熱流 $\widetilde{Q}_H$, $\widetilde{Q}_C$ と温度 T_H, T_C を用いて $\tilde{s}_H = \widetilde{Q}_H / T_H$, $\tilde{s}_C =$

272   9. 今後の展望

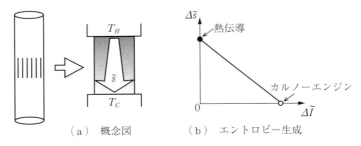

(a) 概念図　　(b) エントロピー生成

図9.6 熱音響自励振動系の概念図とその蓄熱器のエントロピー生成

$\widetilde{Q}_C/T_C$ であるから，蓄熱器におけるエントロピー生成 $\Delta\tilde{s}$ はエントロピー流の差として $\Delta\tilde{s}=\tilde{s}_C-\tilde{s}_H$ と表される。すなわち

$$\Delta\tilde{s}=\frac{\widetilde{Q}_C}{T_C}-\frac{\widetilde{Q}_H}{T_H} \tag{9.6}$$

である。蓄熱器における仕事流の増加 $\Delta\tilde{I}$ と熱力学の第一法則 $\widetilde{Q}_H-\widetilde{Q}_C=\Delta\tilde{I}$ を使って式（9.6）を変形すると

$$\Delta\tilde{s}=\left(\frac{1}{T_C}-\frac{1}{T_H}\right)\widetilde{Q}_H-\frac{\Delta\tilde{I}}{T_C} \tag{9.7}$$

である。図（b）に示すように，$\Delta\tilde{s}$ は $\Delta\tilde{I}=0$ のとき最大で $\widetilde{Q}_H(T_H-T_C)/(T_H T_C)$ である。この状態は，気柱振動が存在せず，熱伝導で高温から低温への熱輸送が行われている状態である。気柱振動が存在するときは $\Delta\tilde{I}>0$ である。$\Delta\tilde{s}$ は $\Delta\tilde{I}$ の減少関数であるから，気柱振動が起きればエントロピー生成は小さくなる。エントロピー生成最小則を認めれば，熱音響自励振動がさまざまな系で観測されるのは，それによってエントロピー生成 $\Delta\tilde{s}$ が小さくなるからであると説明される。同様にして，ヒートポンプがヒートポンプとして動作するのは，それによりエントロピー生成が小さくなるからだといえる。

富永は，強制振動による蓄熱器の温度勾配[37]や熱音響自励振動の熱力学的安定性[38]がエントロピー生成最小則から議論できることを詳細な理論的解析を通じて示している。そして，熱音響自励振動系において観測される振動モードの遷移についてもエントロピー生成最小則で説明できるはずだと述べてい

る。

　熱力学の第二法則の存在が認識されるようになったのは，蒸気機関の実用化により動力革命が進む中であった。当時の人々にとって熱機関の効率は関心の的であり，その上限値に関する議論がきっかけとなって第二法則やエントロピーが認められるようになり，平衡状態の熱力学が確立された。

　エネルギー問題・環境問題に高い関心が集まる中，21世紀近くになって音波エンジンや音波クーラーという新しい熱機関が登場した。熱機関の200年の歴史の中で見ても可動部品がなくなったのは劇的な進歩である。その動作解析を通してエントロピー生成最小則という物理法則が提案されたのは興味深い。プリゴジンのエントロピー生成最小則との関連など今後に明らかにすべき点も多い。圧力・温度・流速の同時計測技術を整備して，エントロピー流束密度の直接計測を行い，実験的に検証していく必要性があるだろう。

引用・参考文献

1) 上田祐樹：熱音響理論を用いた数値計算の仕方，低温工学，**47**, pp. 3-10 (2012)
2) 上田祐樹，永田翔平：共鳴管とループ管で構成される熱音響エンジンの発振温度比の数値計算，低温工学，**43**, pp. 561-565 (2008)
3) Y. Ueda and C. Kato：Stability analysis of thermally induced spontaneous gas oscillations in a straight and looped tubes, J. Acoust. Soc. Am., **124**, pp. 851-858 (2008)
4) Y. Ueda, B. M. Mehdi, K. Tsuji, and A. Akisawa：Optimization of the regenerator of a travelling-wave thermoacoustic refrigerator, J. Appl. Phys., **107**, 034901 (2010)
5) K. Nakamura and Y. Ueda：Design and construction of a standing-wave thermoacoustic engine with heat sources having a given temperature ratio, Journal of Thermal Science and Technology, **6**, pp. 416-423 (2011)
6) S. Hasegawa, T Yamaguchi, and Y. Oshinoya：A thermoacoustic refrigerator driven by a low temperature-differential, high-efficiency multistage thermoacoustic engine, Applied Thermal Engineering, **58** pp. 394-399 (2013)
7) H. Hyodo, K. Muraoka, and T. Biwa：Stability analysis of thermoacoustic gas oscillations through temperature ratio dependence of the complex frequency, J.

9. 今後の展望

Phys. Soc. Jpn., **86**, 104401 (2017)
8) H. Hyodo, S. Tamura, and T. Biwa：A looped-tube traveling-wave engine with liquid pistons, J. Appl. Phys., **122**, 114902 (2017)
9) J. R. Olson and G. W. Swift：Energy dissipation in oscillating flow through straight and coiled pipes, J. Acoust. Soc. Am., **100**, pp. 2123-2131 (1996)
10) B. Smith and G. W. Swift：Power dissipation and time-averaged pressure in oscillating flow through a sudden area change, J. Acoust. Soc. Am., **113**, pp. 2455-2463 (2003)
11) A. Petculescu and L. A. Wilen：Oscillatory flow in jet pumps: Nonlinear effects and minor losses, J. Acoust. Soc. Am., **113**, pp. 1282-1292 (2003)
12) G. W. Swift：Thermoacoustic engines, J. Acoust. Soc. Am, **84**, pp. 1145-1180 (1988)
13) H. Bailliet, V. Gusev, R. Raspet and R. Hiller：Acoustic streaming in closed thermoacoustic devices, J. Acoust. Soc. Am., **110**, pp. 1808-1821 (2001)
14) J. R. Olson and G. W. Swift：Acoustic streaming in pulse tube refrigerators: tapered pulse tubes, Cryogenics, **37**, pp. 769-776 (1997)
15) G. Mozurkewich：A model for transverse heat transfer in thermoacoustics, J. Acoust. Soc. Am., **103**, pp. 3318-3326 (1998)
16) G. Mozurkewich：Heat transfer from transverse tubes adjacent to a thermoacoustic stack, J. Acoust. Soc. Am., **110**, pp. 841-847 (2001)
17) A. Piccolo and G. Pistone：Estimation of heat transfer coefficients in oscillating flows: The thermoacoustic case, International Journal of Heat and Mass Transfer, **49**, pp. 1631-1642 (2006)
18) T. Biwa, T. Takahashi, and T. Yazaki：Observation of traveling wave thermoacoustic shock waves, J. Acoust. Soc. Am., **130**, pp. 3558-3561 (2011)
19) T. Biwa, K. Sobata, and T. Yazaki：Observation of thermoacoustic shock waves in a resonance tube (L), J. Acoust. Soc. Am., **136**, pp. 965-968 (2014)
20) C. Olivier, G. Penelet, G. Poignand, J. Gilbert, and P. Lotton：Weakly Nonlinear Propagation in Thermoacoustic Engines: A Numerical Study of Higher Harmonics Generation up to the Appearance of Shock Waves, Acta acustica united with acustica, **101**, pp. 941-949 (2015)
21) D. B. Cruikshank Jr.：Experimental investigation of finite-amplitude acoustic oscillations in a closed tube, J. Acoust. Soc. Am., **52**, pp. 1024-1036 (1972)
22) T. Yazaki：Experimental observation of therrnoacoustic turbulence and universal properties at the quasiperiodic transition to chaos, Physical Review E, **48**, pp. 1806-1818 (1993)
23) R. Delage, Y. Takayama, and T. Biwa：On-off intermittency in coupled chaotic thermoacoustic oscillations, Chaos, **27**, 043111 (2017)

24) L. Kabiraji, A. Saaurabh, P. Wahi, and R. I. Sujith：Route to chaos for combustion instability in ducted laminar premixed flames, Chaos: An Interdisciplinary Journal of Nonlinear Science, **22**, 023129 (2102)
25) S. Karpov and A. Prosperetti：Nonlinear saturation of the thermoacoustic instability, J. Acoust. Soc. Am., **107**, pp. 3130-3147 (2000)
26) A. Pikovsky, M. Rosenblum, and J. Kurth：Synchronization: A universal concept in nonlinear sciences, Cambridge University Press (2001)；徳田 功訳，同期理論の基礎と応用，丸善 (2009)
27) J. Rayleigh：The theory of sound, Dover publications (1945)
28) M. Abel, S. Bergweiler, and R. Gerhard-Multhaupt：Synchronization of organ pipes: experimental observations and modeling, J. Acoust. Soc. Am., **119**, pp. 2467-2475 (2006)
29) M. Abel, K. Ahnert, and S. Bergweiler：Synchronization of sound sources, Physical Review Letters, **103**, 114301 (2009)
30) T. Yoshida, T. Yazaki, Y. Ueda, and T. Biwa：Forced Synchronization of Periodic Oscillations in a Gas Column: Where is the Power Source?, J. Phys. Soc. Jpn., **82**, 103001 (2013)
31) G. Penelet and T. Biwa：Synchronization of a thermoacoustic oscillator by an external sound source, Am. J. Phys., **81**, pp. 290-297 (2013)
32) P. S. Spoor and G. W. Swift：Mode locking of acoustic resonators and its application to vibration cancellation in acoustic heat engines, J. Acoust. Soc. Am., **106**, pp. 1353-1362 (1999)
33) P. S. Spoor and G. W Swift：The Huygens entrainment phenomenon and thermoacoustic engines, J. Acoust. Soc Am., **108**, pp. 588-599 (2000)
34) T. Biwa, S. Tozuka, and T. Yazaki：Amplitude death in coupled thermoacoustic oscillators, Physical Review Applied, **3**, 034006 (2015)
35) T. Biwa, Y. Sawada, H. Hyodo, and S. Kato：Suppression of spontaneous gas oscillations by acoustic self-feedback, Physical Review Applied, **6**, 044020 (2016)
36) 富永 昭：誕生と変遷に学ぶ 熱力学の基礎，内田老鶴圃 (2003)
37) 富永 昭：強制振動による短い蓄熱器の安定な温度勾配，低温工学，**39**, pp. 632-637 (2004)
38) 富永 昭：単純熱伝導分岐と熱音響自励振動分岐，低温工学，**40**, pp. 13-21 (2005)

索引

【あ】

圧縮率	57
圧力変動の進行波成分	168
圧力変動の定在波成分	168
安定曲線	222

【い】

位相	27
位相速度	36
イナータンス型パルス管冷凍機	17, 255
インダクタンス	84

【う】

運動エネルギー	57
運動方程式	29, 131

【え】

エネルギー散逸	44
エネルギーの緩和時間	45
エネルギー方程式	101
エネルギー流線図	107
円管内音波の特性音響インピーダンス	72
円管内音波の波数	36
エンタルピー	198
エンタルピー流	111
エンタルピー流束密度	102
エントロピー生成	95
エントロピー生成最小則	271
エントロピー流	104
エントロピー流線図	109
エントロピー流束密度	103

【お】

オイラー系	134
オイラー的エントロピー変動	141
オイラー的温度変動	152
オイラー的変動量	136
オイラー的密度変動	154
オリフィス型パルス管冷凍機	17, 121, 253
音圧	27
音響エネルギー密度	58
音響強度	58, 103
音響パワー	58
音響パワー増幅率	209
音響乱流	42
音響流	265
音響粒子速度	27
音響レイノルズ数	42
音源	9, 115
音速	27
温度が一様な管内の波動方程式	155
音波エンジン	6
音波クーラー	6, 14

【か】

カオス振動	269
カルノー効率	96
カルノーサイクル	97
管路のイナータンス	84
管路のコンプライアンス	84

【き】

ギフォードマクマホン冷凍機	16, 244
ギブスの自由エネルギー	198
キャパシタンス	84
境界層の厚さ	34
共鳴管型音波エンジン	9
共鳴管型音波クーラー	14
局所的比カルノー効率	225
局所的比カルノーCOP	242

【け】

減衰定数	36

【こ】

効率	95

【さ】

細管の場合の近似式	38
最小対数温度勾配	219, 220
最適位相角	247
作動気体	7

【し】

時間平均	52, 102
自己調節機構	223
仕事源	104, 196
仕事流	3, 100, 103, 105
仕事流束密度	103
実効的熱伝導率	259
瞬時の音響エネルギー密度	58

準周期振動	269	断面平均密度変動	154	熱力学的関係式	33	
衝撃波	268	断面平均流速	70	熱力学の第一法則	94	
自励振動式ヒートパイプ	7, 20	断面平均流速に対する運動方程式	155	熱力学の第二法則	95	
進行波	28			熱流	3, 100, 103, 105	
進行波音波エンジン	116	**【ち】**		熱流束密度	103, 192	
振幅の緩和時間	47	蓄熱器	12, 15, 92, 107, 206, 224, 241	粘性緩和時間	35	
				粘性係数	65	
【す】		中立安定曲線	81	粘性流体に対する運動方程式	65	
スタック	7, 220, 237	長波長近似	132			
スターリングエンジン	12, 92, 117	**【て】**		**【の】**		
スターリングサイクル	97	定圧比熱	200	ノイマン関数	67	
ストローハル数	42	定在波	63	**【は】**		
【せ】		定在波音波エンジン	116	波数	27	
成績係数	96	定積比熱	200	波動方程式	27	
線形安定性解析	80	伝達行列	89, 263, 264	腹	63	
線形化した運動方程式	133	伝搬定数	156	パルス管エンジン	10	
線形化した連続の方程式	133	**【と】**		パルス管冷凍機	16	
線形近似	132	等温圧縮率	200	半値幅	55	
【そ】		等温音速	32	**【ひ】**		
増幅率	206	同期現象	269	比音響インピーダンス	30	
ソンドハウス管	10	動粘性係数	35	非粘性流体の場合のオイラー的エントロピー変動	148	
【た】		特性インピーダンス	30, 72			
対数温度勾配	217	特徴長さε	217	**【ふ】**		
体積流速変動	84	ドリームパイプ	6, 19, 257	フェーザ	49	
タコニス振動	80	**【な】**		複素振幅	49	
ダブルインレット型パルス管冷凍機	17	内部エネルギー	198	節	63	
単位体積当たりのエントロピー生成	104	**【ね】**		物質微分	136	
断熱圧縮率	59, 200	熱音響自励振動	7	太管の場合に正当化される近似解	37	
断熱音速	32	熱拡散係数	33	プラントル数 σ	36	
断熱音波の波数	35	熱緩和時間	34	**【へ】**		
断面内に関するラプラス演算子	65	熱駆動型音波クーラー	6, 18, 124	平面波	27	
断面平均	102	熱交換器	7, 107, 265	ベーシック型パルス管冷凍機	17, 121	
断面平均エントロピー変動	146	熱膨張率	33, 200	ベッセル関数	67, 70	
		熱輸送の一般式	131	ベッセルの微分方程式	66	
		熱浴	94			
		熱力学的過程	31			

278 索引

ヘルムホルツの自由エネルギー	198
偏微分の性質	199

【ほ】
保存則	60
ポテンシャルエネルギー	57
ぽんぽん船	10

【ま】
マイナーロス	265
マクスウェルの関係式	198

【み】
水スターリングエンジン	12, 231

【む】
無次元比音響インピーダンス	217

【ゆ】
有効的圧縮率	154
有効的熱膨張率	154

【ら】
ラグランジュ系	134
ラグランジュ的エントロピー変動	148
ラグランジュ的温度変動	152
ラグランジュ的変動量	136
ラグランジュ的密度変動	154
ラグランジュ微分	136

【り】
臨界温度勾配	246

【る】
ループ管型音波エンジン	11
ループ管型音波クーラー	15

【れ】
レイケ管	10
冷凍機	16
レイノルズ数	42
連続の方程式	31, 131, 139

【B】
b	151
B_E	154
beer cooler	18
$\langle b \rangle_r$	151, 197, 212

【C】〜【F】
c	150
E	245
f_α	143, 144
f_ν	67, 69

【G】
g	191, 193, 243
$|g|$	243
g_D	191, 193, 253
GM 冷凍機	16, 244

【I】〜【O】
Im f_ν	69
K_E	154
oscillation death	270

【Q】
Q	44, 75
Q 値	44, 82
Q_D	180
Q_{prog}	177
Q_{stand}	178

【W】
W_p	183
W_{prog}	185
W_{stand}	186
W_ν	139

【X】〜【Z】
X	217
$\bar{z}$	217

【ギリシャ文字】
Γ	36
δ_α	34
δ_ν	66
Θ	225, 248
λ	217
$\chi_j (j=\alpha, \nu)$ の漸近式	70, 156
χ_α	146
χ'_α	147, 197
χ''_α	147, 197
χ_ν	70
τ_α	34
Ψ	216
Ω	91
$\omega\tau_\alpha$	35
$\omega\tau_\nu$	36

【数字】
$1-f_\nu$	68, 152
$1-\chi_\nu$	71, 197

―― 著 者 略 歴 ――

琵琶 哲志(びわ　てつし)
- 1993 年　名古屋大学工学部応用物理学科卒業
- 1995 年　名古屋大学大学院工学研究科修士課程修了（結晶材料工学専攻）
- 1999 年　名古屋大学大学院工学研究科博士課程修了（結晶材料工学専攻）
　　　　　博士（工学）
- 1999 年　名古屋大学助手
- 2006 年　東北大学助教授
- 2007 年　東北大学准教授
- 2013 年　東北大学教授
　　　　　現在に至る

熱音響デバイス
Thermoacoustic Device

　　　　　　　　　　　　　　　　　　　　Ⓒ 一般社団法人　日本音響学会　2018

2018 年 7 月 25 日　初版第 1 刷発行

検印省略	編　者　一般社団法人 日本音響学会	
	発 行 者　株式会社　コ ロ ナ 社	
	代 表 者　牛来真也	
	印 刷 所　新日本印刷株式会社	
	製 本 所　牧製本印刷株式会社	

112-0011　東京都文京区千石 4-46-10
発 行 所　株式会社　コ ロ ナ 社
CORONA PUBLISHING CO., LTD.
Tokyo Japan
振替 00140-8-14844・電話(03)3941-3131(代)
ホームページ　http://www.coronasha.co.jp

ISBN 978-4-339-01136-4　C3355　Printed in Japan　　　　（新宅）

本書のコピー，スキャン，デジタル化等の無断複製・転載は著作権法上での例外を除き禁じられています。
購入者以外の第三者による本書の電子データ化及び電子書籍化は，いかなる場合も認めていません。
落丁・乱丁はお取替えいたします。

音響テクノロジーシリーズ

（各巻A5判，欠番は品切です）

■日本音響学会編

			頁	本体
1.	音のコミュニケーション工学 ―マルチメディア時代の音声・音響技術―	北脇信彦編著	268	3700円
3.	音の福祉工学	伊福部達著	252	3500円
4.	音の評価のための心理学的測定法	難波精一郎・桑野園子共著	238	3500円
5.	音・振動のスペクトル解析	金井浩著	346	5000円
7.	音・音場のディジタル処理	山﨑芳男・金田豊編著	222	3300円
8.	改訂 環境騒音・建築音響の測定	橘秀樹・矢野博夫共著	198	3000円
9.	新版 アクティブノイズコントロール	西村正治・宇佐川毅・伊勢史郎・梶川嘉延共著	238	3600円
10.	音源の流体音響学 ―CD-ROM付―	吉川茂・和田仁編著	280	4000円
11.	聴覚診断と聴覚補償	舩坂宗太郎著	208	3000円
12.	音環境デザイン	桑野園子編著	260	3600円
13.	音楽と楽器の音響測定 ―CD-ROM付―	吉川茂・鈴木英男編著	304	4600円
14.	音声生成の計算モデルと可視化	鏑木時彦編著	274	4000円
15.	アコースティックイメージング	秋山いわき編著	254	3800円
16.	音のアレイ信号処理 ―音源の定位・追跡と分離―	浅野太著	288	4200円
17.	オーディオトランスデューサ工学 ―マイクロホン、スピーカ、イヤホンの基本と現代技術―	大賀寿郎著	294	4400円
18.	非線形音響 ―基礎と応用―	鎌倉友男編著	286	4200円
19.	頭部伝達関数の基礎と 3次元音響システムへの応用	飯田一博著	254	3800円
20.	音響情報ハイディング技術	鵜木祐史・西村竜一・伊藤彰則・西村明・近藤和弘・薗田光太郎共著	172	2700円
21.	熱音響デバイス	琵琶哲志著	296	4400円
22.	音声分析合成	森勢将雅著	272	4000円

以下続刊

物理と心理から見る音楽の音響	三浦雅展編著	超音波モータ	青柳学・黒澤実・中村健太郎共著
建築におけるスピーチプライバシー ―その評価と音空間設計―	清水寧編著	弾性波・圧電型センサ	近藤淳・工藤すばる共著
聴覚の支援技術	中川誠司編著	聴覚・発話に関する脳活動観測	今泉敏編著

定価は本体価格＋税です。
定価は変更されることがありますのでご了承下さい。

図書目録進呈◆